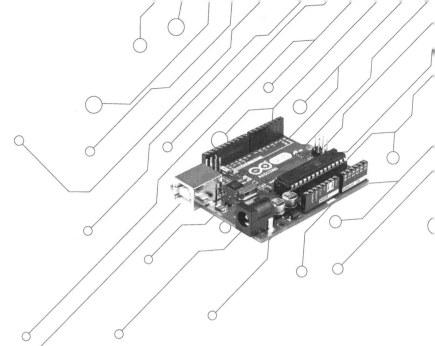

从零开始学
Arduino电子设计

（创意案例版）

黄焕林　丁昊◎编著

U0218722

机械工业出版社
China Machine Press

图书在版编目（CIP）数据

从零开始学Arduino电子设计：创意案例版/黄焕林，丁昊编著. —北京：机械工业出版社，2018.3
（2023.1重印）

ISBN 978-7-111-59358-4

Ⅰ. 从…　Ⅱ. ①黄… ②丁…　Ⅲ. 单片微型计算机–程序设计　Ⅳ. TP368.1

中国版本图书馆CIP数据核字（2018）第045507号

从零开始学 Arduino 电子设计（创意案例版）

出版发行：机械工业出版社（北京市西城区百万庄大街22号　邮政编码：100037）

责任编辑：欧振旭　李华君　　　　　　　　　责任校对：姚志娟

印　　刷：北京建宏印刷有限公司

开　　本：186mm×240mm　1/16

书　　号：ISBN 978-7-111-59358-4

版　　次：2023年1月第1版第4次印刷

印　　张：21.25

定　　价：69.00 元

客服电话：（010）88361066　68326294

版权所有·侵权必究

封底无防伪标均为盗版

前言

为什么要写这本书

随着创客概念的日益兴起和国家大力弘扬万众创新，国内创客教育相关产业也在逐步地发展。而这些创客教育行业共同的核心就是软硬件平台生态圈，只有这个生态圈保持创新和活力，才能够培训好紧跟时代创新的创客苗子。

Arduino 是一个开源软硬件平台生态圈，Arduino 生态圈流行后，由于其具有规范、易上手和易重现等特点，吸引着越来越多的电子硬件工程师、软件工程师、艺术家和中学生、大学生的加入。Arduino 平台的特点，让 Arduino 的受众人群不断推动 Arduino 生态圈的创新和活力。

本书从编程概念、电子硬件基础等知识展开讲解，使读者能够实现从开始的"听说" Arduino 到"精通" Arduino 开发。本书还涉及物联网、Web 开发、TCP/IP 通信、Android 开发、Micro Soft WPF 开发等相关延伸知识，让读者通过 Arduino 去发现软硬件开发的奇妙之处。

本书有何特色

1. 实验材料完整，附带源代码，提高学习效率

为了便于读者理解本书内容，提高学习效率，作者对每个 Arduino 实验需要的材料进行了列表整理，对实验所使用的源代码一并收录于配书网盘中。

2. 涵盖物联网主流平台的开发及简单的M2M应用开发过程

本书涵盖 Android、Micro Soft WPF 等主流平台的物联网开发，以及 M2M 应用开发过程，让 Arduino 物联网应用开发更容易上手。

3. 对Arduino实现各种通信技术进行了原理分析

本书介绍了 Arduino 连接各种传感器及使用各种有线、无线通信方式实现通信的过程，其中包含原理分析和应用场合比较等内容。

4. 实验驱动，应用性强

本书第 3 篇提供了 50 多个典型实验，这些实验按照由易到难的顺序排列，具有超强的实用性。这些内容模块相互独立，不但便于应用开发人员随时查阅和参考，也易于老师课堂教学。

5. M2M应用项目案例典型，实战性强，应用价值高

本书最后一章提供的可接入云平台的实战案例，具有很高的应用价值和参考性。

6. 提供完善的技术支持和售后服务

本书提供了专门的技术支持邮箱：hzbook2017@163.com。读者在阅读本书的过程中有任何疑问都可以通过该邮箱获得帮助。

本书内容体系

第1篇　认识Arduino（第1章和第2章）

第 1 章 Arduino 简介，介绍了 Arduino 是什么，有哪些特点及应用领域。

第 2 章常用 Arduino 开发板，介绍了 3 款经典的 Arduino 开发板和开发板的结构，并对不同开发板的参数进行了简单对比。

第2篇　轻松上手Arduino开发（第3～7章）

第 3 章 Arduino 开发环境搭建，介绍了不同操作系统平台下 Arduino 开发环境的安装部署，以及驱动程序安装等基本操作。

第 4 章 Arduino 开发语言，介绍了编程概念，并提供了多个示例，讲解如何编程才能使 Arduino 开发板进行工作，另外还介绍了类库等概念。

第 5 章 Arduino 命令和函数，详细讲解了 Arduino 编程的语法和术语，并提供了详细的官方函数参考列表。

第 6 章 Arduino 开发硬件要求，介绍了 Arduino 项目开发所需要准备的常见元器件和工具。

第 7 章 Arduino 项目开发流程，介绍了 Arduino 项目开发常规硬件组装流程，以及软件程序编写流程。

第3篇　一起动手做Arduino实验（第8～10章）

第 8 章 Arduino 基础实验，通过多个典型的基础实验，对各种常见元器件原理进行了介绍，并通过这些实验阐述了 Arduino 在电子设计项目中的含义。

第 9 章 Arduino 进阶实验，介绍了如何通过 Arduino 连接更多的电子模块，展现了 Arduino 在实现通信、数据处理和程序可读性等方面的"天生优势"。

第 10 章 Arduino 高级实验，介绍了 Micro Soft WPF、Android 和上位机应用软件如何与 Arduino 实现交互应用，以及物联网应用中简单的 M2M 应用开发，为以后拓展应用开发提供参考。

本书配套资源

本书提供了示例源程序和相关安装包等丰富的配套资源，以方便读者学习。配套资源主要有以下几类：

- 书中每个 Arduino 示例程序的源代码；
- 书中每个实验接线的 Fritzing 参考图；
- 相关操作系统平台的 Arduino IDE 环境安装包；
- 书中实验所用电子模块的 Arduino 类库安装包（ZIP）；
- 进行实验所需要的小工具软件；
- Micro Soft WPF、Android 和上位机应用软件的完整工程和相关依赖包；
- Android 应用开发环境安装包。

本书涉及的源代码文件等配套学习资源需要读者自行下载。请在 www.hzbook.com 网站上搜索到本书，然后在本书页面上找到下载链接进行下载即可。

本书读者对象

- 电子设计爱好者；
- 电子硬件技术人员；
- 广大创客；
- 创客教学的教师；
- 创客培训机构的学员；
- 需要接触硬件开发的软件工程师；
- 开设相关课程的中学生和大学生；
- 软硬件应用开发项目经理。

本书作者

本书由黄焕林和丁昊主笔编写。其他参与编写的人员有张昆、张友、赵桂芹、晁楠、高彩琴、郭现杰、刘琳、王凯迪、王晓燕、吴金艳、尹继平、张宏霞、张晶晶、陈冠军、魏春、张燕、范陈琼、孟春燕、王晓玲、项宇峰、肖磊鑫、薛楠、杨丽娜、闫利娜、王韶、李杨坡、刘春华、黄艳娇、刘雁。

因为是第一次编写图书，整个过程中经历了不少困难和内心的自我斗争。这个过程很煎熬，但是从中也学到了不少东西，得到了成长，证明了自己，非常值得。感谢和我一起完成本书的丁昊等人，写作过程中和他们一起讨论，整理思路，这使我受益匪浅。

虽然我们对书中所述内容都尽量核实，并多次进行文字校对，但因时间和水平有限，书中疏漏和错误在所难免，敬请读者批评指正。联系我们请发 E-mail 到 hzbook2017@163.com。

黄焕林

目录

第 3 篇　一起动手做 Arduino 实验

第1篇
认识 Arduino

第 1 章 Arduino 简介

Arduino 是一个快速学习从电子元件到电子通信知识的优秀平台，也是帮助开发者快速完成 DIY 创意、电子实验的不错选择，它使用简单的编程代替复杂的逻辑电路，大大地降低了初学者的学习难度。下面让我们一起开始 Arduino 的学习之旅。

本章主要涉及以下知识点：

- Arduino 是什么及其特点；
- Arduino 生态系统；
- Arduino 的应用领域。

1.1 什么是 Arduino

Arduino 是 2005 年诞生于意大利的一种可编程单片机电路板（一般称其为 Arduino 开发板，如图 1-1 所示），到现在已经有 10 多年的历史了。Arduino 不同于普通的单片机开发板，它在单片机的基础上，加入使其能适应大部分运行条件的电子元件，例如，电容、电阻、晶振、晶体管等，使其能直接工作，适应较宽的电压，引出简单的 I/O 接口，方便使用杜邦线快速实验和配套扩展板使用。不像普通单片机开发板带有数码管、键盘、蜂鸣器、LED 灯带、多种 IC 电路、多种接口……其目的是方便移植使用，既有单片机般的小巧，又具有开发板般的兼容性。

图 1-1　Arduino UNO 开发板

最重要的是，Arduino 开发板带有 USB 转串行通信芯片，能使 Arduino 方便地连接个人计算机（下称 PC）就可烧写更新程序、进行数据通信等。Arduino 的优秀之处，不仅在于开发板本身优秀的硬件设计，更在于其简洁的软件开发环境。Arduino 的开发环境将单片机编程底层复杂的操作封装得很简单，因此通过简单易上手的 Arduino 语言配合其类库即可编写出其他单片机上复杂、冗长的等效代码。而不用像编写其他单片机程序边查数据手册（DATASHEET）边编写代码，并且单击"上传"按钮，就能让程序在任何型号的 Arduino 上运行，一定程度上保持了程序的美观性和编程效率。

目前 Arduino 开发板使用的单片机有 AVR 单片机和 ARM 单片机，型号并不是很多。由于 Arduino 的开源性，通过爱好者们的移植，常见的 AVR 单片机都已经可以兼容 Arduino 了。可见 Arduino 不仅仅是这些开发板的名称，更是一个单片机生态系统。

🔊**注意**：Arduino 可以指开发板板卡，也可以指 Arduino 这个平台，或者 Arduino 生态系统，本书大部分情况下用于指板卡。

1.2　Arduino 的特点

Arduino 是一个开源的平台，其采用知识共享（Creative Commons）协议。也就是说，其硬件原理图和 PCB 图、软件源码及其他资源都可以免费获得、使用、修改和再发布，还可以用这些资源制作自己的 Arduino 开发板。

Arduino 开发板可以看成是一块具有简单 I/O 接口面板的较成品化的单片机，拥有其单片机核心可编程、数据处理、数据储存、定/计时器、串行和总线通信、脉宽调制信号、模拟多路转换器、A/D 转换器等功能。因此可通过编程随意控制 I/O 实现电信号控制、采集和电子通信，所以电子电路知识的学习可以抛开部分枯燥、精准的电路设计，使这部分内容被理想化地代替。自 Arduino 流行以来，以往复杂的电子电路知识变得更容易入手，其在电路中使电子和编程相结合，使得电子设计中被电路左右的部分更少了。编程是电子产品的智慧来源，也是电子产品智能化的根源，Arduino 的存在能让更多的电子产品实现智能化设计。

由于 Arduino 开发板自身对电子通信规范的兼容，及其平台开源的特性，使其日益受到重视。Arduino 的可堆叠扩展板渐渐增多时，电子市场中适用 Arduino 的各种电子模块也渐渐增多，Arduino 的开发资源因此日益丰富，无线通信、测量、传感、驱动控制等可以说已经成了其"标准"的扩展功能。

Arduino 使用串口方式与上位机通信，它能和 Processing、Flash、Max/MSP、LabVIEW、VVVV 等配合，从而进行交互。

基本上 Arduino 所有型号的开发板都可以在 DC 5～12V 电源下工作，有些可以低至 3.3V 供电。其在连接 PC 调试时可以不用外部供电，直接在 USB 电源下工作，使调试时的电源一直保持稳定状态。其配合面包板、杜邦线等可以免焊接搭建电路系统。

总的来说，Arduino 的具体特点如下：

- 能进行快速、高效地开发；
- 具有丰富的开发资源；
- 开发板连接上位机后可以直接更新程序、通信或交互；
- 开发板适应电源宽；
- 开发板小巧，方便移植。

1.3　Arduino 的应用领域

Arduino 的诸多特点决定了其应用领域。Arduino 是很适合教学使用的，无论用于演示还是学习，都非常简便易用。

除了演示和学习之外，不少电子竞赛中都有 Arduino 的身影，其能快速、高效地开发等特点，受到了广大电子爱好者和极客的欢迎，因此也被广泛应用于电子 DIY 创意制作方面。例如，智能的光控窗帘、贴心的室内环境监测报告系统、很酷的微型四轴飞行器、能控制家中所有电器的全能红外遥控器、能在自行车车轮转动时显示图像的一排神奇 LED……

在产品化方面，Arduino 受到不少设计师的喜爱，被广泛应用于电子系统设计过程中，特别是在互动产品开发、电子艺术品创意设计和物联网系统设计等方面应用广泛。

1.4　小结

通常，可以把 Arduino 当成更加成品化、易开发的单片机，其具有完善、简便的开发工具及丰富的软硬件开发资源，更是遨游电子世界优秀的起航开发板。

第 2 章　常用 Arduino 开发板

自从 Arduino 诞生以来，Arduino 开发板的型号也在不断丰富。从第一块名为 Arduino 的开发板到首次结合 Linux 系统的开发板 Arduino Yún、较新的型号 Arduino Zero……Arduino 开发板使用的单片机、芯片越来越强大，集成的功能和接口越来越丰富。那么常用的 Arduino 开发板有哪些？各型号开发板之间又有哪些异同之处呢？

本章主要涉及以下知识点：
- 常用 Arduino 开发板型号的参数、特点；
- Arduino 各开发板之间的异同；
- Arduino 开发板之间的兼容性。

注意：本章提及的有修订历史的 Arduino 开发板，均以官方最新修订的 R3 版本（Revision 3，简称 R3）开发板作为参考。

2.1　Arduino Uno 开发板

最常见也是用得最多的 Arduino 开发板就是 Arduino Uno。Uno 在意大利语中意为"一"。Arduino Uno 是 Arduino 平台开发板的参考模型，是大部分型号开发板的"标准"，也是 Arduino 品牌的开始。Arduino Uno 开发板的正面和背面效果如图 2-1 和图 2-2 所示。

图 2-1　Arduino Uno　正面

图 2-2　Arduino Uno　背面

2.1.1　特点

Arduino Uno 是 Arduino AVR 系列开发板，基于 AVR 兼容单片机 ATmega328。Uno

上的 ATmega328 已经预置了 Bootloader 程序，因此可以通过 Arduino IDE 直接下载程序到 Uno 中。

外观上，Uno 的开发板形状、排针插孔、DC（直流）电源接口、复位按钮、ICSP 接头都是从第一款 Arduino 开发板演变过来的，并在后续开发板型号中保持插孔位兼容。Uno 是标准的参考模板，几乎所有扩展板都能与 Uno 完美配合。

Uno 上的 USB 接口是 B 型 USB 接口（母口），采用的 USB 转串行芯片为 ATmega16U2（R3 以前的版本采用 ATmega8U2），这是与其他采用 FTDI 芯片的 Arduino 开发板明显的不同之处。

2.1.2　电气属性

Arduino Uno 的大部分参数都由其微控制器 ATmega328 决定。以下为其详细参数。

- 微控制器：ATmega328；
- 数字 I/O 脚：14 个（其中 3、5、6、9、10、11 共 6 个引脚可作为 PWM 输出）；
- 模拟输入脚：6 个；
- I/O 脚最大电流：40 mA；
- 3.3V 脚直流电流：50 mA；
- Flash 储存：32 KB（其中 Bootloader 占用 0.5KB）；
- SRAM：2 KB；
- EEPROM：1 KB；
- 晶振：16 MHz；
- 工作电压：5V；
- 输入电压范围：6~20V（推荐 7~12V，9V 最佳）。

在 USB 供电直接使用 Arduino Uno 开发板时，短路、过载等电流过大情况可能会烧毁计算机主板。尽管电脑主板一般会对 USB 电流过载进行保护，但是开发板上仍设计了一个可重置保险丝。当电流超过 500mA 时保险丝将断开，开发板与 USB 电源的连接也会暂时断开以保护计算机主板。

2.1.3　接口介绍

Arduino Uno 开发板上左右侧两排杜邦线接口可分为以下 4 部分。

- 电源：包括电源输入、输出和复位等；
- 数字 I/O：包括 PWM 信号输出和 SPI 总线；
- 模拟输入：包括模拟输入、TWI 总线（该部分接口又可用作数字 I/O 接口）；
- 预留接口：位于左上角，开发板上无电路，备用。

其中电源部分包括以下几部分。

- VIN：开发板电源正电压输入接口；
- GND：参考地接口，即开发板电源负极，开发板上 3 个 GND 接口互相接通，可用于分流；
- 5V：经过稳压芯片降压后的 5V 电压输出接口；
- 3.3V：经过稳压芯片降压后的 3.3V 电压输出接口；
- AREF：模拟输入信号的基准参考电压输入接口；
- IOREF：开发板工作电压输出，供扩展板参考，以区分 5V 工作 Arduino 开发板与 3.3V 工作开发板，Uno 中该接口与 5V 接口相连；
- RESET：复位信号输入，当输入低电平时复位 Arduino。

Uno 可以通过 DC 电源接口使用电池或电源适配器供电，也可以通过 USB 接口直接供电，还可以通过 VIN 接口供电。当使用前两种方式供电时，可从 VIN 接口取电，使用第三种方式供电时，Uno 会忽略从 USB 或其他引脚接入的电源。

数字 I/O 接口部分，因为开发板在 5V 电压下工作，所以数字 I/O 接口输出的高电平最高也只有 5V。每个接口能通过的最大电流为 40mA（超过该值工作会有烧毁危险），每个接口还有内部上拉电阻 20～50kΩ，使用上拉电阻需通过程序操作。以下引脚为特殊引脚。

- PWM 输出（3、5、6、9、10、11）：该 6 路提供 8 位 PWM 输出；
- UART 通信 RX（0）、TX（1）：即 ATmega328 串行通信接口，由于开发板内部与 USB 转串口 ATmega16U2 芯片连接，当下载程序时不当使用该接口可能会造成下载错误；
- 外部中断（2、3）：中断触发引脚，可设置程序上升沿、下降沿或电平变化时触发中断；
- SPI 总线（10（SS）、11（MOSI）、12（MISO）、13（SCK））：与 Uno 开发板上 ICSP 接头对应相通；
- 开发板上指示灯 L（13）：与开发板上 LED 指示灯 L 正极相连，该接口高电平时能点亮该指示灯。

模拟输入接口 A0～A5 共 6 路，具有 10 位的分辨率（即可以将输入电压值转化为 0～1024 范围内的值），通过 AREF 脚可以调整输入电压上限。其中，A5、A4 接口即 TWI 总线（该总线兼容 I2C 总线）接口，与开发板右上角两个杜邦接口（无 PCB 丝印的接口 SCL、SDA，A5 对应 SCL，A4 对应 SDA）相通。

开发板上有两个 ICSP 接头，一般均指有 ICSP 丝印字样的 ATmega 328 单片机的 ICSP 接头，即开发板下方的 ICSP 接头。通过该 ICSP 接头，可在使用 SPI 通信时方便开发板与外部设备连接，还可以用于更新单片机的 Bootloader，不通过 ATmega 16u2 虚拟成串口，而是从 PC 直接下载程序。Uno 开发板右上方的 ICSP 接头为 USB 转串行芯片 ATmega16u2 更新固件或 Bootloader 使用，因为 ATmega 16u2 固件和 Bootloader 相对稳定，很少更新，所以该接头除 Uno 出厂时可能使用外，平时基本不使用。

ICSP 接头是带有 5V 电压输出接口和 GND 接口的，即其与 5V、GND 接口相通。两个 ICSP 接头有两路 5V 和 GND，加上杜邦接口 5V、3.3V、IOREF、VIN 等电源输出，以及 3 个 GND 接口，Uno 具有 6 个正电源输出接口和 5 个 GND 接口。当使用 Uno 遇到电源接口不够时，应考虑这点巧妙布线。

🔔注意：单片机所有引脚均称为 I/O。开发板上 UART 串行通信指示灯 TX、RX 由 ATmega 16u2 的 I/O 驱动，并非在 ATmega16u2 与 ATmega 328 相连的电路中。Uno 还采用贴片封装 ATmega 328 单片机的版本，参数与上述采用直插 ATmega 328 单片机版本无区别。直插版本的优点是可更换单片机，即 ATmega 328 可换成 ATmega 8 或 ATmega 168 单片机，烧写好 Bootloader 后即可正常使用。

2.2　Arduino Mega 2560 开发板

Arduino Mega 2560 像是 Uno 的"强化"版本，最明显的特征是这款开发板拥有更多的 I/O 接口，其形状看起来像是 Uno 延长的，但其实它是 Arduino Mega 的芯片升级版本。Mega 2560 的正面和背面效果如图 2-3 和图 2-4 所示。

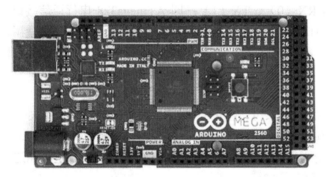

图 2-3　Arduino Mega 2560 正面

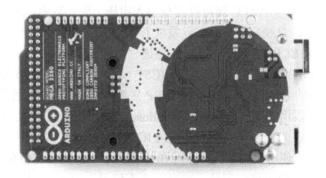

图 2-4　Arduino Mega 2560 背面

2.2.1　特点

Arduino Mega 是采用 ATmega1280 单片机、USB 转串行芯片 FTDI 的 AVR 系列开发板。其拥有 54 路数字 I/O 接口（其中有 14 路可作 PWM 输出）、16 路模拟输入接口及多达 4 对 UART（TTL）通信接口。

Arduino Mega 2560 在 Arduino Mega 的基础上升级了芯片，采用了更优秀的 ATmega 2560 单片机、USB 转串行芯片 ATmega 16u2。ATmega 2560 具有 256KB Flash 存储（其中 Bootloader 占用 8KB）、8KB SRAM 和 4KB EEPROM，Mega 2560 的 Flash 存储容量比 Mega 多一倍且价格相差不多，这是 Mega 2560 取代 Mega 被广泛选用的主要原因。

外观上，Mega 2560 和 Uno 并无太大差别，Uno 杜邦接口孔位与 Mega 2560 开发板左边部分孔位完全吻合，使用 Uno 的扩展板只需在程序中对引脚稍作改动即可完美配合，即基本上 Uno 的所有扩展板都能作为 Mega 2560 的扩展板使用。

2.2.2　电气属性

Arduino Mega 2560 的详细参数如下。

- 微控制器单片机：ATmega 2560 型号；
- 数字 I/O 脚：54 个 （其中 2～13 和 44～46 共 15 个引脚可作为 PWM 输出）；
- 模拟输入脚：16 个；
- UART 接口：4 对；
- I/O 脚最大电流：40 mA；
- 3.3V 脚直流电流：50 mA；
- Flash 储存：256 KB（其中 Bootloader 占用 8KB）；
- SRAM：8 KB；
- EEPROM：4 KB；
- 晶振：16 MHz；
- 工作电压：5V；
- 输入电压范围：6～20V（推荐 7～12V，9V 最佳）。

开发板上有 USB 过流保护可重置保险丝，当 USB 电流超过 500mA 时保险丝将断开，以保护计算机主板。

2.2.3　接口介绍

Mega 2560 开发板上的所有杜邦线接口可分为以下 6 部分。
- 电源：包括电源输入、输出、复位等；

- 模拟输入：模拟信号输入；
- 数字 I/O：高低电平输入、输出；
- 通信接口：包括 UART 接口、TWI 总线（该部分接口又可作为数字 I/O 接口使用）、ICSP 接头 SPI 总线接口；
- PWM 输出接口：输出 PWM 信号；
- 预留接口：位于左上角，开发板上无电路，用于备用。

其中电源部分包括以下几部分。

- VIN：开发板电源正电压输入接口；
- GND：参考地接口，即开发板电源负极，开发板上 5 个 GND 接口互相接通，可用于分流使用；
- 5V：经过稳压芯片降压后的 5V 电压输出接口，开发板上 3 个 5V 接口互相接通，可用于分流使用；
- 3.3V：经过稳压芯片降压后的 3.3V 电压输出接口；
- AREF：模拟输入信号的基准参考电压输入接口；
- IOREF：开发板工作电压输出，供扩展板参考，以区分 5V 工作 Arduino 开发板与 3.3V 工作开发板，Mega 2560 中该接口与 5V 接口相连；
- RESET：复位信号输入，当输入低电平时复位 Arduino。

Mega 2560 和 Uno 一样可以通过 DC 电源接口使用电池或电源适配器供电，也可以通过 USB 接口直接供电，还可以通过 VIN 接口供电。当使用前两种方式供电时，可从 VIN 接口取电，当使用第三种方式供电时，开发板会忽略从 USB 或其他引脚接入的电源。

模拟输入接口 A0～A15 共 16 路，具有 10 位的分辨率（即可以将输入电压值转化为 0～1024 范围内的值），通过 AREF 脚可以调整输入电压上限。

数字 I/O 接口部分开发板上标有数字的 54 个接口（开发板右边由于开发板形状原因忽略了 23、25、27、29 等标序，通信接口和 PWM 输出接口也计入数字 I/O 接口），因为开发板在 5V 电压下工作，所以数字 I/O 接口输出的高电平最高也只有 5V。每个接口能通过的最大电流为 40mA，每个接口还有内部上拉电阻 20～50kΩ，使用上拉电阻需通过程序操作。以下引脚为特殊引脚。

- PWM 输出：除了 PWM 部分 12 个接口，44、45、46 接口也提供 8 位 PWM 输出；
- SPI 总线（50（MISO）、51（MOSI）、52（SCK）和 53（SS））：与开发板上 ICSP 接头对应相通。

通信接口部分包含 UART 通信接口、TWI 总线接口、两个 ICSP 接头。4 对 UART 通信接口对在开发板上已有标明，开发板内部 ATmega 2560 单片机与 USB 转串口 ATmega 16U2 芯片连接的 UART 接口对为 RX0、TX0，当下载程序不当时，使用该对接口可能会造成下载错误。另外，20（SDA）、21（SCL）接口即 TWI 总线接口，与开发板左上角两个无 PCB 丝印的杜邦接口相通（顺序相反，左 1 为 SCL，左 2 为 SDA）。

PWM 输出接口部分可输出 8 位 PWM 信号，均可作为数字 I/O 接口使用。其中标序为 13 的接口与开发板上 LED 指示灯的 L 正极相连，该接口高电平时能点亮该指示灯。

Mega 2560 外部中断接口分布在 PWM 输出接口部分和通信接口部分，中断 0～5 分别对应接口序号 2、3、21、20、19、18。

2.3　Arduino Pro Mini 开发板

有些场合需要用到小巧的单片机，够小、够薄，接上电源能工作就可以，甚至可以去掉 USB 接口、芯片，用另外的 USB 下载工具下载程序。Arduino Mini（如图 2-5 所示）就是这种开发板，Mini 没有直接连接 USB 数据线下载程序的功能，和传统 Arduino 开发板对比还去掉了杜邦线接口、电源插座等，除了复位按钮外只剩下电子元件构成的简单电路。Arduino Mini 更像是 AVR 构架的最小系统，只支持较宽电压供电和在 Arduino 平台工作。

后来出现了 Arduino Pro（如图 2-6 所示），Pro 是传统 Arduino 开发板的半定制版本，目的是可以自由选择定制成 5V 或 3.3V，8MHz、16MHz 或 20MHz 晶振的开发板，以适应不同的工作电路。其形状继承自传统开发板，但其除了有电池接口、下载程序接口排针、开关和复位按钮外，也只剩下电子元件构成的电路。

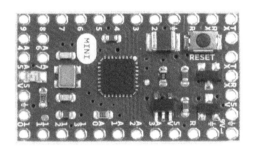

图 2-5　Arduino Mini 开发板

图 2-6　Arduino Pro 开发板

然而 Arduino Pro 并没有被广泛应用，因为 Pro 需要焊接后才能使用，比较麻烦，和 Mini 比起来又失去了小巧性，反而 Mini 的半定制版本 Pro Mini（如图 2-7 和图 2-8 所示）的出现受到了开发者的欢迎，甚至完美地取代了 Pro，最后被广泛应用。

图 2-7　Arduino Pro Mini　正面　　　　图 2-8　Arduino Pro Mini　背面

2.3.1　特点

Pro Mini 是基于 AVR 兼容单片机 ATmega168（市面上还有基于 ATmega328 单片机版本的），不带 USB 转串行芯片的 Arduino 半定制开发板。

Pro Mini 外形很小巧，市面上销售的 Pro Mini 晶振和降压至工作电压（3.3V 或 5V）的晶体管一般是已焊接好的，可以很方便地按需选择。Pro Mini 预留各接口孔位，可以焊接杜邦排针后使其方便地应用于免焊接电路实验，也可以直接将其焊接至电路板。

由于 Pro Mini 没有 USB 转串行芯片，所以不能像 Uno 一样方便地下载程序，需要先把 USB 转成 UART 工具（如 FTDI 下载器、CP2001 下载器）或 ICSP 下载工具（如 USBtinyISP 下载器、USBasp 下载器、AVR ISP 下载器）后再与开发板连接，这样才能通过 Arduino IDE 下载程序。

Pro Mini 不适合频繁更新调试程序，因为其不能灵活适应各种电路的性质决定了其只能应用于稳定工作的电子作品中。

2.3.2　电气属性

Pro Mini 采用的单片机 ATmega 168 与 Uno 采用的单片机 ATmega 328 参数很类似，以下为其详细参数。

- 微控制器单片机：ATmega168；
- 数字 I/O 脚：14 个（其中 3、5、6、9、10、11 共 6 个引脚可作为 PWM 输出）；
- 模拟输入脚：8 个；
- I/O 脚最大电流：40 mA；
- Flash 储存：16 KB（其中，Bootloader 占用 2KB）；
- SRAM：1 KB；
- EEPROM：512 B；
- 晶振：8 MHz/16 MHz/20 MHz（定制选择）；
- 工作电压：3.3V/5V（取决于定制）；

- 输入电压范围：3.35～12V/5～12V（取决于定制，9V 为最佳电源）。

2.3.3　接口介绍

Pro Mini 开发板上的引脚接口设计得很紧凑，按 PCB 丝印可划分为以下 3 部分。
- 数字 I/O：包括 PWM 信号输出、SPI 总线；
- 模拟输入：包括模拟输入、TWI 总线；
- 其他：包括电源接口、程序下载接口等。

数字 I/O 接口部分，输出的高电平最高为开发板工作电压 3.3V 或 5V（取决于定制）。每个接口能通过的最大电流为 40mA，每个接口还有内部上拉电阻 20～50kΩ，使用上拉电阻需通过程序操作。以下引脚为特殊引脚。
- PWM 输出（3、5、6、9、10、11）：该 6 路提供 8 位 PWM 输出；
- UART 通信 RX0、TX1（该对接口分别对应序号 0、1）：即 ATmega 168 串行通信接口，当下载程序时注意断开与外部电路的连接，不当使用该接口可能会造成下载错误；
- 外部中断（2、3）：中断触发引脚，可对程序进行上升沿、下降沿或电平变化时触发中断设置；
- SPI 总线（10（SS）、11（MOSI）、12（MISO）和 13（SCK））：可用于 ICSP 下载程序；
- 开发板上指示灯 L（13）：与开发板上 LED 指示灯 L 正极相连，该接口高电平时能点亮该指示灯。

模拟输入接口 A0～A7 共 8 路，具有 10 位的分辨率，输入电压上限为开发板工作电压。其中，A5、A4 接口即 TWI 总线接口，A5 对应 SCL，A4 对应 SDA。

其他接口中，开发板左部 GRN、TX0、RX1、VCC、GND、BLK 为与标准 FTDI 下载器连接接口。使用其他 UART 下载器下载程序时至少需要连接 UART 通信接口 TX0、RX1 和参考地 GND 接口。如果开发板无电源还需连接 VCC，此时需配合手动按复位按钮完成下载。如下载器有 DTR 接口，可以将下载器 DTR 接口与 Pro Mini 上 GRN 接口连接，即可免手动复位自动下载。

其他接口如下。
- RAW：开发板电源正电压输入接口；
- GND：参考地接口，即开发板电源负极，开发板上两个 GND 接口互相接通，可用于分流使用；
- VCC：经过稳压芯片降压后的开发板工作电压 3.3V 或 5V 电压（取决于定制）输出接口；
- RST：复位信号输入，当输入低电平时复位 Arduino，开发板上两个 RST 接口互相接通，可用于多复位源或与外部电路同步复位。

Pro Mini 可以通过 RAW 接口输入较宽的电压供电方式，也可以通过 VCC 接口输入适合晶振工作的电压供电方式。若采用前者供电方式时，可从 VCC 接口取电。

2.4 小结

Arduino 最常见、使用最广泛的开发板就是继承传统和作为标准的 Uno、I/O 接口众多的 Mega 2560 和小巧且半定制的 Pro Mini 这 3 款。它们虽各有特点但万变不离其宗——Arduino 生态系统。

Arduino 开发板型号丰富并且在不断地增多，除 Arduino 官方开发板外，也有不少厂商推出了各种 Arduino 平台兼容开发板。但在眼花缭乱的产品中，始终有 Arduino 官方型号的影子。了解并学会使用常见的开发板，就能更好地选择合适的开发板以提高用户对电子作品的开发效率，并避免更多问题。

第 2 篇
轻松上手 Arduino 开发

第 3 章 Arduino 开发环境搭建

Arduino 的开发与其他单片机相比，具有快速、高效等优势。原因在于 Arduino 官方团队提供了一个开源的 Arduino 开发环境软件，也称为 Arduino 集成开发环境（Integrated Development Environment，IDE），其 IDE 兼容于 Windows、Mac OS X 及 Linux 等平台，并使得开发变得简便。本章将详细介绍 Arduino IDE 的相关内容及如何在不同平台中搭建该开发环境。

本章主要涉及以下知识点：

- Arduino IDE 及其特点；
- 如何在不同平台下使用 Arduino；
- Arduino 驱动问题。

🔔注意：不同平台下如何开发 Arduino 是以 Arduino IDE 软件为例说明的，本书对其他第三方开发工具开发 Arduino 只做简要介绍而不做详细阐述。

3.1 开发环境

Arduino IDE 用 Java 语言编写，基于 Processing、AVR-GCC 和其他开源软件而成。因此其软件界面像 Processing 一样简洁且操作方便。如图 3-1 所示为 Windows 操作系统下的 Arduino IDE 主窗口（左图）及其串口监视器。

IDE 开发使用 Arduino 语言编程。IDE 自带大量电子实验实例和类库，类库使用标准 C++ 类库格式，便于维护。IDE 除了能给 Arduino 下载程序之外，还具有给 Arduino 下载更新 Bootloader 的功能。另外还可扩展支持第三方 Arduino 兼容开发板。但 IDE 有一个先天的不足，那就是没有对程序模拟运行调试的功能。因此程序只能下载到单片机中实时运行调试（而跟踪程序运行情况可利用串口监视器）。

IDE 将一个程序下载至 Arduino 的过如下：

（1）将 Arduino 语言程序转换成正确、标准的 C/C++ 程序。如果有语法错误，预编译或上传会报错。

（2）通过 AVR-GCC 编译器将标准的 C/C++ 程序编译成机器指令。

（3）根据选择的 Arduino 型号，再将机器指令与标准的 Arduino 底层库连接起来，这时将在开发板上产生适合单片机运行的二进制程序。如果 Arduino 型号选择不正确，将有可能报错或程序在单片机上运行时出现问题。

（4）最后在单片机 Bootloader 程序、USB 转串行芯片的配合下，上位机与开发板之间通过 UART 串口通信将程序下载至单片机用户程序 Flash 存储中。

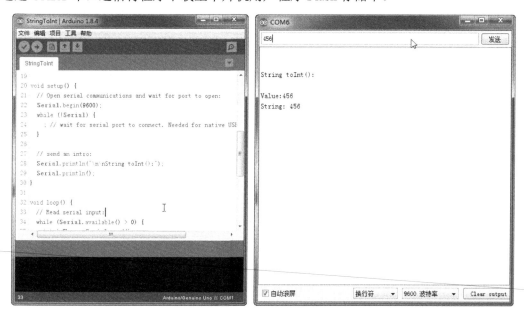

图 3-1　Windows 下在 Arduino IDE 中调试官方例程 StringToInt

IDE 产生的二进制程序（.HEX 格式文件）可以在"偏好"中设置保存位置，便于以 ICSP 方式为单片机下载程序，或者将相同程序批量下载至相同型号的 Arduino 中。

Arduino IDE 是开源的，一些优秀的开发工具在 Arduino IDE 基础上推出了能开发 Arduino 的插件。例如，Sublime Text 的 Stino 插件使 Arduino 程序代码编写更加有效率、Visual Studio 的 Arduino for VS 插件弥补了 Arduino IDE 在 DeBug 方面的不足。这些第三方开发环境都为 Arduino 的开发提供了更好的基础。

3.2　搭建 Arduino 开发环境

无论使用 Arduino IDE 开发，还是在 Sublime Text、Visual Studio 中搭建兼容性更好的开发环境，Arduino IDE 都是必须要安装的。Windows、Mac OS X 及 Linux 等平台下 Arduino IDE 的搭建大同小异，但是也有所区别。下面分别介绍这 3 种平台下 Arduino IDE 的安装搭建过程。

3.2.1　Windows 系统下 Arduino IDE 的搭建

安装搭建 Arduino IDE，可选择官方推荐的稳定版本 1.0.5，或者较新的 1.8.4 版本（推荐使用较新版本，因为新版本能够识别较新的 Arduino 型号且其串口监视器能够输出 ACSII 编码中文），读者可以到 Arduino 官方网站（www.Arduino.cc）的下载栏目下载或者直接从本书配套网盘中复制安装。

Windows 系统下的 IDE 不分 x86（32 位）构架或 x64（64 位）构架，但有 EXE 安装版和 ZIP 压缩包免安装版。EXE 安装版需要按步骤安装，ZIP 压缩包免安装版解压后即可使用（但不会在桌面建立 IDE 启动图标），后者无须管理员权限也可运行使用。

1．EXE安装版

EXE 安装版安装过程如下（以下安装过程以 Windows 7 系统下 1.5.6 版本 IDE 安装为例，Windows 8 安装操作与 Windows 7 相同）。

（1）下载或者在网盘中找到如图 3-2 所示的 IDE 安装程序，并双击运行。

（2）运行后将出现如图 3-3 所示的使用协议界面，阅读了解后无疑问可单击 I Agree（我同意）按钮。

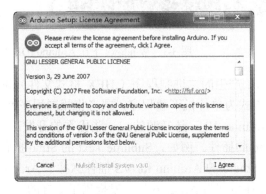

图 3-2　Arduino IDE 安装文件　　　　图 3-3　Arduino IDE 安装过程——协议

（3）随后出现如图 3-4 所示安装提示，勾选你要安装的选项，单击 Next（下一步）按钮进入下一步。图 3-4 中各选项依次表示为：

- 安装 Arduino 软件（即主程序）；
- 安装 USB 驱动；
- 创建开始菜单快捷方式；
- 创建桌面快捷方式；
- 关联 ino 文件（该格式文件为 Arduino 程序文件）。

IDE 占用空间大约为 420.6MB，因此注意留出足够安装的磁盘空间，否则后面的安装过程将可能遇到磁盘空间不足报错。

（4）随即将出现如图 3-5 所示的安装位置提示。如需要自定义安装路径位置，可单击 Browse（浏览）按钮更改安装位置。之后单击 Install（安装）按钮开始进入安装过程。

图 3-4　Arduino IDE 安装过程——安装选项　　图 3-5　Arduino IDE 安装过程——安装路径设置

（5）安装时将出现如图 3-6 所示界面。此时可单击 Show details（展示详细）按钮查看详细安装过程，如图 3-7 所示。

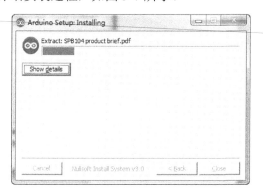 

图 3-6　Arduino IDE 安装过程——开始安装　　图 3-7　Arduino IDE 安装过程——安装详细展示

等进度条走完后，灰色不可单击的 Close（关闭）按钮将变为如图 3-8 所示的可单击状态，单击该按钮即可完成安装。

2．ZIP压缩包免安装版

ZIP 压缩包免安装版仅需要通过 Windows 资源管理器或其他解压缩软件打开压缩包，然后自由解压至任意目录即可完成安装。

安装完成后可从桌面快捷方式、开始菜单快捷方式或 IDE 安装目录 arduino.exe 下执行程序启动 IDE（ZIP 压缩包免安装版默认用第 3 种方式启动，可创建快捷方式实现前两种启动方式），启动等待界面如图 3-9 所示。

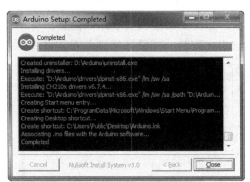

图 3-8　Arduino IDE 安装过程——安装完成　　　图 3-9　Arduino IDE 启动等待界面

等待 IDE 启动完成后，将出现如图 3-10 所示的 Arduino IDE 界面。

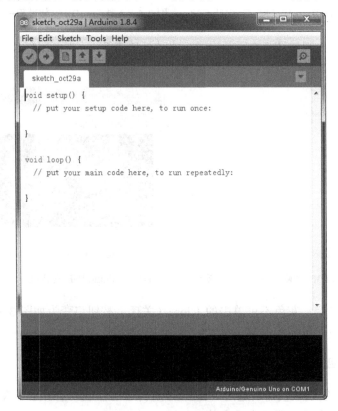

图 3-10　Arduino IDE 界面

IDE 默认界面语言为英语，且不显示程序行号。可以通过个人偏好设置成中文且显示行号。如图 3-11 所示选择菜单栏中的"文件"菜单，在弹出的下拉菜单中选择（偏好）命令。随后将弹出如图 3-12 所示的"偏好设置"界面，可根据个人情况调整偏好。

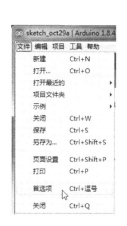

图 3-11　进入偏好设置　　　　　　　　　　图 3-12　进行偏好设置

设置完成后单击"好"按钮保存偏好（重启 IDE 后方可生效偏好设置）。图 3-12 中的偏好设置效果如图 3-13 所示。

图 3-13　偏好设置后的效果

🗋说明：Arduino IDE 安装好后，Arduino 开发板即可自动安装驱动，对于第三方 Arduino
　　兼容开发板要想正常下载程序，还需要安装好对应型号的驱动。

3. 低版本安装驱动

在低版本 Windows 平台系统下（如 Windows XP），可能需要手动安装驱动，用数据
线连接 Arduino（以 Arduino Leonardo 为例，其他型号与 Arduino 相同）后，任务栏会提
示"发现新硬件"，紧接着会弹出如图 3-14 所示的硬件安装向导。

（1）选择"从列表或指定位置安装"单选按钮，如图 3-15 所示，然后单击"下一步"
按钮。

图 3-14　硬件安装向导 1　　　　　　　　　　图 3-15　硬件安装向导 2

（2）接着进入如图 3-16 所示界面，选择"在这些位置上搜索最佳驱动程序"。如果
想通过本身配套网盘安装 1.5.6_r2 版本 IDE 自带驱动，在下级菜单中选中"搜索可移动媒
体"复选框，并单击"下一步"按钮进入搜索安装驱动。

（3）如果想从已装的 IDE 自带驱动中安装，选中"在搜索中包括这个位置"复选框，
并单击"浏览"按钮，会弹出如图 3-17 所示小窗口，需手动列出 IDE 安装目录，单击选
中 drivers（驱动程序）目录，并单击"确定"按钮完成选择。

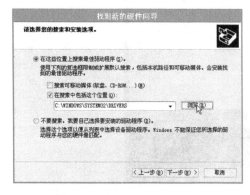

图 3-16　搜索安装驱动选项界面　　　　　　　图 3-17　驱动目录选取

（4）驱动程序目录选择完成后，单击图 3-18 中的"下一步"按钮即可进入搜索安装驱动选项界面。

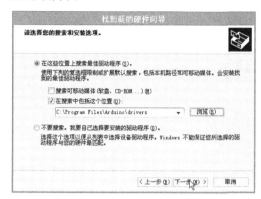

图 3-18　搜索安装驱动选项界面　　　　　图 3-19　搜索驱动程序

驱动搜索过程会出现如图 3-19 所示的界面，需要稍等片刻让 PC 找到适合 Arduino 开发板的驱动。当找到适用驱动后，会出现如图 3-20 所示的驱动安装进度界面，驱动安装过程将会很快。

（5）驱动安装完后会出现如图 3-21 所示的提示界面，单击"完成"按钮即可完成 Arduino 驱动安装。

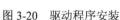

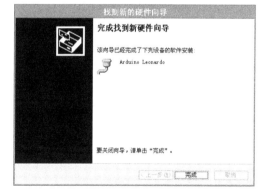

图 3-20　驱动程序安装　　　　　　　　图 3-21　安装完成提示

（6）驱动安装成功后，一般会在"控制面板"→"计算机管理"→"系统工具"→"设备管理器"→"端口"设备中出现一个如图 3-22 所示"Arduino 型号（虚拟端口号）"格式的设备。如果该位置出现带问号图标的设备，则表示有未装好驱动的设备（Windows 7、Windows 8 等不会像 Windows XP 一样弹出硬件向导，而是自动在 PC 或网络中搜索驱动。一般不会搜索成功，需要手动打开"设备管理器"找到新的未知设备，并右击打开菜单安装驱动，过程类似 Windows XP 硬件向导）。

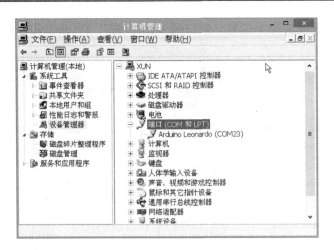

图 3-22　设备管理器

如果驱动正常，IDE 就可以使用 Arduino 开发板下载更新程序了。

至此，一个完整的 Arduino 开发环境安装搭建配置即完成。此时运行 Arduino IDE，在 IDE 界面的菜单栏中打开"工具"菜单，将光标移至"开发板"选项展开级联菜单，并选择对应型号 Arduino，如图 3-23 所示（只有选对型号才能下载程序）。

图 3-23　开发板型号选择

接着，再次在 IDE 的菜单栏中打开"工具"菜单，将光标移至"端口"选项展开级联菜单，并选择 Arduino 的设备端口号（如 PC 连接有多个 Arduino 开发板，请在"设备管理器"中确定设备对应端口号后再选择），如图 3-24 所示。

Arduino 型号和端口号都选择完成后，会在 IDE 界面右下角显示配置情况（下载程序时出现报错请先看该显示内容是否配置正确），如图 3-25 所示。

配置完成后即可开始编写、修改或将已有程序下载至 Arduino。如图 3-26 所示打开 IDE 自带的 Blink（闪烁）例程（在 IDE 中，程序称为 sketch，意为"草图"）。

确定下载至 Arduino 的程序无误后，即可单击 IDE 界面功能栏"上传"（Upload，意为将程序上传至 Arduino，通常也称为"烧录""烧写"。对于 PC 为上位机的开发，笔者认为称其为下载更合适,本书中对此一概用下载代指)图标将程序下载至 Arduino(如不确定程序无语法错误,可单击功能栏中的"验证"按钮进行预编译查错),如图 3-27 所示。

图 3-24　端口选择

图 3-25　IDE 下载目标型号开发板和端口号

图 3-26　打开 Blink 例程

图 3-27　下载 Blink 程序

　　该例程下载成功后 Arduino 开发板上的 L 指示灯会闪烁,即表明环境已配置妥当。如使用其他型号开发板或更换 USB 接口连接开发板,按上述驱动安装流程安装好其型号对应的驱动,并选择配置好 Arduino 型号、端口号,即可进行程序下载或调试。

　　注意:每个 Arduino 与不同的 Windows 系统 PC 首次连接时都需要安装驱动程序,以正常更新程序和交互使用。如出现前文未提及问题导致下载报错,可试试重新插拔 Arduino 开发板与 PC 连接的数据线或注销后重新登录等方法。IDE 对程序下载至 Arduino 上是通过 PC 虚拟出串行端口进行传输下载的,此时其他程序占用 Arduino 所使用的端口会出现下载错误。

3.2.2　Mac OS X 系统下 Arduino 开发环境的搭建

　　Mac OS X 系统下 Arduino IDE 的安装搭建与在 Windows 系统下类似。读者可以到

Arduino 官方网站的下载栏目下载 IDE 安装文件，或者直接从本书配套网盘内复制安装文件进行安装。Mac OS X 下的 Arduino IDE 如图 3-28 所示。

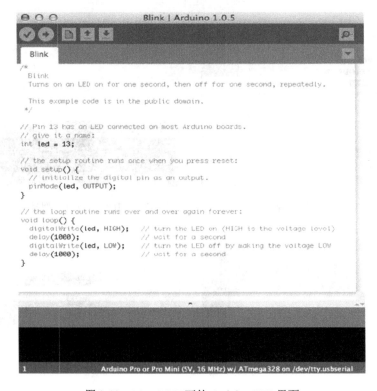

图 3-28　Mac OS X 下的 Arduino IDE 界面

注意：在大多数情况下，如使用 Uno、Mega 2560 等开发板，则无须安装驱动程序，若为较早版本带 FTDI 芯片的开发板，则需要先安装一个 FTDI 芯片驱动方可使用开发板。具体可参考官网页面 http://arduino.cc/en/guide/macOSX。

3.2.3　Linux 系统下 Arduino 开发环境的搭建

Linux 系统下安装 Arduino IDE 相比 Windows 系统下更简单。在此以 Ubuntu 13.04 系统为例（其他发行版系统操作类似）来介绍 Arduino IDE 的安装过程。

在 Ubuntu 系统下获取 Arduino IDE 有以下 3 种方式。

方法 1：Arduino 官网下载栏目或本书所带网盘。

方法 2：通过源安装。

打开 terminal（终端），界面如图 3-29 所示，输入如下语句：

```
sudo apt-get install arduino
```

执行后按照提示进行后续操作即可。

方法 3：通过 Ubuntu Software Center（Ubuntu 软件中心）安装。

运行 Ubuntu Software Center，使用关键字 Arduino 搜索应用，如图 3-30 所示。搜索到 IDE 后安装即可。

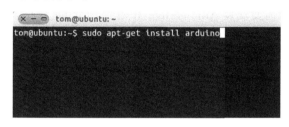

图 3-29　获取 Arduino IDE　　　　　图 3-30　Ubuntu 软件中心

安装完成后双击 Arduino 图标即可启动 Arduino IDE，如图 3-31 所示。

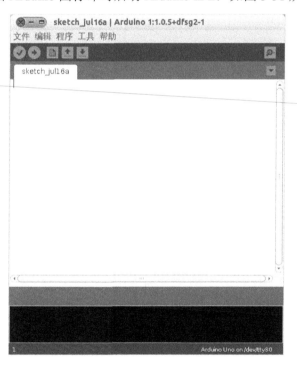

图 3-31　Ubuntu 下的 Arduino IDE 界面

注意：Ubuntu 系统中的 brltty 驱动会导致 Arduino 不能正常使用，可以尝试用 sudo apt-get remove brltty 命令卸载 brltty 驱动。在绝大多数情况下上述安装步骤都适用，对于一些旧版本的 Ubuntu 系统则需要下载相应的组件，如 avr-libc 库。具体可参考官网页面 http://playground.arduino.cc/Learning/Linux。

3.3 小结

无论任何平台上开发使用 Arduino，都需要安装 Arduino IDE 和相应 Arduino 开发板驱动。本章内容非常简单，不管在什么平台上，首先都要把环境搭建好，所以本章重点应注意的就是在不同平台安装 IDE 时的驱动、组件和运行库等问题。

第 4 章　Arduino 开发语言

　　第 3 章笔者已经介绍了 Arduino IDE，以及如何将一个 Arduino 程序写入单片机的过程。对于 Arduino IDE 中的例程，读者或许还不能看懂，因此本章将详细介绍编写 Arduino 程序的语言——Arduino 语言。读者可以从本章开始零基础学习编程。

　　本章主要涉及以下知识点：

- Arduino 程序结构；
- 程序的初始化和循环体；
- 定义变量；
- 使用函数和类库；
- 定义函数和类库。

🔖注意：本章简要介绍 Arduino 的变量和函数，不包括变量操作和 Arduino 的所有函数。
　　　程序语法中用到的所有符号均为半角符号。

4.1　开发语言

　　编程并不是一件很难的事，你可以这样理解：

　　在编程中，你就像是一个老板，Arduino 就像是你的员工，你可以指挥 Arduino 去做你想让它做的事。当然，要做的事得在员工的工作范围之内。

　　Arduino 这位员工是一块电路板，它的所有工作任务和完成任务的方法都存在它的芯片里，如果你想让它做事，你大声喊它当然没用。对于 Arduino 这位"没有耳朵"的员工，想命令它工作，就要把安排给它的工作任务和完成任务的方法写进它的芯片里。

　　给 Arduino 写入命令的方法在第 3 章中已经介绍了，但是还有一个问题：这位员工虽然不是火星来的，但它还是不懂人类的语言，它有自己的语言，那就是 Arduino 语言。这时你可能要发火了，你的员工不仅听不懂你的口头命令，还不能按照你描述的任务（用你的语言）去做事。其实，Arduino 按自己语言描述的任务工作当然不是因为它是一个高傲的员工，因为 Arduino 语言描述的任务对它来说更详细，在工作中能把任务做得更好。它能一丝不苟地按 Arduino 语言描述的要求去做，不会像其他员工那样偷懒。

　　给 Arduino 下命令，就像安排一道道的工作程序，而编写这些程序，就是编程了。

要给 Arduino 编程，就要学习 Arduino 语言。那么是否要先精通了 Arduino 语言才能给 Arduino 编程呢？当然不是，那样太费时而且效率低，读者可以跟着书中的例子边做实验边理解每句代码，有例子中的相关解释，相信读者们都能很快掌握这门编程语言。

Arduino 语言在编程语言中并不是一种生僻的语言，其建立在 C 语言/C++语言基础上，语法和 C 语言类似，但是在类库方面做了一些改变，把相关的参数设置函数化。写 Arduino 语言程序会比其他 AVR 单片机程序更简便，对于有编程基础的读者很容易上手，有 C 语言基础的读者学会相关的函数就可以很快学会 Arduino 语言了。

注意： 有 C 语言基础的读者要分清 Arduino 语言和 C 语言的不同之处，以免混淆。

4.2　程序结构

本节首先分析 Arduino 程序最基本的结构，然后介绍常见的 Arduino 程序中的各种成分，让读者逐渐能看懂一个复杂的 Arduino 程序。

4.2.1　程序的基本结构

还记得第 3 章安装完 Arduino IDE 打开后看到的程序编辑区的代码吗？如图 4-1 所示。

图 4-1　Arduino IDE 界面

程序编辑区中的代码就是 Arduino 语言编写的，也是 Arduino 程序最基本的结构，其中双斜杠"//"后面表示注释内容，两句英语注释的内容表述如下：

- 把设置代码放在这里，让它只运行一次；
- 把主要代码放在这里，让它反复运行。

注释是非必要的，是供编程者参考的，在程序编译时会自动忽略不会编译写入 Arduino。Arduino 程序的最基本结构必要代码如下：

```
void setup() {

}

void loop() {

}
```

可以把这段程序看作两部分，其中，一个大括号"{}"及其前面的代码为一个整体，为一个部分。这两部分是使用定义函数的语法来写的，后面的内容中会详细介绍定义函数的语法。这里暂时可以把大括号前面的内容当作一个部分开始的符号，大括号里就是这部分要运行的代码放置位置，我们称这两部分为：

- 初始化；
- 循环体。

其运行过程如图 4-2 所示。

代码 4-1 是一个 LED 闪烁的程序，在 Arduino 运行时，会先运行一次初始化部分的代码，然后重复地运行循环体部分的代码。也就是说，在编程过程中，可以把需要运行一次的程序放入初始化部分，把需要循环运行的代码放入循环体部分。

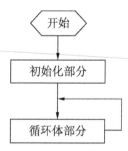

图 4-2　Arduino 程序运行过程

代码4-1　LED闪烁示例：LEDtest.ino

```
01 void setup() {
02   pinMode(13, OUTPUT);
                    //将数字输出口 13 设置为电平输出模式，执行一次即可完成设置
03 }
04
05 void loop() {
06   digitalWrite(13, HIGH);    //将数字输出口 13 设置为高电平，LED 将会亮起
07   delay(1000);              // 等待一段时间
08   digitalWrite(13, LOW);     //将数字输出口 13 设置为低电平，LED 将会熄灭
09   delay(1000);              // 等待一段时间
10 }
```

注意：初始化和循环体部分即使不需要用到其中的功能，也不能将其删去，可以在大括号内留空。循环体部分虽然可以一直重复运行，但也可以通过代码停止运行。至于结构设计的合理性，读者在阅读后面章节的小实验时将会感受到。

4.2.2　变量定义

代码 4-1 只是一个非常简单的程序，一个程序包含的部分往往不止这些，变量、函数、类库和各种语法结构都是常见的。

代码 4-1 中对数字输出口 "13" 操作了多次，因此 "13" 在代码中出现了多次。在编程中一般会把需要重复使用多次的内容用变量来定义，使用的时候在需要的地方用变量名表示，适当使用变量能让程序更简便和灵活。

例如，可以把代码 4-1 中的 "13" 放入名为 n 的变量中，如代码 4-2 所示。

代码4-2　LED闪烁示例2：LEDtest2.ino

```
01   int n = 13;                  //定义变量 n，并将数字输出口的值 "13" 放入变量
02 void setup() {
03   pinMode(n, OUTPUT);
             //将 n 的值（即 13）数字输出口设置为电平输出模式，执行一次即可完成设置
04
05 }
06
07 void loop() {
08   digitalWrite(n, HIGH);
             //将 n 的值（即 13）数字输出口设置为高电平，LED 将会亮起
09   delay(1000);               // 等待一段时间
10   digitalWrite(n, LOW);
             //将 n 的值（即 13）数字输出口设置为低电平，LED 将会熄灭
11   delay(1000);               // 等待一段时间
12 }
```

代码 4-2 中定义了一个名为 n 的变量，并将数字输出口 13 的值放入了变量中。变量定义的语句格式为：

数据类型 变量名 = 变量值；

或者为：

数据类型 变量名；

此时变量是没有值的，需要在定义变量后再给变量赋值：

变量名 = 变量值；

例如：

```
int i = 280;
char val = "字符串";
```

代码 4-2 中要定义的变量的值是一个整数，所以数据类型用 int （Integers 的缩写，整数的意思）。数据类型和变量名之间用空格，变量名和变量值之间用 "="，表示赋值的意思，定义字符串变量时，要把字符串放入半角引号内。变量名要符合命名规则：

- 只能是英文字母大写 A 至 Z、小写 a 至 z、数字 0~9 或者下画线 "_" 组成；

- 第一个字母必须是字母或者下画线开头；
- 不能使用 Arduino 语言关键字来命名变量，以免冲突；
- 变量名区分大小写。

这是一个简单的变量定义语法，也是标准的一行代码，所以后面要用"；"表示结束这行代码。代码 4-2 中的所有语句都是用"；"结束，然后再分别被大括号所包含，初始化和循环体分别算是一段代码，大括号是其中一段代码的定义符号，所以不要尝试在大括号后加上"；"。

代码 4-2 定义了变量以后，所有要用到数字输出口值 13 的语句都可以用变量 n 来代替 13。程序里用变量代替的值是简单的数字"13"，但如果程序要用一个比较长或复杂的数字呢？如果要重复使用这个数字上百次呢？更改程序中这个值的时候可想而知会很麻烦。而用变量定义之后一目了然，变量名会告诉你它就在这里，"="符号后面就是你要改的地方。这就是变量带给编程者的简便和灵活之处。

🔍 注意：编程中的"="符号，除判断运算的情况下都为赋值的意思，也和数学中的函数式（如 y=x）无关。

4.2.3　函数和类库

在前面的代码 4-2 中，读者应该可以理解初始化和循环体部分及变量定义的语句了。接下来笔者将介绍代码中 3、8、9、10、11 行的结构。

别看这几行代码不一样，没有共同规律，但其实都是函数。读者可以想想数学中函数的表示方法，数学中一般把函数表示为 $f(x)$，$g(x)$，当多个函数一起出现时，还可能给函数加下标序号以区分，如：

- $f_1(x)$；
- $f_2(x)$。

在编程中，函数是很常见的，加下标太过麻烦，函数的名称可以和变量的名称一样随意起，以方便记忆，只要符合命名规则就行。代码 4-2 中用到的函数如下：

- pinMode()：设置某个数字输出口的电平模式；
- digitalWrite()：设置某个数字输出口的电平；
- delay()：让程序暂停一段时间，单位为毫秒。

编程中的函数不像数学中常见的函数只有一个参数，其可以有多个参数，如函数 digitalWrite() 的语法为：

```
digitalWrite(参数 pin, 参数 value)
```

- pin：设置一个引脚；
- value：电平，常量为 HIGH 或 LOW。

一般把一个函数作为一句代码，把变量、常量或值作为其参数。如代码 4-3 是一个

Arduino 与 PC 串口通信的程序。

代码4-3　Arduino与PC串口通信：HelloPC.ino

```
01 void setup() {
02   Serial.begin(9600);                      //设置通信波特率
03 }
04
05 void loop() {
06   Serial.println("Hello,PC!");             //发送 "Hello,PC！"
07   delay(1000);                             //等待一段时间
08 }
```

把这个程序上传至 Arduino，在 Arduino IDE 中，选择菜单栏"工具"|"串口监视器"命令，如图 4-3 所示。串口监视器将会接收到 Arduino 向 PC 一秒发送一次的"Hello,PC!"字符串，如图 4-4 所示。

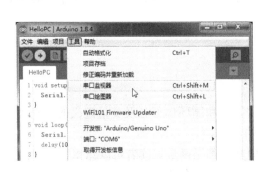

图 4-3　"工具"菜单

图 4-4　串口监视器

程序中用到了以下函数。

- Serial 类库函数 begin()：设置串口通信的波特率；
- Serial 类库函数 println()：通过串口发送一行字符。

读者可能发现了，这两个函数和前面的函数不一样，名称中有"."符号分隔，其中"."符号后面表示一个函数（也称为"方法"），前面表示一个对象（这里是默认的串口对象 Serial）。Serial 对象是由 Serial 类库创建的，由于这个类库是被 Arduino 默认添加包含的，在编译过程中会自动加入，所以不需要用语句在程序中指定加入哪个类库。

对于一个复杂的程序，使用一大堆变量和函数是很常见的。假设现在有一个 Arduino 做的舵机机器人，舵机的角度就是机器人的手臂角度，笔者想通过程序来控制机器人摆动手臂。要控制舵机的角度，需要给舵机一个 PWM（脉宽调制）信号，由于笔者需要如下功能：

- 提供一个角度，使舵机转动到这个角度；
- 提供精确微秒使舵机转到精确角度；

- 记录最后一次命令转到的角度。

如果把这些功能靠已有的函数写出来，将会需要很多的变量，在程序中进行很多的运算才能达到想要的功能。好消息是，Arduino IDE 中有一个舵机类库，类库中有实现笔者所需功能的函数：

- write()：使舵机转动到 0~180° 之间任意角度；
- writeMicroseconds()：用一个微秒单位的数值使舵机转动；
- read()：最近一次调用 write() 函数的角度。

有了这个类库，所有的问题迎刃而解。使用这个类库首先需要在前面的程序初始化部分引入这个类库的头文件 Servo.h：

```
#include <Servo.h>
```

然后需要用类名 Servo 创建对象（可以创建多个），如创建一个名为 hand、另一个名为 foot 的对象。

```
Servo hand;
Servo foot;
```

创建了舵机对象之后就能使用舵机类库的函数了，如用函数 write() 让舵机对象 hand 转动到 60°，让舵机对象 foot 转动到 140°：

```
hand.attach(3);                          //定义连接舵机信号线的控制引脚
foot.attach(9);                          //同上
hand.write(60);
foot.write(140);
```

程序运行后，两个舵机 hand 和 foot 分别转动到指定角度。使用类库后，程序更接近人的语言表达格式，代码更简洁。

🔔注意：舵机的详细介绍见 8.3.2 节。

4.2.4　自定义函数

函数和变量一样，程序编写者可以自定义需要的函数。虽然 Arduino 语言中已经有了基本能解决大部分需要的函数，但对于特殊的实例，有可能需要用到能达到特定功能的函数。

例如，有一套装置如图 4-5 所示，6 个 LED 从左至右接 7~2 号引脚。其程序在执行开始，会得到 3 个变量 LED1、LED2、LED3，为 1~6 之间的数字，现在需要编写程序的主要部分，将所给变量值对应序号的 LED 点亮。

这个要求并不难实现，例如通过 switch 语句（详见 5.2.2 节）或数组（详见 5.1.5 节）对应引脚来实现点亮指定 LED。但是，如果想让程序变得简洁的话，可以把这 3 个变量提交给一个函数，让函数来执行点亮相关代码的任务。可是 Arduino 里并没有这样合适的函数，那么只能自定义了。定义这个函数的代码如下：

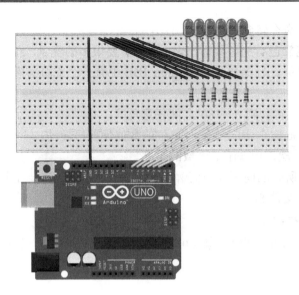

图 4-5　硬件搭建示意

```
void LED(int one,int two,int thr){
                    //定义一个数据类型为空的函数 LED，定义 3 个变量参数
  int leds[] = {0,7,6,5,4,3,2}; //定义一个数组变量，数组下标 1～6 分别对应 7～2，
                            用于序号值对应引脚值，下标 0 用值"0"填充

  pinMode(7, OUTPUT);
  pinMode(6, OUTPUT);
  pinMode(5, OUTPUT);
  pinMode(4, OUTPUT);
  pinMode(3, OUTPUT);
  pinMode(2, OUTPUT);
          //以上代码设置 7～2 号引脚为电平输出模式

  digitalWrite(leds[one], HIGH);    //设置第 1 个 LED 序号对应引脚 LED 亮起
  digitalWrite(leds[two], HIGH);    //设置第 2 个 LED 序号对应引脚 LED 亮起
  digitalWrite(leds[thr], HIGH);    //设置第 3 个 LED 序号对应引脚 LED 亮起
}
```

将这段函数的代码放入程序后，在程序初始化或循环体部分使用这个函数：

```
LED(LED1,LED2,LED3);                   //参数为变量 LED1、LED2、LED3
```

即可实现将所给变量值对应序号的 LED 点亮。自定义函数的代码在程序中的放置位置并没有特殊要求，但是：

- 不能放在初始化或循环体部分内；
- 只能与初始化或循环体部分并列放置，（没有太严格的先后顺序的要求）。

一般放在后面，结构大致如下：

```
void setup() {
    //初始化运行代码放置位置，此处略
}
```

```
void loop() {
  //循环体运行代码放置位置，此处略
}

void LED (int one,int two,int thr) {
  //函数内部代码，此处略
}
```

自定义函数在程序中可以按需要定义，没有定义数量限制，其定义语法如下：

数值类型　函数名（[参数[,参数]]）{
函数内部代码
}

- 数值类型可以设置函数输出值类型，void 表示没有输出值；
- 函数名命名规则同变量名命名规则；
- 参数可以按需要设置，可以设置多个或不设置，设置参数规则同变量设置语法，但参数之间不能用分号分隔，需要用逗号分隔。

在前面的实例中，读者可以很清晰地看到，初始化部分和循环体部分的语法和定义函数的语法是一致的。没错，初始化部分和循环体部分就是定义两个类型为 void 的且没有参数的函数，也可以分别称二者为：

- setup()函数；
- loop()函数。

Arduino 运行时其实就是运行一遍 setup()函数和循环运行 loop()函数（当然，函数定义代码外面的变量定义等代码也是要运行的），编写 Arduino 程序的过程中就是把一系列语句整合入 setup()函数和 loop()函数中。

没有数据类型的函数很简单，有数据类型的函数也一样简单，除了把函数数据类型改为函数要输出的数据类型之外，再加上如下语句便可以让函数输出数据：

return 输出的数据；

这个语句可以在函数中的任意位置使用，但使用后意味着这个函数运行结束了。如代码 4-4 中的函数输出数据将会在串口监视器中显示。

代码4-4　将函数输出数据发送到串口：MyFuction.ino

```
01 void setup() {
02   Serial.begin(9600);                      //设置通信波特率
03 }
04
05 void loop() {
06   int value = myfuction();
                           //定义变量并把myfuction()的输出值赋给这个变量
07   Serial.println(value);                   //发送变量value的值
08   delay(1000);                             //等待一段时间
09 }
10
11 int myfuction () {
```

```
12 int val = 9;                        //定义变量并把数值 9 赋给这个变量
13 return val;                         //输出变量 val 的值
14 }
```

4.2.5　自定义类库

　　类库是由一系列变量和函数构成的集合，用于将复杂的功能封装成能简单调用的对象。类库初始化后叫做实例，编程中操作的各种实例称为对象。变量和函数在定义至类库之后，使用上与在类库外有所区别。为了方便区分，类库中的变量叫做属性，函数称为方法。

　　类库封装了一系列方法或一些底层编程，所以使用起来非常简便且容易移植。可以说，在开发 Arduino 的过程中，安装、使用各种类库是家常便饭。IDE 自带类库不需要安装即可调用，如需使用其他第三方类库，需要先获得其类库大包文件，然后在 IDE 界面 Sketch（草图）菜单下展开"导入库"子菜单，单击"添加库"选项，然后在弹出的窗口中选择类库安装。安装完成后即可使用类库及其所带例程。

　　当官方类库和第三方类库不足以满足开发需求时，就需要自定义类库供开发时使用了。自定义类库可以打包分发，分发后即为第三方类库。

　　如代码 4-5 为一个简单的摩斯电码程序。

代码4-5　摩斯电码信号闪烁LED：Morse.ino

```
01 int pin = 13;
02
03 void setup()
04 {
05   pinMode(pin, OUTPUT);
06 }
07
08 void loop()
09 {
10   dot(); dot(); dot();
11   dash(); dash(); dash();
12   dot(); dot(); dot();
13   delay(3000);
14 }
15
16 void dot()
17 {
18   digitalWrite(pin, HIGH);
19   delay(250);
20   digitalWrite(pin, LOW);
21   delay(250);
22 }
23
24 void dash()
25 {
26   digitalWrite(pin, HIGH);
```

```
27   delay(1000);
28   digitalWrite(pin, LOW);
29   delay(250);
30 }
```

运行以上程序，Arduino 开发板上的 L 指示灯将按 SOS 方式（一种求救信号格式）闪烁。该代码中的以下部分可以整理进类库：

- 用于闪烁的 dot() 和 dash() 的两个功能函数；
- 用于指定使用哪个管脚的 ledPin 变量；
- 初始化管脚的 pinMode() 函数调用。

一个类库至少包含两个文件：头文件（扩展名为".h"）和源代码文件（扩展名为".cpp"）。头文件包含类库的声明，即类库的功能说明列表，源代码文件包含类库的实际实现。

在此给类库起一个类库名 Morse，那么需要在代码库目录里（项目文件夹下的 libraries 目录），创建一个名为"Morse"的子目录用于放置类库文件。新建头文件命名为"Morse.h"。

1. 头文件

头文件的核心内容，是一个封装了成员函数与相关变量的类声明：

```
class Morse                          //声明类和类名
{
  public:                            //表明以下为类库内、外部方可调用的公共成分
    Morse(int pin);                  //构造函数
    void dot();
         //格式：数据类型 函数或变量名（函数后面需要有括号，即使无参数）
    void dash();
  private:                           //表明以下为类库内部方可调用的私有成分
    int _pin;
};                                   //注意分号";"不能忽略
```

类里的函数与变量，其访问权限可以是 public（公有，即提供给类库的使用者使用），也可以是 private（私有，即只能由类自己使用）。类有个特殊的函数——构造函数，用于类实例化时执行一些工作，如不需要可以省略。构造函数的数据类型与类相同，且没有返回值。

头文件里还有些其他杂项。如为了使用标准类型和 Arduino 语言的常量，编写库时需要 include 导入这些类库（IDE 会在编译时自动为 ino 格式程序文件加上这些#include 语句，类库等文件则需要手动编写#include 语句）。这些#include 语句类似：

```
#include "Arduino.h"
```

最后，为了防止多次引用头文件造成的各种问题，还需用一种看起来有点"奇怪"的方式来封装整个头文件的结构：

```
#ifndef Morse_h
#define Morse_h

    // 类库声明主体
```

```
#endif
```

通常情况下，类库编写者还会在类库的头文件里，加上一些关于作者、用途、日期、协议等注释。

最终完成的头文件内容如代码 4-6 所示。

代码4-6　摩斯电码类库：Morse/Morse.h

```
01 /*
02   Morse.h - Library for flashing Morse code.
03   Created by David A. Mellis, November 2, 2007.
04   Released into the public domain.
05 */
06 #ifndef Morse_h
07 #define Morse_h
08
09 #include "Arduino.h"
10
11 class Morse
12 {
13   public:
14     Morse(int pin);
15     void dot();
16     void dash();
17   private:
18     int _pin;
19 };
20
21 #endif
```

2. 源代码文件

接下来，是创建编写类库源代码文件 Morse.cpp。

首先内容开头仍然是一些 #include 语句。这些语句让下面的程序能够使用 Arduino 的标准函数和刚才在 Morse.h 里声明的类。

```
#include "Arduino.h"
#include "Morse.h"
```

接下来是构造函数。再次说下，构造函数是当创建类的一个实例时调用的。在本例中，用于指定使用哪个管脚，我们把该管脚设置成输出模式并且用一个私有成员变量保存起来，以备其他函数使用。

```
Morse::Morse(int pin)  //定义函数，语法同定义函数，但无数据类型，仅有："类名::"
{
  pinMode(pin, OUTPUT);
  _pin = pin;
}
```

该段代码看起来有多个奇怪的地方。一是函数名之前的"Morse::"，这其实是用来指定该函数是 Morse 类的成员函数。下面定义类的其他成员函数时，将会一再出现。另一个不常见的是私有成员变量名 _pin 中的下画线。该变量可以按标识符命名规则，给它任意命名。加下画线是一种约定俗成的不成文规范，便于区分传进来的 pin 参数，还能清晰地标识其 private 私有性质。

以下为主要函数。除了"Morse::"和"_pin"，下面的代码与之前看起来无其他区别：

```
void Morse::dot()
{
  digitalWrite(_pin, HIGH);
  delay(250);
  digitalWrite(_pin, LOW);
  delay(250);
}

void Morse::dash()
{
  digitalWrite(_pin, HIGH);
  delay(1000);
  digitalWrite(_pin, LOW);
  delay(250);
}
```

代码 4-7 为 Morse.cpp 完整文件内容。

代码4-7　摩斯电码类库：Morse/Morse.cpp

```
01 /*
02   Morse.cpp - Library for flashing Morse code.
03   Created by David A. Mellis, November 2, 2007.
04   Released into the public domain.
05 */
06
07 #include "Arduino.h"
08 #include "Morse.h"
09
10 Morse::Morse(int pin)
11 {
12   pinMode(pin, OUTPUT);
13   _pin = pin;
14 }
15
16 void Morse::dot()
17 {
18   digitalWrite(_pin, HIGH);
19   delay(250);
20   digitalWrite(_pin, LOW);
21   delay(250);
22 }
23
24 void Morse::dash()
25 {
26   digitalWrite(_pin, HIGH);
27   delay(1000);
```

```
28  digitalWrite(_pin, LOW);
29  delay(250);
30 }
```

至此，一个简单类库代码部分就完成了。启动 Arduino IDE，打开 Sketch > Import Library32 菜单，此时应能看到 Morse 菜单项。

💡提示：本类库将与使用它的代码一起编译。若编译不成功，请检查确认这些文件的扩展名是.cpp 和.h，而不是.pde 或.txt 等。

代码 4-8 为使用 Morse 类库重写的 SOS 程序。

代码4-8　摩斯电码信号闪烁LED（配合类库完成）：SOS.ino

```
01 #include <Morse.h>
02
03 Morse morse(13);
04
05 void setup()
06 {
07 }
08
09 void loop()
10 {
11   morse.dot(); morse.dot(); morse.dot();
12   morse.dash(); morse.dash(); morse.dash();
13   morse.dot(); morse.dot(); morse.dot();
14   delay(3000);
15 }
```

与之前的程序相比，有以下不同之处：

- 加了一条#include 语句。这条语句让程序可以使用 Morse 库且包含了对应的代码，最终下载到 Arduino 板上（若不再需要某个类库，则应删除对应的#include 语句，以减少生成的程序大小，节约空间）；
- 创建了 Morse 类的一个实例：morse；
- 创建实例代码被执行时（这行代码在 setup 结构之前执行），传入了参数（本例中的参数是 13），并调用 Morse 类的构造函数完成了一些工作；
- 为了调用 dot()和 dash()成员函数，需要在类库函数之前加上"实例名."格式的前缀使用函数。

除此之外，定义类库后还可以在程序里用不同管脚创建多个实例，每个实例拥有各自的管脚（保存在每个实例自己的_pin 变量里）。调用某个实例的成员函数，使用的就是该实例的成员变量。创建方法示例如下：

```
Morse morse(13);
Morse morse2(12);                    //在调用 morse2.dot()时，_pin 为 12
```

新程序里 Morse 类库的成员标识符无法被 IDE 识别高亮。所以需要给 Arduino 一点小帮助：在 Morse 的文件夹里，创建一个叫 keywords.txt 的文件，内容如代码 4-9 所示。

代码4-9　关键字配置：Morse/keywords.txt

```
01 Morse   KEYWORD1
02 dash    KEYWORD2
03 dot     KEYWORD2
```

每一行均由关键字的名字、Tab 键（非空格）、关键字种类顺序组成。类名是 KEYWORD1，将被高亮成橘黄色；函数名是 KEYWORD2，将被高亮成棕色。重启 Arduino IDE 后这些设置将生效。

若在类库的文件夹内包含一些使用例子，会让库更易使用。只要在 Morse 文件夹内创建 examples 目录，然后把刚才写的程序文件保存到该目录即可。最好能为类库文件添加更多注释来说明如何使用该自定义类库。

4.3　小结

本章剖析了 Arduino 编程的大致概念和编程的大致语法，当然这些是不够的，掌握 Arduino 语言编写程序还需要深入理解程序结构、变量、函数和类库等概念。

类库的实践操作较难理解透彻和掌握，读者可以在后面章节学习中掌握更多的编程知识后重新慢慢品味类库的知识。

第 5 章　Arduino 命令和函数

第 4 章中笔者对 Arduino 的编程做了具体介绍，读者应该了解如何在 Arduino IDE 中给 Arduino 编写、更新、调试程序了。本章是第 4 章的延续，笔者将详细介绍编程中的语法规则，对 Arduino 语言程序编写做详细解读。一般情况下，初学者并不需要完全理解本章的所有内容，简单浏览即可，之后在实验过程中遇到具体问题时可以把本章作为查询手册，寻找解决问题的方法。本章主要涉及以下知识点：

- 程序基本语法符号；
- 条件结构语句的语法；
- I/O 操作函数；
- 其他常用函数；
- 常用的官方类库；
- 常用的第三方类库。

🔔注意：Arduino 语言是建立在 C 语言和 C++语言基础上的语言，因此语法有类似或相同之外，本章不再做阐述或对比说明，以免误导入门读者或使已有 C 语言和 C++语言基础的读者混淆。本章介绍第三方类库为部分常用第三方类库。第三方类库数量众多而本章介绍的数量可能较少，有兴趣的读者可以上网查阅相关类库。

5.1　基本语法符号

基本语法符号是构成程序的基础，也是使一个程序正常编译识别和更加方便阅读的关键。理解和记住每种语法，能大大提高编程效率。

5.1.1　标识符

标识符是编程时用到的各种"名字"，包括函数名、变量名、语法结构中的关键字等。Arduino 语言中标识符分为以下几类。

- 关键字：属于编程语法结构范畴的标识符，如 if、while、int、void、include 等；
- 预定义标识符：系统预先定义能在编程中直接使用的函数名、类库名、变量名等，

如 loop、digitalWrite、Serial、HIGH 等;

- 用户标识符:编程者在编程中自定义的函数名、类库名、变量名等。

标识符格式标准如下:

- 由英文字母(大写 A~Z 和小写 a~z)、数字(0~9)、下画线 "_" 等组成,且首位字符不是数字,如果定义用户标识符使用数字开头会导致编译报错;
- 大小写敏感,如大小写错误会导致编译报错;
- 长度在 255 个字符以内,一般不定义长度过长的标识符。标识符作为标识,自定义时应注意 "见符知意"。

在 IDE 中,关键字和预定义标识符以橙色高亮字体显示。

🔔注意:如果用关键字定义用户标识符,编译时会报错。但用预定义标识符定义用户标识符,定义格式符合规范时 IDE 不会报错,不过在使用时可能出现未知问题。解决办法是:如果自定义的用户标识符在 IDE 编辑区出现橙色高亮现象,说明为预定义标识符,此时可更改标识符首字符大小写、加下画线或扩展标识符名错开。

5.1.2　分隔符

分隔符用于代码与代码之间的间隔,合理使用分隔符,会使代码更加容易阅读和维护。在 Arduino 语言中,分隔符有以下几种。

- 分号 ";":分隔每句代码,代码段语法不需要使用该分隔符;
- 大括号对 "{}":分隔函数代码段或条件执行代码段区域;
- 逗号 ",":分隔函数参数小括号内各参数;
- 空格 " ":用于语法需要的分隔或符合规范的代码美观化分隔。

其中,空格可以用制表符代替(制表符实际为 4~8 个空格,值 4~8 可在 IDE 中具体设置),即空格分隔一般无空格个数要求。

换行符不视为分隔符,一般用于代码句与句、段与段之间的划分,使代码更加美观易读,部分语法中还可代替或结合空格使用。

🔔注意:以上间隔符均为半角符号,编程时需要在半角状态下输入方有效。在下面章节中没有特别说明的程序中的符号,均为半角符号。

5.1.3　注释符

注释符用于在代码中加入非编程语句备忘、提示等注释,注释内容在程序编译时不加入编译工作,因此不会干扰程序。

Arduino 语言中有单行注释符和多行注释符,单行注释符为双斜杠 "//",用于标记非跨行注释。而"/*"和"*/"组合使用的注释符为多行注释符，常用于标记跨行注释。

两种注释符使用示例如代码 5-1 所示。

代码5-1　例程DigitalReadSerial注释示例

```
01 int pushButton = 2;                //这里是注释内容，不是程序
02 //注释可以从行首开始，但该行后面不能有程序
03 void setup() {                      //注释可以紧随程序末尾，但不够美观，不易于区分
04   Serial.begin(9600);               //注释符前可适当用制表符添加缩进
05   pinMode(pushButton, INPUT);       //以保持注释美观和直观
06 }
07
08 /*多行注释符有明确结束位置，因此可以用在程序行前*/ void loop() {
09   int buttonState = digitalRead(pushButton);
10
11   //在调试程序时，可在会影响程序调试结果的代码行前添加注释符，即可不删除代码完成调试
12   //Serial.print(buttonState);
13   //delay(20);
14
15   Serial.println(buttonState);
16   delay(1);
17
18   /*需要注释一大段代码时，单行注释符有些吃力，这时多行注释符能轻松胜任
19   Serial.println("DigitalReadSerial");
20   Serial.print(buttonState);
21   Serial.println("");
22   delay(5);
23 以上代码均为注释
24   */
25
26 }
```

以上为两种注释符在 IDE 例程 DigitalReadSerial 中添加注释并说明注释的规范，以上注释对程序执行效果无影响。

🔔**注意**：单行注释符结束标记为该行行末换行。注释范围前、后的程序内容照常编译、运行。

5.1.4　运算符

运算符是程序中用于对变量、常量等，进行运算、转换操作的符号。运算符是程序中最重要的语法符号之一。

在 Arduino 语言中，运算符可分为以下类别。

- 算术运算符：用于完成基本的数学运算；
- 比较运算符：用于对变量进行比较运算；
- 布尔运算符：用于布尔值真、假的比较；
- 位运算符：对变量值进行二进制下的运算操作；

- 复合运算符："一气呵成"的算术运算符；
- 指针运算符：特殊的运算符，用于变量低级操作。

🔔提示：关于以上运算符的优先级请参考附录表 A.1。

1. 算术运算符

算术运算符是编程中最接近数学思想的语法符号，在编程中用于数据处理，包括以下几种符号。

- "="：赋值，用于变量定义。例如：

```
int led = 13;
```

- "+"：加运算。例如：

```
int i = 9 + 5;                     //即 i 值为 14
int n = i + 8;                     //i 值会代入该运算，即 14+8，n 值为 22
```

- "-"：减运算。例如：

```
int i = 12 - 18;                   //即 i 值为 -6
int n = i - i;                     //即 -6-(6)，n 值为 0
```

- "*"：乘运算。例如：

```
int i = 6 * 8;                     //即 i 值为 48
int x = 9;
int n = i * x;                     //即 48×9，n 值为 432
int z = 6+5*4;   //和四则运算不同，编程中 "+" "-" "*" "/" "%" 在同一优先级，因
                 此在此从左至右运算，该运算等价 (6+5)×4，z 值为 44
```

- "/"：除运算。例如：

```
int i = 60 / 3;                    //即 i 值为 20
int n = 58/4;    //58÷4 本应为 14.5，但 int 类型只能赋值整数，因此 14.5 赋值过程去掉
                 了小数部分（编程中没有四舍五入规则），所以 n 值为 14
int z = n - i / ( i / 10 );        //在编程中小括号内的运算具有优先级，即该运算
                                   等价于 (14-20)÷(20÷10)，z 值为 3
```

- "%"：取余运算。例如：

```
int i = 50%3;                      //i 值为 2
```

🔔注意：算术运算符并非只能用于变量定义，使用时应注意例子中提及的优先级和数据处理问题。

2. 比较运算符

比较运算符多用于条件语句（见 5.2 节）。比较运算符对两个值进行比较运算，比较运算结果值只有两种：真（True）和假（False）。比较运算符有如下几种。

- "=="：等于；
- "!="：不等于；

- "<"：小于；
- ">"：大于；
- "<="：小于等于；
- ">="：大于等于。

例如 "==" 和 "!=" 使用方法如下（以变量定义为例）：

```
boolean B = ( 5 == 5 );        //由于运算符"=="比"="优先级低，因此需要用括号提升
                                 优先级，此处变量 B 值为 true（真）
boolean b = ( 5*4 != 20 ); //b 值为 false（假）
```

其他比较运算符的使用方法类似（与条件语句 if 配合为例）：

```
int i = 8;
int n = 2;
/*以上变量定义供下方代码运算使用*/
if ( i >= n )                //此处 8≥2，为真，所以代码段会被运行
{
      //判断为真（True）运行代码段
}

if ( i-6 < n )      //此处 8-6<2 不成立，为假，所以代码段不会被运行
{
      //判断为真（True）运行代码段
}
```

注意：比较运算符输出布尔型值，例中 boolean 类型为布尔型变量关键字（见 5.1.5 节）。布尔型用一个位数据记录值，所以只有两种值：真（True）和假（False）。

3．布尔运算符

布尔运算符用于对布尔值进行运算，输出运算结果为新布尔值。布尔运算符有以下 3 种。
- "&&"：逻辑与，前与后均为真，即为真；
- "||"：逻辑或，前真或后真，即为真；
- "!"：逻辑非，对布尔值真假互换。

布尔运算符使用示例如下：

```
boolean A = ture;
boolean B = false;

if ( A && B )    //此处因 B 为假，不符合"均为真"，故运算结果为假，代码段不会被运行
{
      //判断为真（True）运行代码段
}

if ( A || B )    //此处因 A 为真，运算结果为真，故代码段会被运行
{
      //判断为真（True）运行代码段
}
```

```
if ( ! B )                   //此处因B为假，逻辑非运算输出为真，故代码段会被运行
{
    //判断为真（True）运行代码段
}

if ( ! A || A && A )         //A为真，逻辑非运算后输出为假，假与真逻辑进行或运算后输出
                             为真，真再与真逻辑进行与运算，最终输出为真，代码段会被运行
{
    //判断为真（True）运行代码段
}
```

4．位运算符

单片机中的数据是以位（Bit）为单位处理的，而常用的每个字节（Byte）都是由 8 个位数据组成的。每个位数据只可能是两种值——即二进制的 0 和 1。处理这些类型的数据，就需要使用位操作符。

Arduino 语言中有如下位操作符。

• "&"：按位与，与布尔运算中"逻辑与"类似。例如：

```
int a = 78;             //78 对应的二进制：1001110
int b = 85;             //85 对应的二进制：1010101
int c = a & b;          //按位与，对两个值二进制位一一对应"与运算"，运算结果用二
                         进制表示为 1000100，对应十进制的 68
```

• "|"：按位或，与布尔运算中"逻辑或"类似。例如：

```
int a = 81;             // 81 对应的二进制：1010001
int b = 103;            //103 对应的二进制：1100111
int c = a | b;          //按位或对两个值二进制位一一对应"或运算"，运算结果用二进
                         制表示为 1110111，对应十进制 119
```

• "^"：按位异或。例如：

```
int a = 53;             //53 对应的二进制： 110101
int b = 76;             //76 对应的二进制：1001100
int c = a ^ b;          //按位异或，对两个值二进制位一一对应异或运算，第一个二进制
                         只有 6 位，与 7 位的二进制运算时视为"0110101"，异或运
                         算两值不同的运算结果为 1，两值相同的运算结果为 0，该运算
                         结果用二进制表示为 1111001，对应十进制 121
```

• "～"：按位取反，与布尔运算中"逻辑非"类似。例如：

```
int x = 52;             //52 对应的二进制：110100
int i = ～ b;           //按位取反，对该值二进制位一一取反运算，运算结果二进制表示
                         为 001011，即 1011，对应十进制 11
```

• "<<"：左移位。例如：

```
int x = 13;             //13 对应的二进制：1101
int i = x << 3;         //对 x 左移 3 个位之后其二进制值后面补 3 个位，补位值为 0，运
                         算结果二进制表示为 1101000，对应十进制 104
```

● ">>"：右移位。例如：

```
int x = 49;               //49 对应的二进制：110001
int i = x >> 2;           //对 x 右移 2 个位之后其二进制值后两个位去除，运算结果二进
                            制表示为 1100，对应十进制 12
```

5. 复合运算符

复合运算符是上述部分运算符功能复合的产物，适当使用复合运算符能使代码更简洁，复合运算符包括以下几种。

● "+="：复合加运算。例如：

```
i += n;                                   //等价 i = i + n;
```

● "-="：复合减运算。例如：

```
i -= n;                                   //等价 i = i - n;
```

● "*="：复合乘运算。例如：

```
i *= n;                                   //等价 i = i * n;
```

● "/="：复合除运算。例如：

```
i /= n;                                   //等价 i = i / n;
```

● "&="：复合按位与运算。例如：

```
i += n;                                   //等价 i = i + n;
```

● "|="：复合按位或运算。例如：

```
i |= n;                                   //等价 i = i | n;
```

● "++"：增量运算，值加 1。例如：

```
int n = 14;
int i = n ++ ;         //增量运算符用在 n 后面，运算后 n 值增加 1，变为 15，输出 n 的旧
                        值赋值给 i，即 i 为 14
int x = 8;
int y = ++ n ;         //增量运算符用在 x 前面，运算后 x 值增加 1，变为 9，输出 n 的新值
                        赋值给 y，即 y 为 9
```

● "--"：减量运算，值减 1，语法同增量运算符。例如：

```
int n = 26;
int i = n -- ;                    //n 为 25，i 为 26
int x = 39;
int y = -- n ;                    //x 为 38，y 为 38
```

6. 指针运算符

指针运算符是一个较难的底层的概念，合理利用能够使程序更简洁。

● "&"：取地址运算符，取得指针的地址值。例如：

```
&指针变量名
```

● "*"：取地址所指值运算符，取得指针地址值所指向地址位置的数据。例如：

```
*指针变量名=值                          //往指针变量写入值
变量 A=*变量 B                          //将指针变量 B 的值取出写入变量 A
```

注意：指针运算符与其他运算符字符相同，但作用和语法不同，应注意区分。

5.1.5　数据类型

变量是编程中重要的一部分，它可以作为重要的数据工具来使用。在单片机中，程序运行需要处理、使用的数据需要储存在 RAM（Random Access Memory，即随机存取存储器，可以随时读写，速度快，是程序的临时数据存储媒介）中。数据在 RAM 中会以变量的形式储存。每个变量在 RAM 中，都具有变量指针和变量值。

在编程时，变量通过变量名访问。Arduino 语言对数据类型控制较严格，变量的数据类型为变量类型（除 void 外所有数据类型），合理使用不同变量类型可以满足不同长度的数据储存需求，并且可以让储存空间得到更合理的利用。

基本数据类型如表 5-1 所示。

表 5-1　数据类型

类　　型	关　键　字	说　　明	数据长度
布尔型	boolean	只能储存布尔值Ture（真）和False（假）	1字节
字符型	char	以ASCII编码储存字符，取值范围为-128～127（其中-128～-1不对应字符,但仍可用于数据储存使用）	每个字符占用1字节
无符号字符型	unsigned char	同字符型，但该类型取值范围为0～255，能够支持ASCII扩展编码部分的字符储存	每个字符占用1字节
字节型	byte	以一个字节存储无符号数，范围为0～255	1字节
整数型	int	以两个字节存储数值，取值范围为-32,768～32,767（即能储存整数范围）	2字节
无符号整数型	unsigned int	同整数型，但该类型取值范围为0～65,535	2字节
单词型	word	以两个字节存储无符号数，范围为0～65,535	2字节
长整数型	long	以四个字节存储数值,取值范围为-2,147,483,648～2,147,483,647	4字节
无符号长整数型	unsigned long	同整数型，但该类型取值范围为0～4,294,967,295	4字节
浮点型	float	以1个符号位，8个指数位，23个尾数位储存浮点数，取值范围为-3.4E38～3.4E38，精度8位	4字节
双精度浮点型	double	AVR Arduino中同float	4字节
数组	无	数组即以上任意数据类型配合特定语法组成数据组	—
字符串	string	类似于字符型数组，以String类为基础，提供更高级的数据操作工具	—

以下一些数据关键字用于定义变量，示例如下：

```
int No = 13541 ;                    //定义整数型变量 No，值为 13541
unsigned long Number = 547945875 ;
                                    //定义无符号长整数型变量 Number，值为 547945875
float Value = 395.214 ;             //定义浮点型变量 Value，值为 395.214
boolean Really = False ;            //定义布尔型变量 Really，值为 False
char Word = "X" ;                   //定义字符型变量 Word，值为 1 个字符"X"
char Name [] = "Jobs" ;             //定义字符型字符串变量 Name，值为字符串"Jobs"
String Str = "Hello,World!" ;
                                    //定义字符型字符串变量 Str，值为字符串"Hello,World!"
```

1. 数组

数组是相同数据类型的集合，也是一种特殊结构的数据。数组中的每个独立的数据都叫做元素，每个元素都具有编号——下标。数组具有独特的定义语法与调用语法，合理使用能有效减少编程工作量。其定义语法格式如下：

数据类型　数组名 [元素个数] = { 元素 0 ，元素 1 ，元素 2 …… 元素 n }

其中 0～n 为元素编号，也称为元素下标。

调用数组中的某个数据相当简单，类似于调用变量，调用数组需要在数组变量名后面加方括号并标明元素下标：

数组名 [元素下标]

以下为符合数组定义语法格式的示例语句：

```
int No [6] = { 26 , 34 , 17 , 5 , 114 , 73 } ;
```

示例中定义了变量名为 No 的整数型数据数组，数组有 6 个元素，分别为 26、34、17、5、114、73，元素对应下标分别为 0～5。如果需要使用第 3 个元素 17，需要用 No [2] 调用。

数组中的元素是可改变的。例如，需要将以上例子中第 4 个元素 5 改为 47，可使用如下语句：

```
No [3] = 47 ;
```

即为变量的重新赋值操作。

数组的元素个数应为确定的数值，可以为常量、变量或表达式，但其值必须为整数。因此定义数组时，可以先声明一个确定元素数量的数组，再在后续的程序中为数组赋值（常用于定义没有具体元素值的数组）：

```
int Number [26] ;                   //定义数组
/*一些其他的程序*/
Number [0] = 12 ;                   //给指定元素赋值
Number [1] = -8 ;
Number [15] = 74 ;
Number [23] = 0 ;
```

赋值操作没有规定的顺序，没有被赋值的元素将为空值。

如果在定义数组时有具体确定的元素，可以忽略创建数组时元素个数的声明，示例如下：

```
int No [] = { 26 , 34 , 17 , 5 , 114 , 73 } ;
```

编译器会自动计算数组的元素个数。

如果定义数组时有具体确定的一部分元素，还有一部分不确定的元素，可以定义一个比已确定元素多的数组，以在内存中预留空间储存更多元素。示例如下：

```
int No [50] = { 26 , 34 , 17 , 5 , 114 , 73 } ;
                                    //声明具有 50 个元素的数组，定义其中前 6 个元素
/*一些其他的程序*/
Number [6] = 28 ;                    //给第 7 个元素赋值
```

适当利用数组的灵活性，能解决很多数据处理问题。

2. 字符型

字符型数据类型的变量在储存字符串时，也可以将其当作数组。

在前面的字符型变量定义例子中可以很明显地看出，定义单个字符时用单引号和定义字符串时用双引号有明显不同之处，也和其他类型变量定义时有明显的区别。

字符型数据储存字符是以 ASCII 编码储存的，在定义变量时单引号的作用是把字符转换为对应的 ACSII 编码，然后赋值给变量。另一方面，字符和数字不同，极容易和程序语句混淆，此时引号起到了明确范围的作用。

字符型变量储存字符串是以数组形式储存的，例如下面定义的字符串变量：

```
char Address [] = "New York" ;
```

其以字符串"New York"共 8 个字符加上空终止字符（ASCII 编码 0，用于标记字符串的结束位置）组成，共 9 个字节，等效于如下数组：

```
char Address [9] = {"N","e","w","","Y","o","r","k","\0"} ;  //"\0"为 ASCII
编码 0
```

即字符串加双引号等效于将各个字符放置于大括号中。另外，字符串变量能像数组变量一样调用和操作。

对于字符串和数组，还应该注意一些定义字符型数组的问题：

- 用双引号定义字符串是数组标准定义格式的简化形式；
- 以数组标准格式定义字符串时空终止字符必须有但可以通过编译器自动加入。

例如下面定义等效于以上数组：

```
char Address [9] = {"N","e","w","","Y","o","r","k"} ;
```

其定义时元素个数比实际元素数量多 1，能使编译器自动加入空终止字符。但在定义较多预留位置的字符串时应注意，空终止字符在第一个未定义的位置，被覆盖后应重新在字符串末尾补上，以免出现字符串操作时的未知问题。

字符型数据类型与以 String 类为基础的字符串数据类型差别不大。

3. String类

String 类用于实例化特殊的数据类型——String 类型。String 类可以将多种基本数据类型的数据转换为字符串。其构造函数语法如下：

```
String(val)
String(val, base)
```

其中，val 为需要转换为字符串的变量或数据，允许数据类型为 String、char、byte、int、long、unsigned int、unsigned long、float、double 等。当 val 为整数时 base 为转换基数，当 val 为浮点数时 base 为转换保留的小数个数（基数常量详见 5.1.6 节）。使用示例如下：

```
String i = "demo";                  //从字符常量中创建对象，变量值为 demo
String j = String("demo");          //从字符常量中创建对象，变量值为 demo
String k = String('B');             //从字符中创建对象，变量值为 B
String l = String(i + "!");         //拼接字符串后创建对象，变量值为 demo!
String m = String((char)66);        //从类型转换后的字符中创建对象，变量值为 B
String n = String(66);              //从整数中创建对象，变量值为 66
String o = String(66, DEC);         //从整数的十进制中创建对象，变量值为 66
String p = String(66, HEX);         //从整数的十六进制中创建对象，变量值为 42
String q = String(66, BIN);         //从整数的二进制中创建对象，变量值为 1000010
String r = String(23.456);  //从浮点数中创建对象,默认保留两位小数,变量值为 23.46
String s = String(23.456, 1);       //从浮点数保留一位小数中创建对象，变量值为 23.5
```

从上面的示例也可以看出运算符“+”可以用于拼接两个字符串。此外，字符串还支持使用如下运算符。

- “[]”：用于访问字符串中的单个字符，效果类似于访问字符数组。示例如下：

```
String string1 = "thank";
char thisChar = string1[2];    // thisChar 为 a
string1[2] = 'i';              //修改字符串
Serial.println(string1);       //输出 think
```

- “+”：用于拼接两个字符串，右边字符串被连接到左边字符串后面，如果右边被连接的对象不是字符串，将等效于生成 String 对象后进行连接。示例如下：

```
String string1 = "thank";
String string2 = "you";
string1 = string1 + " ";         //拼接后 string1 为 thank
string2 = string1 + string2;     //string1 和 string2 拼接
Serial.println(string2);         //string2 输出为 thank you
```

- “+=”：用于字符串变量拼接其他数据。示例如下：

```
String string1 = "demo ";
string1 += 20;                   //等效于“string1 = string1 + 20”
Serial.println(string1);         //string1 输出为 demo 20
```

- “==”：用于比较两个字符串是否相同（包括大小写）。示例如下：

```
String string1 = "demo";
```

```
if (string1 == "demo")
  Serial.println("true");
else
  Serial.println("false");
//以上串口输出 true
```

- "!="：用于比较两个字符串是否不相同（包括大小写）。示例如下：

```
String string1 = "demo";
if (string1 != "Demo")
  Serial.println("true");
else
  Serial.println("false");
//以上串口输出 true
```

- ">"：依次比较左右字符串中各字符的 ACSII 码值大小，左边字符串中的字符比右边字符串中的字符 ACSII 码值大则为真（True）。示例如下：

```
String string1 = "002";
String string2 = "001";
if (string1 > string2)            //第 3 个字符 2 大于 1，为真
  Serial.println("true");
else
  Serial.println("false");
string1 = "09";
string2 = "010";
if (string1 > string2)            //第 2 个字符 9 大于 1，为真
  Serial.println("true");
else
  Serial.println("false");
```

- ">="：依次比较左右字符串中各字符的 ACSII 码值大小，左边字符串中的字符比右边字符串中的字符 ACSII 码值大或相等则为真（True）。示例如下：

```
String string1 = "002";
String string2 = "002";
if (string1 >= string2)           //第 3 个字符 2 等于 2，为真
  Serial.println("true");
else
  Serial.println("false");
```

- "<"：依次比较左右字符串中各字符的 ACSII 码值大小，左边字符串中的字符比右边字符串中的字符 ACSII 码值小则为真（True）。示例如下：

```
String string1 = "092";
String string2 = "083";
if (string1 < string2)            //第 2 个字符 9 大于 8，为假
  Serial.println("true");
else
  Serial.println("false");
```

- "<="：依次比较左右字符串中各字符的 ACSII 码值大小，左边字符串中的字符比右边字符串中的字符 ACSII 码值小或相等则为真（True）。示例如下：

```
String string1 = "";
```

```
String string2 = "";
if (string1 <= string2)                    //均为空字符串，为真
  Serial.println("true");
else
  Serial.println("false");
```

上述运算符的功能是基于 String 类实现的，String 类还提供了一系列方法，用于操作字符串，具体如下。

- charAt(index)：访问字符串中的单个字符，index 为位置下标，等效于使用 "[]" 运算符取字符。示例如下：

```
String string1 = "thank";
char thisChar = string1.charAt(2);        // thisChar 为 a
```

- setCharAt(index, c)：在字符串中 index 下标位置写入字符 c，等效于使用 "[]" 运算符写字符。示例如下：

```
String string1 = "thank";
string1.setCharAt(2, 'i');                //修改字符串
Serial.println(string1);                  //输出 think
```

- concat(data)：在字符串后拼接数据 data，成功拼接返回 true，等效于使用 "+=" 运算符拼接字符串。示例如下：

```
String string1 = "Value:";
string1.concat(1.234);                    //等效于 "string1 += 1.234"
Serial.println(string1);                  //string1 输出为 "Value:1.23"
```

- equals(string)：与字符串 string 比较是否相同（包括大小写），相同时返回 true，等效于使用 "==" 运算符比较字符串。示例如下：

```
String string1;
if (string1.equals(""))
  Serial.println("true");
else
  Serial.println("false");
//未初始化变量与空字符相等，以上串口输出 true
string1 = "";
if (string1.equals(""))
  Serial.println("true");
else
  Serial.println("false");
//空字符相等，以上串口输出 true
```

- equalsIgnoreCase(string)：与字符串 string 比较是否相同（忽略大小写区别），相同时返回 true。示例如下：

```
String string1 = "demo";
if (string1.equalsIgnoreCase("Demo"))。示例如下：
  Serial.println("true");
else
  Serial.println("false");
//以上串口输出 true
```

- compareTo(string)：与字符串 string 依次比较字符串中各字符的 ACSII 码值大小，相同时返回 0，大于或小于时均返回差值。示例如下：

```
String string1 = "thank";
String string2 = "think";
Serial.println(string1.compareTo(string2));
                              //ACSII 码值 a 比 i 小 8，串口输出-8
```

- compareTo(string)：与字符串 string 依次比较字符串中各字符的 ACSII 码值大小，相同时返回 0，大于或小于时均返回差值。示例如下：

```
String string1 = "thank";
String string2 = "think";
Serial.println(string1.compareTo(string2));
                              //ACSII 码值 a 比 i 小 8，以上串口输出-8
```

- c_str()：获取字符串的字符数组常量指针，注意字符串销毁后指针将无效。示例如下：

```
String string1 = "demo";
const char * string2 = string1.c_str();
Serial.println(string2);         //将字符数组输出，串口输出 demo
```

- toCharArray(buf, size, index)：从字符串中下标 index（默认为 0）位置开始复制 size-1（复制 size-1 个字符时 buf 长度至少为 size，预留一个字符存放空字符作为字符串结束标记）个字符到数组 buf 中。示例如下：

```
String string1 = "pineapple";
char string2[10] = {0};          //初始化长度为 10 的字符数组内容为全 0
string1.toCharArray(string2, 5); //默认从 0 下标开始复制
Serial.println(string2);         //将字符数组输出，串口输出 pine
string1.toCharArray(string2, 10, 4);
Serial.println(string2);         //将字符数组输出，串口输出 apple
```

- getBytes(buf, size, index)：从字符串中下标 index（默认为 0）位置开始复制 size-1 个字符到字节数组 buf 中。示例如下：

```
String string1 = "Apple";
byte string2[10] = {0};          //初始化字节数组
string1.getBytes(string2, 6);
Serial.println(string2[0]);      //串口输出为字符 A 的 ACSII 码值 65
```

- length()：获取字符串的字符数量（不包含字符串末尾的空字符）。示例如下：

```
String string1 = "demo";
Serial.println(string1.length());  //串口输出 4
```

- toInt()：将字符串转换为整数。示例如下：

```
String string1 = "10.5ml";
long i = string1.toInt();
Serial.println(i);                //串口输出 10，丢弃末尾其他非数字字符
string1 = "-50oc";
i = string1.toInt();
```

```
Serial.println(i);                          //串口输出-50，负数可以转换
string1 = "c99";
i = string1.toInt();
Serial.println(i);                          //字母在前影响转换，串口输出 0
string1 = "-67%+2%";
i = string1.toInt();
Serial.println(i);                          //串口输出-67
```

- **toFloat()**：将字符串转换为整数。示例如下：

```
String string1 = "10.5ml";
float i = string1.toFloat();
Serial.println(i);                          //两位小数格式，串口输出 10.50
string1 = "-50oc";
i = string1.toFloat();
Serial.println(i);                          //串口输出-50.00
string1 = "12.3456";
i = string1.toFloat();
Serial.println(i);                          //四舍五入，串口输出 12.35
```

- **toLowerCase()**：将字符串中的所有大写字母转换为小写字母。示例如下：

```
String string1 = "Demo";
string1.toLowerCase();
Serial.println(string1);                    //串口输出 demo
```

- **toUpperCase()**：将字符串中的所有小写字母转换为大写字母。示例如下：

```
String string1 = "Demo";
string1. toUpperCase();
Serial.println(string1);                    //串口输出 DEMO
```

- **trim()**：将字符串中头尾一或多个空白字符去除。示例如下：

```
String string1 = " Demo 1 \t\n";
string1.trim();
Serial.print("[");
Serial.print(string1);
Serial.print("]");
//以上串口输出 "[Demo 1]"
```

- **startsWith(string)**：判断字符串的开头是否与另一个字符串 string 相同。示例如下：

```
String string1 = "demo";
if (string1.startsWith("de"))
  Serial.println("true");
else
  Serial.println(false);
//以上串口输出 true
```

- **endsWith(string)**：判断字符串的结尾是否与另一个字符串 string 相同。示例如下：

```
String string1 = "demo";
if (string1.endsWith("mo"))
  Serial.println("true");
else
  Serial.println("false");
//以上串口输出 true
```

- replace(string1, string1)：将字符串中的子字符串 string1 替换为 string2。示例如下：

```
String string1 = "an apple";
string1.replace("an ", "pine");          //进行替换
Serial.println(string1);                 //串口输出 pineapple
```

- remove(index, count)：在字符串中从下标 index 开始移除后面 count 个字符，如果 count 未指定，则移除后面的所有字符。示例如下：

```
String string1 = "an apple";
string1.remove(0, 3);                    //移除下标 0 开始，共 3 个字符
Serial.println(string1);                 //串口输出 apple
string1.remove(3);                       //移除下标 3 后面的所有字符
Serial.println(string1);                 //串口输出 app
```

- indexOf(val, from)：在字符串中 from 下标后查找子字符串 val，如果找到则返回其第一次出现的下标值，否则返回-1；如果 from 未指定，则默认从 0 下标开始查找。示例如下：

```
String string1 = "an apple";
Serial.println(string1.indexOf("a"));        //串口输出下标值 "0"
Serial.println(string1.indexOf("a", 1));     //从下标 1 开始查找,串口输出下标值 "3"
```

- lastIndexOf(val, from)：在字符串中 from 下标前查找子字符串 val，如果找到则返回其第一次出现的下标值，否则返回-1；如果 from 未指定，则默认从 0 下标开始查找。其与 indexOf() 方法的主要区别是反向进行查找。示例如下：

```
String string1 = "appleapple";
Serial.println(string1.lastIndexOf("apple"));       //串口输出下标值 5
Serial.println(string1.lastIndexOf("apple", 1));
                                             //从下标 1 开始查找,串口输出下标值 0
```

- substring(from, to)：获取返回字符串中下标 from 到下标 to-1 区间的子字符串，如果 to 未指定，则返回 from 下标后的子字符串。示例如下：

```
String string1 = "pineapple";
Serial.println(string1.substring(0, 4));     //串口输出 pine
Serial.println(string1.substring(4));        //从下标 4 开始截取,串口输出 apple
```

- reserve(size)：在内存中为字符串对象分配 size 字节大小的缓存空间，分配好后拼接字符串时更快（节省重复动态分配内存和转移字符串内存中位置的时间），另一方面能防止因动态分配内存失败而无法拼接字符串。示例如下：

```
String string1 ;
string1.reserve(26);
string1 = "i=";
string1 += "1234";                           //拼接速度更快
string1 += ", is that ok?";
Serial.println(string1);                     //串口输出 i=1234, is that ok?
```

注意：在 ARM 单片机的 Arduino 中，如 Arduino Due，其使用双精度浮点型才具有 16 位精度。

5.1.6　常量

熟记常量并掌握其使用是重要的编程技巧。常量是系统预定义或用户定义，在程序运行过程中不能被改变的量。如表 5-2 为前面内容中提及的普通常量。

表 5-2　普通常量

作　　用	常　　量	说　　明
逻辑定义	false	表示逻辑假。另外 0 值也被认为 false
逻辑定义	true	表示逻辑真。另外除 0 外的值都被认为 ture
引脚电平定义	HIGH	表示高电平
引脚电平定义	LOW	表示低电平
数字引脚状态	INPUT	高抗阻状态，用于读取外部电平
数字引脚状态	OUTPUT	低抗阻状态，用于输出电平给外部
数字引脚状态	INPUT_PULLUP	内部上拉状态，为引脚启用内部上拉电阻
指示灯引脚	LED_BUILTIN	不同开发板 LED 指示灯引脚号不同，该常量在不同开发板上均指代指示灯所在引脚
进制基数参数	BIN	用于整数按指定基数转换为字符串，常用于 String() 和 print()
进制基数参数	OCT	用于将整数按指定基数转换为字符串
进制基数参数	DEC	用于将整数按指定基数转换为字符串
进制基数参数	HEX	用于将整数按指定基数转换为字符串

另外，有一些"符号"并不起眼，但却是常量且有重要的意义，参见表 5-3 所示。

表 5-3　基本常量

作　　用	常　　量	说　　明
表达十进制值	0～9	数字是最基本的常量
表达二进制值	前缀 B	前缀结合其进制有效值"0、1"表示一个值，值长度最长八位，例如，B101、B11010111、B10011
表达八进制值	前缀 0	前缀结合其进制有效值"0～7"表示一个值，例如，0254、034756、077412
表达十六进制值	前缀 0x	前缀结合其进制有效值"0～9&A～F"（大小写无影响）表示一个值，例如，0xFF、0x806C、0x6、0xbf
小数表达浮点值	.	用于修饰数值为小数，例如，16781.467
科学计数表达浮点值	E	使科学计数法易于表示，例如，185E12 即 185*10^12、65E-156 即 65*10^-156、1475E-32 即 1475*10^-32
表达无符号整数型常量	后缀 U	在常量值后加该符号即可指定常量为该类型，例如：54U
表达长型常量	后缀 L	在常量值后加该符号即可指定常量为该类型，例如：-730L
表达无符号长型常量	后缀 UL	在常量值后加该符号即可指定常量为该类型，例如：6542UL

常量使用上和变量类似。常量的定义可以是使用 define 关键字的特定语法格式（又称为宏定义）进行定义，或使用 const 关键字修饰变量为只读变量进行定义。

define 关键字定义的常量语法格式如下：

```
#define 常量名 常量值
```

其定义常量的语句示例如下：

```
#define PIN 13                        //定义常量值为 13 的常量 PIN
#define TIME 1800                     //定义常量值为 1800 的常量 TIME
#define VALUE 567.53                  //定义常量值为 567.53 的常量 VALUE
```

使用 const 关键字修饰变量为只读变量的语句示例：

```
const int Led = 2 ;                   //定义常量值为 2 的常量 Led
const char Value = "A" ;              //定义常量值为 A 的常量 Value
const byte No [] = {
  0xAD, 0x7F, 0x55, 0x2A, 0xF4
} ;                                   //定义数组常量 No
```

此外，PROGMEM 关键字可以用于实现将只读变量储存到单片机 FLASH 区域，而不加载到内存中，能很好地储存较大的只读变量，节省内存空间。以数组为例，语法如下：

```
const 数据类型 变量名[] PROGMEM = {};
const PROGMEM 数据类型 变量名[] = {};
```

因为存储在 FLASH 区域，此时该变量需要通过特定函数才能读取变量。

```
uint8_t pgm_read_byte_near(变量名+偏移)
           //返回一个 byte，在变量名+偏移处，此处一个偏移单位为一个字节
uint16_t pgm_read_word_near(变量名+偏移)
           //返回两个 byte 组成的 int，在变量名+偏移处，此处一个偏移单位为两个字节
```

另外，很多时候需要使用串口输出固定的字符串，这些字符串也可以用这种这种方式节省内存空间，但是 Arduino 语言提供了一个简便的函数 F()，使用示例如下：

```
Serial.print(F("hello"));                          //输出字符串 hello
```

此处字符串将以局部静态只读变量等效的形式定义，并用 pgm_read_byte_near() 函数进行读取。最后通过 Serial.print() 方法通过串口输出。

⚟注意：#define 宏定义语法不同于普通语句，无须在行末加分号。常量名使用大写是不成文规范，目的为方便阅读代码。常量默认储存数字值时数据类型为整数型，如有特殊需要可通过表 5.3 所述符号修饰定义。常量数据类型有限，如需使用更多数据类型，请用 const 关键字修饰变量代替。PROGMEM 关键字修饰的变量需要是全局变量或局部静态变量，否则不能正常使用。

5.1.7　数据类型互转

为某些函数传递参数时，可能遇到现有变量储存（或其他函数输出）的数据类型与所

需传递参数的数据类型不符，Arduino IDE 的编译器会自动处理数据类型自动转换，但是某些情况下编译器并不能很好地处理并编译通过，此时可以使用数据类型转换函数（见表 5-4）进行数据处理。

表 5-4　数据类型转换函数表

函　　数	参　　数
char(value)	需要转换的值，任何数据类型均可。其中value为变量或常量，等效语法为 (char)value，下同
byte(value)	需要转换的值，任何数据类型均可
int(value)	需要转换的值，任何数据类型均可
word(value1[,value2])	需要转换的值，任何数据类型均可；当传递了参数value1和value2时，对value1 取高位，对value2取低位，合并后输出
long(value)	需要转换的值，任何数据类型均可
float(value)	需要转换的值，任何数据类型均可

以上函数的函数名即其转换数据后输出的数据类型，将需要转换的数据传递给转换函数即可转换输出。以下为转换函数 int() 的使用示例：

```
byte pin = 0x0A;
pinMode(int(pin) , OUTPUT);
```

注意：编译过程的数据类型自动转换机制是，取值范围小的数据能自动转换为取值范围大的数据类型，如 char 类型数据作为 long 类型使用的就不会出现错误。

5.1.8　变量的操作

操作变量时，有些问题需要注意：

变量具有作用域的概念，当在一个大括号"{}"包含的代码段内定义变量时（包括程序初始化、循环体部分），变量仅能在这个作用域内被访问。反之，即为定义于全局的变量，全局变量可以在程序的任何地方使用、操作。以下代码演示了变量的定义与其有效区域。在无效区域内调用变量，会在编译代码时提示变量未定义。

```
int i;

void setup() {
  int j;
  //此处可以访问 i、j
}
void loop() {
  int k;
  //此处可以访问 i、k
  for (int l; l < 3; l++)
  {
    //此处可以访问 i、k、l
```

```
  }
  //此处可以访问 i、k
}
```

　　重复运行的代码段内所定义的局部变量，在每次运行时均会重新创建（代码段运行完后销毁），此时无法对变量的数据进行"固定"。改为使用全局变量可以解决这个问题。但是在函数中不建议这样改动，而是使用 static（静态）关键字来解决。

　　static 关键字用于修饰变量为静态变量，静态变量在代码段第一次运行时被初始化，代码段运行完后仍保留其数值而不会销毁，从而解决局部变量反复被创建销毁的问题。其语法格式为：

```
static 变量类型 变量名;
```

　　以下代码在 loop() 函数内以 1 秒为间隔循环累加变量 i，并通过串口输出。因为 i 修饰的是静态变量，不会在 loop 函数重新进入时被销毁，所以能实现计数。

```
void loop() {
  static int i=0;
  i++;
  Serial.println(i);
  delay(1000);
}
```

　　volatile 关键字用于修饰变量为需要直接在原始内存地址读写的变量。在多线程的程序里，编译器编译代码时对代码的优化、中断程序对变量的操作，都可能导致变量被读取出来后并不是当前最新值。为了避免这种影响，可以使用 volatile 关键字修饰变量，直接读写变量内存地址以保证数据的准确性。其语法格式为：

```
volatile 变量类型 变量名;
```

　　取出数组内的数据进行操作是很常用的技巧，一般会用到循环体中运行重复的代码。编写循环语句时需要确定数组的元素数量，如果没有具体的元素数量供循环语句参考，可能无法确定循环次数，此时可以使用 sizeof() 函数（作用为内存容量字节变量）获取数组变量内存字节占用值。sizeof() 函数的语法格式为：

```
int sizeof( 变量 )
```

　　该函数还可以用于获取各种数据类型的占用字节长度。

```
int sizeof( 数据类型 )
```

　　获取变量长度字节后除以数据类型占用字节长度即为数据元素长度。其中，变量可以是任何数据类型变量和数据类型。

　　🔊注意：已存在的全局变量，可以在子代码段内重新定义，但这种操作会覆盖且仅在该代码段内覆盖此变量，而该全局变量不会受到代码段内对该重名变量操作的影响。

5.1.9　预处理

Arduino 编译时可以对程序进行预处理操作，操作方式有宏定义、文件包含、条件编译 3 种方式，预处理语句行尾没有分号。

#include 语句是文件包含预处理语句：

```
#include "Arduino.h"
```

头文件内一般有类库的类、函数、变量等相关定义，包含头文件的作用是提前向编译器声明这些类库里的内容是存在的，使用某类库而未包含该类库的头文件会导致编译时报未定义错误。

宏定义可以用来定义常量，例如：

```
#define PIN 13                    //定义常量值为 13 的常量 PIN
```

在编译时，编译器会将程序代码中所有 PIN 替换为 13。也就是说宏定义是一个预处理替换的功能。除了定义常量，还可以用来定义函数，例如：

```
#define MYDEFINE(VALUE) pinMode(VALUE, OUTPUT),digitalWrite(VALUE, LOW)
//定义函数 MYDEFINE()，实现指定引脚设置成输出模式并输出低电平
```

以上宏定义函数中调用两个函数，注意行尾没有分号。

调用 MYDEFINE()函数和普通函数一样，后面需要使用分号：

```
MYDEFINE(13);                     //调用函数
```

在编译时，编译器会先对宏定义进行预处理替换操作，处理后的语句为：

```
pinMode(13, OUTPUT),digitalWrite(13, LOW);
```

也就是说宏定义函数引用恰当，可以减少代码量并提高代码可读性。

而条件编译的作用是实现选择性编译某一段代码，达到编译后代码数量减少，对不同单片机编译不同程序实现移植，防止头文件重复引用等效果。

第 4 章中笔者提供头文件示例时提到需要用该段语句，并将程序代码主体放置其中：

```
#ifndef Morse_h
#define Morse_h

    // 类库声明主体

#endif
```

目的是防止重复引用，出现该头文件被多个文件引用后编译时提示重复定义的情况。合理用好这些预处理语句，能使程序的可读性更高、移植性更好。

5.1.10　指针

在 Arduino 编程中，有时会遇到一些复杂的数组操作，当普通的操作语句或函数不能

满足操作需求时，就需要用到更底层的数据操作工具——指针了。

指针可以理解为是一个"特殊的对象"，其内容是一个内存或程序空间的地址，虽然只是一个地址，但是由于基于内存，所以指针足够强大，可以指向变量或函数。将指针转换为所指向的数据类型或函数，即可操作变量或跳转程序的执行位置。

指针操作变量示例（所涉及运算符参见 5.1.4 节）：

```
char nameHenry[10] = "Henry!";
char nameJohn[10] = "John!";
char* pointer;                      //定义指针变量
void setup() {
  Serial.begin(9600);

  Serial.println("DEMO1:");
  pointer = nameJohn;               //初始化指针指向字符数组变量 nameJohn
  Serial.println(nameHenry);
  Serial.println(pointer);          //此处将输出变量 nameJohn 所指字符串，此处
                                    //  体现了字符数组变量为 char 类型指针的特性
  Serial.println();

  Serial.println("DEMO2:");
  pointer = nameHenry;              //初始化指针指向字符数组变量 nameHenry
  Serial.println(nameHenry);
  Serial.println(pointer);          //此处将输出变量 nameHenry 所指字符串，指针
                                    //  可以改变所指向的变量，实际为改变所指的内存
                                    //  地址，即内存地址为指针变量的值，数组变量具
                                    //  有指针的特性
  Serial.println();

  Serial.println("DEMO3:");
  Serial.println(nameHenry);
  pointer[1] = 'a';                 //可以用操作数组的方式，操作指针所指向位置偏
                                    //  移量的值
  *(pointer + 2) = 'r';             //指针是一个内存地址值，可以四则运算得到新的
                                    //  地址，然后用"*"取地址所指值运算符指向一
                                    //  个 char 进行操作，等效于数组下标访问方式
  Serial.println(nameHenry);        //nameHenry 数组下标 1、2 数据被修改后，
                                    //  字符串值为 harry
  Serial.println();

  Serial.println("DEMO4:");
  Serial.println(pointer[0]);
  Serial.println(*(pointer + 1));
  Serial.println(pointer + 2);      //获得右偏移两个 char 位置后的指针，然后以该
                                    //  指针为起始位置输出字符串，得到 rry.
  Serial.println();

  Serial.println("DEMO5:");
  process1(pointer[5]);             //将值感叹号传人函数，值被函数复制后使用，
                                    //  不影响原变量 nameHenry 所对应位置的值
  Serial.println(pointer);
```

```
    process2(&pointer[5]);                //用&取地址运算符，将感叹号所在位置的指
                                            针传入函数，函数则可以对变量nameHenry
                                            进行修改

    Serial.println(pointer);

}

void process1(char ch)
{
  ch = '?';
}

void process2(char* ch)
{
  *ch = '?';
}

void loop() {
}
```

程序运行后，数据输出结果如下：

```
DEMO1:
Henry!
John!

DEMO2:
Henry!
Henry!

DEMO3:
Henry!
Harry!

DEMO4:
H
a
rry!

DEMO5:
Harry!
Harry?
```

指针除了可以用于操作变量，还可以用于控制程序的运行。示例如下：

```
void printAChar(int val) {               //普通函数
    Serial.println(val);
}

void (*pointerFunc)(int) = printAChar; //定义函数指针指向一个普通函数入口程序
                                          地址

void (*resetFunc)() = 0;                 //定义函数指针指向程序地址0位置

void setup() {
  Serial.begin(9600);
```

```
    pointerFunc(666);                    //实现串口输出数字
    delay(1000);
    resetFunc();                         //程序到 0 地址开始执行，作用为"复位"
}

void loop() {
}
```

以上示例运行后串口将输出数字并复位重新运行，效果为间隔 1 秒钟循环输出数字。

通过这些示例可以看出指针是编程中一个强大的工具，很容易实现底层功能，也具有一定危险性。

5.2　条件语句

在通过编程处理一些流程逻辑性的问题时，就需要用到条件语句。条件语句的作用是通过逻辑判断来运行不同代码，以实现"流程任务"。条件语句有多种，分别用于实现不同流程中的处理需求。

5.2.1　if 语句

if 语句对一个表达式进行运算，根据运算结果的布尔值判断：当值为真时运行语句或代码段，当值为假时跳过代码段。其语法格式为：

```
if ( 表达式 )
{
代码段
}
```

其中表达式可以是一个值，不等价（任何数据类型）于布尔值 false 的值均判断为真。代码段指不限数量程序语句的集合，仅有一句代码时可以去掉大括号。

以下为 if 语句使用示例：

```
if (brightness == 0 || brightness == 255)  //判断brightness值是否为0或255
{
  fadeAmount = -fadeAmount ;             //当表达式为真时执行该语句
}
```

以上示例的运行流程如图 5-1 所示。

if 语句常用于程序的条件执行做判断，单一的代码段选择判断只是其中的一个功能，结合 else 关键字还能满足更多的程序流程需求。例如下面例子中，当条件表达式非真时会执行另一段代码：

```
if (buttonState == HIGH)                 //判断 buttonState 电平是否为高
{
  digitalWrite(ledPin, HIGH);            //当表达式为真时执行该语句
```

```
}
else
{
  digitalWrite(ledPin, LOW);                //否则执行该语句
}
```

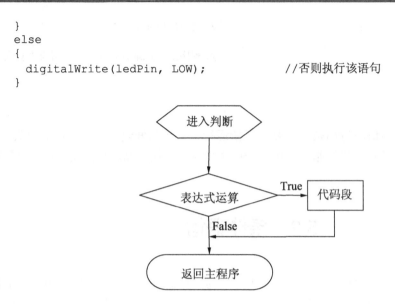

图 5-1　if 语句流程图

else 关键字还能额外再进行表达式判断，以实现多种条件判断功能。例如，对下面两个表达式进行判断，当均为非真值时将执行最后一个 else 关键字后面的代码段：

```
if (sensorValue < 127)                //判断 sensorValue 值是否小于 127
{                                     //当表达式为真时执行该代码段
  digitalWrite(Led, HIGH);
  delay(500);
  digitalWrite(Led, LOW);
}
else if (sensorValue < 200)           //判断 sensorValue 值是否小于 200
{                                     //当表达式为真时执行该代码段
  digitalWrite(Led, HIGH);
  delay(200);
  digitalWrite(Led, LOW);
  delay(200);
  digitalWrite(Led, HIGH);
  delay(200);
  digitalWrite(Led, LOW);
}
else
{                                     //否则执行该代码段
  float voltage = sensorValue * (5.0 / 1023.0);
  Serial.println(voltage);
}
```

if 语句很灵活，当需要判断更多表达式时可以通过 else 关键字加入更多额外的 if 语句，else 关键字可根据不同流程使用。

注意：本书中将代码段的左大括号换行放置，以显得明了直观，Arduino IDE 例程中均不换行放置。该处差异并不会造成语法错误。

5.2.2　switch 语句

当需要对一个值进行判断并根据不同的值运行不同程序时，switch 语句比 if 语句效率更高，其比 if 语句重复带 else 关键字的代码更简洁。switch 语句语法格式如下：

```
switch ( 需要判断的值或其表达式 )
{
case 比较值 1:
代码段 1
case 比较值 2:
代码段 2
case 比较值 3:
代码段 3
default:
缺省代码段
}
```

switch 语句是将括号中需要判断的值或其表达式与大括号中每个 case 后面的比较值依次进行对比，对比结果相等则运行相应代码段，否则跳过代码段。default 后面的代码段为缺省代码段，即无论需要判断的值或表达式为何值，该代码段均会运行。default 关键字及缺省代码段可根据流程需要来使用（即同 if 语句中的 else 关键字）。

以下为 if 语句使用示例：

```
switch (inByte) {                          //对 inByte 进行判断
case 'a':                                  //当 inByte 值为 a 时运行以下代码段，下同
  digitalWrite(2, HIGH);                   //代码段，下同
case 'b':
  digitalWrite(3, HIGH);
case 'c':
  digitalWrite(4, HIGH);
case 'd':
  digitalWrite(5, HIGH);
case 'e':
  digitalWrite(6, HIGH);
default:                                   //标明以下为缺省代码段，默认运行
  for (int thisPin = 2; thisPin < 7; thisPin++)
  {
    digitalWrite(thisPin, LOW);
  }
}

switch (range) {
case 0:
  Serial.println("dark");
case 1:
  Serial.println("dim");
case 2:from the sensor
  Serial.println("medium");
case 3:
```

```
Serial.println("bright");
}
```

以上示例的运行流程如图 5-2 所示。

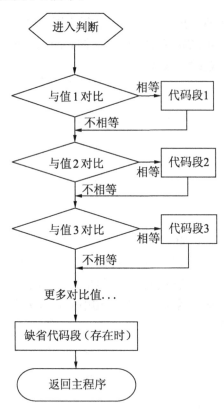

图 5-2 switch 语句流程图

从流程图 5-2 中能明显看出，无论被判断值是从何处判断出相等的，switch 语句依然会继续与后面的值进行对比，直到流程结束。当只需从 switch 中找到一个值并运行一个代码段时，这种流程是会消耗更多资源做无用功的（且这种需求比较常见）。因此，switch 语句通常配合 break 关键字（见 5.2.6 节）使用，以上代码配合 break 关键字后如下所示。

```
switch (inByte) {            //对 inByte 进行判断
case 'a':                    //当 inByte 值为 a 时运行以下代码段，下同
  digitalWrite(2, HIGH);     //代码段，下同
  break;                     //运行该句将跳回主程序，不会运行后面的代码
case 'b':
  digitalWrite(3, HIGH);
  break;
case 'c':
  digitalWrite(4, HIGH);
  break;
case 'd':
  digitalWrite(5, HIGH);
```

```
    break;
case 'e':
  digitalWrite(6, HIGH);
  break;
default:                          //标明以下为缺省代码段，默认运行
  for (int thisPin = 2; thisPin < 7; thisPin++)
  {
    digitalWrite(thisPin, LOW);
  }
}
```

当 inByte 值为 c 时，switch 语句判断到第 3 个对比值时会运行其代码段，运行"break;"该句时，程序会跳出 switch 语句回到主程序继续运行，而不会继续进行后面的对比。当 inByte 值在以上对比值中不存在时，switch 语句依然只会运行缺省代码段，该流程因此效率更高。

⌂注意：当使用 if 语句程序显得很臃肿时，可以选择用 switch 语句代替。合理使用 switch 语句能大大提高程序运行效率和代码美观性。

5.2.3　while 语句

while 语句用于程序流程的循环。第 4 章中提及的 Arduino 语言中定义的 loop()函数正是一个循环体。在需要对一段程序循环运行多次以获得某种流程效果时可以使用 while 语句，其语法格式如下：

```
while ( 表达式 )
{
代码段
}
```

其中表达式判断为真时，代码段会被运行且只运行一次。然后会再次判断表达式，表达式判断为真时代码段会再次被运行且只运行一次，表达式被判断为假或直到表达式判断为假时才会回到主程序。其运行流程如图 5-3 所示。

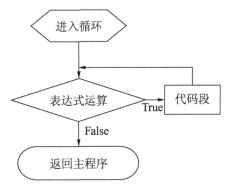

图 5-3　while 语句流程图

以下为 while 语句使用示例：

```
Serial.begin(9600);              //初始化串口,设置通信波特率为 9600
while (!Serial)                  //判断串口监视器是否打开,仅对 Leonardo、Micro、
                                 Due 有效
{
}

int i = 0 ;                      //初始化变量 i,赋值为 0
while ( i < 5 )                  //判断 i 的值是否小于 5
{                                //以下为代码段
  Serial.print(i);
  i ++ ;                         //对 i 的值累加
}
```

以上代码 1 是 Arduino IDE 例程中常见的语句。以下程序需要串口接通时工作才有意义,此时便用该代码判断 Serial 对象的值。当串口未被使用时 Serial 值为假,则 "!Serial"为真,空循环体不断运行;当串口被使用时 Serial 值为真,则 "!Serial"为假,while 语句结束回到主程序,即完成了 "串口接通等待"的工作。

以上代码是经典的 while 语句,其对代码循环时完成了对 "计数工具"变量的 "计数"工作,判断一个循环数值能限制自身的循环次数。

注意：loop()函数循环体相当于一个表达式为 true 的 while 语句,其为无限死循环,当需要使用无限循环流程时,应先考虑使用 loop 而不是 while。

5.2.4　do…while 语句

do…while 语句和 while 语句类似,其能保证循环体至少会执行一次。其语法格式如下(注意其中分号不可省略)：

```
do
{
代码段
}
while ( 表达式 ) ;
```

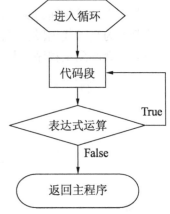

图 5-4　do…while 语句流程图

其中,代码段会先被运行一次,然后再对表达式进行判断,当判断为真时代码段会再次被运行且只运行一次,依次循环。直到表达式被判断为假时才会回到主程序。其运行流程如图 5-4 所示。

使用 do…while 语句的优点是能在判断表达式前执行一次代码段,在有些时候这是非常管用的。以下示例能看出其妙处：

```
do
{                                          //以下为代码段
```

```
    Serial.print( Value );                           //串口输出内容
    delay(2);
}
while ( Serial.available() == 0 );                    //判断串口缓冲中是否未收到回复数据
```

该代码用串口发送数据，当未收到响应时会继续发送，直到收到响应。当响应足够迅速时代码运行一次不需要循环。

5.2.5　for 语句

对于有具体循环次数的流程，for 语句比 while 语句更合适。for 语句有比较特殊的语法格式：

```
for ( 初始化;条件表达式;计数表达式 )
{
代码段
}
```

初始化语句一般为定义一个变量，然后对条件表达式进行判断，判断为真时，代码段会运行且只运行一次，然后运行计数表达式对变量进行操作。接着再次回到条件表达式判断中，当表达式为假时才会结束循环。其运行流程如图 5-5 所示。

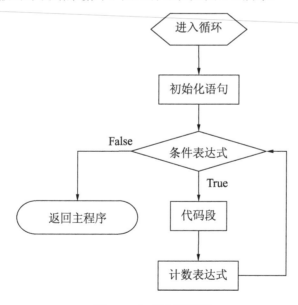

图 5-5　for 语句流程图

以下是一个按限定循环次数循环的 for 语句示例：

```
for (int thisPin = 2; thisPin < 7; thisPin++)  //对引脚2开始到引脚6电平操作
{
  digitalWrite(thisPin, LOW);                    //设置引脚为低电平
}
```

例子中初始化变量 thisPin，设置值为 2，其值小于 7，运行代码段使该引脚改变电平，接着对该值累加，再次运行设置电平，即对下一个引脚设置电平。一直循环，直到 thisPin 值累加值为 7 时表达式判断为假结束循环。

注意：for 语句代替有具体循环数的 while 语句能提高程序运行效率。

5.2.6　break 语句

break 语句用于结束循环语句或 switch 语句回到主程序。对于特殊的流程，使用 break 语句都能很好地控制。关键字 break 即其语句，以下示例为使用 break 语句结束 for 循环。

```
int LED = 5;
for (int thisPin = 2; thisPin < 7; thisPin++)
                                      //对引脚 2 开始到引脚 6 电平操作
{
  digitalWrite(thisPin, LOW);         //设置引脚为低电平
  if ( thisPin == LED )               //当运行到第 5 引脚时提前结束循环
  {
    break;
  }
}
```

注意：在嵌套的多重循环语句中，一句 break 语句只能退出一层循环。

5.2.7　continue 语句

continue 语句用于结束循环语句中的一次循环，从而进入下一次循环（当进入下一次循环条件不满足时，回到主程序）。同 break 语句，关键字 continue 即其语句，以下示例为使用 continue 语句跳过一次 for 循环：

```
int LED = 4;
for (int thisPin = 2; thisPin < 7; thisPin++)
                                      //对引脚 2 开始到引脚 6 电平操作
{
  if ( thisPin == LED )               //当运行到第 4 引脚时结束该次循环程序
  {
    continue;
  }
  digitalWrite(thisPin, LOW);         //设置引脚为低电平
}
```

5.2.8　goto 语句

goto 语句能改变程序运行位置，用于特殊的非循环流程。goto 语句语法分为以下两部分：

- 跳转到指定的标记点：

标识符：

- 进行跳转：

goto 标识符；

在程序中给需要跳转到的位置加一个标记点语句，然后在需要让程序流程发生改变并跳转到标记点继续运行的位置使用使用 goto 语句。以下示例为使用 goto 语句改变程序流程：

```
for (byte r = 0; r < 255; r++)
{
  for (byte g = 255; g > -1; g--)
  {
    for (byte b = 0; b < 255; b++)
    {
      if (analogRead(0) > 250)
      {
        goto bailout;                          //跳出高度嵌入的 for 循环
      }
      /*更多的语句...*/
    }
  }
}
bailout:
/*更多的语句...*/
```

注意：标记点标识符需要符合标识符规范。标记点末尾为冒号而非分号。goto 语句不局限于循环语句中使用，但是 goto 语句容易破坏程序结构，降低程序可读性，不必要时不建议使用。

5.3　数字 I/O 操作函数

数字 I/O 意为数字电平输入/输出。一般带序号的引脚可作为数字 I/O 引脚使用。但也有特殊情况，以 Arduino Nano 为例，除了 A6、A7 引脚，其他引脚均可作为数字 I/O 引脚使用。

数字 I/O 操作函数有以下 3 个。

1. 引脚模式设置

作用：设置引脚不同模式以具有不同功能。
语法格式如下：

pinMode(Pin , Mode)

参数说明如下。

- Pin：引脚号。
- Mode：常量有 INPUT（输入）、OUTPUT（输出）或 INPUT_PULLUP（内部上拉）。

2．引脚电平设置

作用：设置引脚电平，以输出电流（引脚为输出模式时有效）。
语法格式如下：

```
digitalWrite( Pin , Value )
```

参数说明如下。

- Pin：引脚号。
- Value：常量有 HIGH（高电平）或 LOW（低电平）。

3．引脚电平读取

作用：读取引脚电平，以获取引脚状态（引脚为输入模式时有效）。
语法格式如下：

```
digitalRead( Pin )
```

参数 Pin：引脚号。
返回：电平常量。
以下示例程序在 Blink 例程的基础上，演示使用 digitalRead() 函数的功能。

```
void setup()
{
  pinMode(13, OUTPUT);              //将 13 引脚设置为电平输出模式
  pinMode(2, INPUT_PULLUP);         //将 2 引脚设置为内部上拉模式，将按键
                                    或杜邦线与 GND 连接
}

void loop()
{
  if ( digitalRead(2) == LOW )      //当按键按下或杜邦线接地时，2 引脚为低电
                                    平，将会运行以下代码段
  {
    digitalWrite(13, HIGH);         //将 13 引脚设置为高电平，LED 将会亮起
    delay(1000);                    //让 LED 亮 1 秒时间
    digitalWrite(13, LOW);          //将 13 引脚设置为低电平，LED 将会熄灭
  }
}
```

📢注意：模拟 I/O 引脚也可作为数字 I/O 使用，引脚号格式为 "A*"，或在数字 I/O 最后
一个编号后从 A0 开始继续编号，如 Uno 上 A0 为 14。digitalRead() 函数读取悬
空引脚时，会随机输出电平值。

5.4　模拟 I/O 操作函数

模拟 I/O 意为模拟电压信号输入/输出，Arduino 可以通过 DAC 功能（Zero、Due、MKR 系列开发板）或者使用 PWM 功能实现等效电压输出，Arduino 开发板上模拟 I/O 引脚有：引脚序号、A 开头的为模拟信号输入引脚；标有"～"符号的引脚为支持 PWM 输出引脚。模拟 I/O 操作函数有如下 3 个：

1. 模拟信号输出

作用：使引脚输出 PWM 占空比方波信号或 DAC 模拟电压信号。
语法格式：

analogWrite(Pin , Value)

参数说明如下。

- Pin：PWM 或 DAC 引脚号。
- Value：模拟信号值，为 DAC 或 PWM 占空比提供参数，取 0～255（8 位 PWM 输出的 Arduino 上），0 时关闭，255 时同高电平电压。

2. 模拟信号读取

作用：读取指定引脚所输入的模拟信号（5V，10 位模拟输入的 Arduino 上，输入的 0～5V 电压 将会转换为数值 0～1023）。
语法格式：

analogRead(Pin)

参数 Pin：模拟信号输入的引脚号。
返回：模拟信号电压单位数值 0～1023。

3. 模拟信号基准电压

作用：改变模拟信号基准电压，使读取结果数值单位改变
语法格式：

analogReference(Type)

参数 Type：DEFAULT（开发板工作电压）、INTERNAL（在 ATmega168/328 上为 1.1V，在 ATmega8 上为 2.56V，ATmega1280/2560 不支持）、INTERNAL1V1（以 1.1V 为基准电压）、INTERNAL2V56（以 2.56V 为基准电压）或 EXTERNAL（以 AREF 引脚的电压作为基准电压，0～5V）。

4．模拟信号读取分辨率设置

作用：analogRead 函数默认为 10 位的分辨率，即 0～1023 的返回值，而 Zero、Due、MKR 系列开发板支持更高的读取分辨率（12 位），可以使用该函数设置工作分辨率。

语法格式：

```
analogReadResolution ( Bits )
```

参数 Bits：分辨率，单位为 bit（位），取 1～32。

5．模拟信号输出分辨率设置

作用：analogWrite Resolution 函数默认为 8 位的分辨率 PWM 输出，即可以使用 0～255 的调用值，而 Zero、MKR 系列开发板均具有 1 路 10 位 DAC 输出功能，Due 开发板具有 2 路 12 位 DAC 输出功能，使用该函数可以实现更高分辨率输出。

语法格式：

```
analogWriteResolution ( Bits )
```

参数 Bits：分辨率，单位为"bit"（位），取 1～32。

> 注意：非模拟 I/O 无法正常使用该类函数。Arduino 输出的 PWM 信号约 499Hz。输入的模拟信号变化响应时间约为 100u 秒。5V、10 位模拟输入的 Arduino 上每单位电压约为 4.9mV。

5.5　高级 I/O 操作函数

高级 I/O 操作函数包含多个特殊需求功能的 I/O 操作实现，通过函数即可使用这些功能，简化了这些特殊需求功能的实现过程。

1．方波输出

作用：在一个数字引脚上产生一个特定频率的方波（50%占空比），常用于驱动无源蜂鸣器以指定频率发声。可设置输出时长，如未设置输出时长则需要调用 noTone() 函数才能结束输出。

语法格式：

```
tone ( Pin , Frequency )
tone ( Pin , Frequency , Duration )
```

参数说明如下。

- Pin：数字引脚号。
- Frequency：unsigned int 类型，一个频率值，单位 Hz。

- Duration：unsigned long 类型，持续时长值，单位毫秒。

2．方波停止

作用：在一个数字引脚上使用 Tone() 函数产生方波后，可以用该函数停止方波输出。
语法格式：

```
noTone ( Pin )
```

参数 Pin：数字引脚号。

3．电平计时（非中断下）

作用：在一个数字引脚上，在超时时间内对指定电平状态持续时间进行计时并返回。
计时范围可以为 10 微秒～3 分钟。相对 pulseInLong() 函数，在关闭中断、计时短脉冲时效
果更好。
语法格式：

```
pulseIn ( Pin , Value)
pulseIn ( Pin , Value, Timeout)
```

参数说明如下。

- Pin：数字引脚号。
- Value：计时电平状态，HIGH 或 LOW。
- Timeout：unsigned long 类型，超时时长值，单位为微秒，如未指定则为 1 秒。

返回：目标电平持续时间（unsigned long 类型），计时单位为微秒。如果超时内没有
出现目标电平，则返回 0。

4．电平计时（中断下）

作用：功能同 pulseIn() 函数，但函数的功能实现依赖 micros() 函数，更适用于中断开
启下和长时间计时。
语法格式：

```
pulseInLong ( Pin , Value)
pulseInLong ( Pin , Value, Timeout)
```

参数说明如下。

- Pin：数字引脚号。
- Value：计时电平状态，HIGH 或 LOW。
- Timeout：unsigned long 类型，超时时长值，单位为微秒，如未指定则为 1 秒。

返回：目标电平持续时间（unsigned long 类型），计时单位为微秒。如果超时内没有
出现目标电平，则返回 0。

5．同步通信数据移出

作用：实现同步串行通信数据写功能，至少需要设置一个数据引脚和时钟信号引脚，连接多个外围同步串行通信器件时还需要额外增加片选信号引脚。该函数每次调用实现输出一个字节数据，可设置最高位、最低位优先方式。如果外围设备的有效数据为时钟上升沿，则需要在数据输出前调用 digitalWrite(clockPin, LOW)使时钟引脚为低电平。

语法格式：

```
shiftOut (dataPin , clockPin , bitOrder , Value)
```

参数说明如下。

- dataPin：数据位信号（数字）引脚号。
- clockPin：时钟信号（数字）引脚号。
- bitOrder：字节输出位的顺序，MSBFIRST（最高位优先）或 LSBFIRST（最低位优先）。
- Value：需要输出的字节值。

6．同步通信数据移入

作用：实现同步串行通信数据读功能，参考 shiftOut()函数。

语法格式：

```
shiftIn (dataPin , clockPin , bitOrder )
```

参数说明如下。

- dataPin：数据位信号（数字）引脚号。
- clockPin：时钟信号（数字）引脚号。
- bitOrder：字节输入位的顺序，MSBFIRST（最高位优先）或 LSBFIRST（最低位优先）。

返回：读取到的数据字节值。

5.6　时间函数

时间是程序流程一个重要的参考量，暂停程序、延时等都是常用的功能。Arduino 中与时间有关的函数有如下 4 个。

1．暂停程序（毫秒）

作用：使程序暂停指定时长，单位为毫秒。

语法格式：

```
delay( Time )
```

参数 Time：时长，单位为毫秒（数据类型为 unsigned long）。

2．暂停程序（微秒）

作用：使程序暂停指定时长，单位为微秒。

语法格式：

```
delayMicroseconds( Time )
```

参数 Time：时长，单位为微秒（数据类型为 unsigned long）。

3．运行计时（毫秒）

作用：获得程序运行时长，单位为毫秒。

语法格式：

```
millis()
```

返回：时长，单位为毫秒（数据类型为 unsigned long）。

4．运行计时（微秒）

作用：获得程序运行时长，单位为微秒。

语法格式：

```
micros()
```

返回：时长，单位为微秒（数据类型为 unsigned long）。

注意：时间单位 1 秒=1 000 毫秒=1000 000 微秒。millis()计时长度约 50 天，micros()约 70 分钟，超出后归 0 重新计时，进入中断时计时会暂停。micros()在 16MHz 和 8MHz 的 Arduino 上分辨率分别为 4 微秒和 8 微秒。

5.7　随机数函数

随机数常用于产生随机特效，随机序列，在无线通信时，随机延时还可以避免堵塞。

1．生成伪随机数

作用：生成指定最小、最大值范围内的随机数（Arduino 随机数的生成并没有随机种子"发生器"，所以仅能称为伪随机数）。

语法格式：

```
random( Max )
random( Min , Max )
```

参数说明如下。

- Max：long 类型，生成范围最大值。
- Min：long 类型，生成范围最小值。

返回：返回值为 Min～Max 区间内的随机数值。

2. 随机种子设置

作用：输入一个数值作为随机种子随机打乱 random()函数，使后续随机数的生成更加具有随机特性。

语法格式：

randomSeed (Seed)

参数 Seed：long 类型，随机种子数值。

示例代码如下：

```
long randNumber;

void setup(){
  Serial.begin(9600);
  randomSeed(analogRead(0));       //读取模拟引脚 0 的值作为种子，模拟引脚悬空时读出
                                     值为随机值，是很好的随机种子发生器
}

void loop(){
  randNumber = random(300);
  Serial.println(randNumber);

  delay(50);
}
```

5.8　中断函数

特殊的流程需要 Arduino 同时处理多个任务，中断函数的作用是控制 Arduino 从运行的程序中在中断发生时暂停，执行完中断任务后回到中断前的程序位置继续运行。中断操作函数有如下 4 个。

1. 设置中断

作用：设置一个中断。

语法格式：

attachInterrupt(Interrupt , Function , Mode)

参数说明如下。

- Interrupt：中断编号（不同单片机中断引脚不同，所以以编号排序，编号对应引脚参考开发板资料）。

- Function：中断触发时运行的函数名（即需要将中断切换到运行的程序中放入一个函数）。
- Mode：触发方式，分别有 LOW（当引脚为低电平时）、CHANGE（当引脚电平发生改变时）、RISING（当引脚由低电平变为高电平时）、FALLING（当引脚由高电平变为低电平时）几种。

2．关闭中断

作用：使某个已启用的中断关闭。
语法格式：

```
detachInterrupt( Interrupt )
```

参数 Interrupt：中断编号。

3．关闭中断功能

作用：使已设置的中断停用，使程序运行不受中断影响（如计时）。
语法格式：

```
noInterrupts()
```

4．打开中断功能

作用：中断停用后重新打开。
语法格式：

```
Interrupts()
```

示例代码如下：

```
int pin = 13;
volatile int state = LOW;

void setup()
{
  pinMode(pin, OUTPUT);
  attachInterrupt(0, blink, CHANGE);     //当中断 0 引脚发生电平跳变时，触发中断
                                         //函数 blink，实现变量 state 取反，最终
                                         //实现引脚 13 电平翻转
}

void loop()
{
  digitalWrite(pin, state);
}

void blink()
{
  state = !state;
}
```

🔔注意：中断启用后其优先级高于主程序。

5.9 数据处理函数

在 Arduino 的应用中，Arduino 为连接协调外围的主要设备，除了需要完成 I/O 通信，还需要完成数据处理功能，在数据处理方面，Arduino 提供了一系列数学、字符、字节等操作函数。

1. 数学函数

数学函数包含常用的数学运算功能相关函数。

🔔注意：以下注释中参考结果为 Serial.println()方法串口输出结果，小数精度为两位。

- abs(x)函数

获取 x 的绝对值，即小于 0 则取相反数。由于该函数使用宏定义实现，注意避免使用 abs(x++)这种调用方式导致结果不正确。示例如下：

```
int i = abs(-56);                        //i 为 56
int j = abs(i);                          //j 为 56
```

- constrain(x, min, max)函数

如果 x 值在约束范围 min～max 内，则返回 x；否则如果小于 min，返回 min，大于 max，返回 max，即 min 和 max 分别是约束范围的最小值和最大值，使用时注意点同 abs() 函数。示例如下：

```
int i = constrain(25, -5, 30);           //i 为 25
int j = constrain(60, 10, 50);           //j 为 50
```

- map(value, fromLow, fromHigh, toLow, toHigh)函数

value 为需要映射的值，如果 value 在范围 fromLow 至 fromHigh 内，则返回 toLow 至 toHigh 区间的映射值。注意映射结果与除法运算同理，不会存在小数也不会进行四舍五入。示例如下：

```
int val = map(analogRead(0), 0, 1023, 0, 255);
                              //实现 ADC 取值映射到 PWM 输出值范围
int y = map(val, 0, 255, 255, 0);       //实现在一定范围内一个值翻转为互补的值
```

- max(x, y)

x 值与 y 值比较，返回较大的一个值，使用时注意点同 abs()函数。示例如下：

```
int i = max(1, 3);                       //i 为 3
int j = max(i, 2);                       //j 为 3
```

- min (x, y)函数

x 值与 y 值比较，返回较小的一个值，使用时注意点同 abs()函数。示例如下：

```
int i = min(1, 3);                          //i 为 1
int j = min(i, 2);                          //j 为 1
```

- pow(base, exponent)函数

计算一个数的幂次方，base（float 类型）为底数值，exponent（float 类型）为幂值，函数返回幂次方值（float 类型）。示例如下：

```
float i = pow (2, 3);                       //i 为 8.00
float j = pow (i, 3.0);                     //j 为 512.00
```

- sq(value)函数

计算一个数 value 的平方值，返回结果值总是正数，使用时注意点同 abs()函数。示例如下：

```
float i = sq (3);                           //i 为 9.00
float j = sq (i);                           //j 为 81.00
```

- sqrt(value)函数

value（float 类型）为被开方数，返回结果值（float 类型）为其平方根。示例如下：

```
float i = sqrt (4);                         //i 为 2.00
float j = sqrt (i);                         //j 为 1.41
```

- ceil (value)函数

计算大于或等于给定值 value（float 类型）的最近整数，返回结果值为 float 类型。示例如下：

```
float i = 8.22;
float j = ceil(i);                          //j 为 9.00
```

- floor (value)函数

计算小于或等于给定值 value（float 类型）的最近整数，返回结果值为 float 类型。示例如下：

```
float i = 8.22;
float j = floor (i);                        //j 为 8.00
```

- trunc (value)函数

计算大于或等于给定值 value（float 类型）绝对值的最近整数，但保留正负符号，返回结果值为 float 类型。示例如下：

```
float i = -8.22;
float j = trunc (i);                        //j 为-8.00
float k = trunc (7.5);                      //k 为 7.00
```

- round(value)函数

计算给定值 value 四舍五入最近的整数，返回结果值为 long 类型，使用时注意点同 abs()

函数。示例如下：

```
float i = -8.22;
float j = round(i);                     //j 为-8.00
float k = round(7.5);                   //k 为 8.00
```

- signbit (value)函数

判断 value（float 类型）的正负符号，当符号为负时返回非零值。示例如下：

```
float i = -8.22;
float j = signbit(i);                   //j 为 1.00
float k = signbit(7.5);                 //k 为 0.00
```

- exp (value)函数

计算 e（自然对数的底）的 value（float 类型）次方，返回结果值为 float 类型。示例如下：

```
float i = exp(0);                       //i 为 1.00
```

- log10(value)函数

计算以 10 为底 value（float 类型）的对数，返回结果值为 float 类型。示例如下：

```
float i = log10(3);                     //i 为 0.48
float j = log10(4);                     //j 为 0.60
```

- log(value)函数

计算以 e（自然对数的底）为底 value（float 类型）的对数，返回结果值为 float 类型。示例如下：

```
float i = log(3);                       //i 为 1.10
float j = log(4);                       //j 为 1.39
```

- ldexp(value, exp)函数

计算以 value（float 类型）乘以 2 的 exp（int 类型）次幂，返回结果值为 float 类型。示例如下：

```
float i = ldexp(3, 2);                  //i 为 12.00
float j = ldexp(2, 4);                  //j 为 32.00
```

- fmod (x, y)函数

用于浮点数模运算，计算 x 除以 y 的余数，返回结果值为 float 类型。示例如下：

```
float i = fmod (3.5, 2);                //i 为 1.50
float j = fmod (20, 2.1);               //j 为 1.10
```

- fma(x, y, z)函数

使用浮点型数字实现加乘运算(x * y) + z，这样有时可以提高计算精度，返回结果值为 float 类型。示例如下：

```
float i = fma(3.5, 2.1, 4.2);           //i 为 11.55
float j = fma(4, 5, 6);                 //j 为 26.00
```

- sin(rad)函数

计算弧度制的角度（1 弧度=180/π 度）rad（float 类型）的正弦值，返回结果值-1～1（double 类型）。示例如下：

```
float i = sin(PI);                    //i 为 0.00
float j = sin(1.57);                  //j 为 1.00
```

- cos(rad)函数

计算弧度制的角度 rad（float 类型）的余弦值，返回结果值为-1～1（double 类型）。示例如下：

```
float i = cos(PI);                    //i 为-1.00
float j = cos(1.57);                  //j 为 0.00
```

- tan(rad)函数

计算弧度制的角度 rad（float 类型）的正切值，返回结果为 double 类型。示例如下：

```
float i = tan(PI);                    //i 为 0.00
float j = tan(0);                     //j 为 0.00
```

- acos(x)函数

计算值 x（-1～1）（float 类型）的反余弦值，返回结果为-π/2～π/2（double 类型）。示例如下：

```
float i = acos(-1);                   //i 为 3.14
float j = acos(0);                    //j 为 1.57
```

- asin(x)函数

计算 x（-1～1）（float 类型）的反正弦值，返回结果为-π/2～π/2（double 类型）。示例如下：

```
float i = asin(-1);                   //i 为-1.57
float j = asin(0);                    //j 为 0.00
```

- atan(x)函数

计算 x（-1～1）（float 类型）的反正切值，返回结果为-π/2～π/2（double 类型）。示例如下：

```
float i = atan(-1);                   //i 为-0.79
float j = atan(0);                    //j 为 0.00
```

- atan2 (y, x)函数

计算平面坐标(x,y)与坐标系 X 轴的夹角，参数为 float 类型，注意与坐标值中 x、y 的顺序相反，返回结果为-π～π（float 类型）。示例如下：

```
float i = atan2(2, 2);                //i 为 0.79
float j = atan2(-3.5, 3.5);           //j 为-0.79
```

- cosh(rad)函数

计算弧度制的角度 rad（float 类型）的双曲余弦值，返回结果为 1～+∞（float 类型）。

示例如下：

```
float i = cosh (PI);              //i 为 11.59
float j = cosh (0);               //j 为 1.00
```

- sinh(rad)函数

计算弧度制的角度 rad（float 类型）的双曲正弦值，返回结果为 float 类型。示例如下：

```
float i = sinh(PI);              //i 为 11.55
float j = sinh(0);               //j 为 0.00
```

- tanh(rad)函数

计算弧度制的角度 rad（float 类型）的双曲正切值，返回结果为-1～1（float 类型）。示例如下：

```
float i = tanh(PI);              //i 为 1.00
float j = tanh(1);               //j 为 0.76
```

- radians(angle)函数

计算角度 angle（float 类型）转换为弧度，返回结果为 float 类型。示例如下：

```
float i = radians(720);          //i 为 12.57
float j = radians(90);           //j 为 1.57
```

- degrees(rad)函数

计算弧度 rad（float 类型）转换为角度，返回结果为 float 类型。示例如下：

```
float i = degrees(12.57);        //i 为 720.21
float j = degrees(1.57);         //j 为 89.95
```

- hypot(x, y)函数

计算直角三角形的斜边长度，参数 x 和 y（float 类型）分别是已知的两条直角边的长度，返回结果为 float 类型。示例如下：

```
float i = hypot(7, 12);          //i 为 13.89
float j = hypot(3, 4);           //j 为 5.00
```

2．位操作函数

字节数据中位操作处理是经常使用的功能，相关函数及说明如下。

- bit(n)函数

计算二进制中第 n 位的权值（0 为最右边的低位），等效于 2 的 n 次幂。示例如下：

```
long i = bit(0);                 //i 为 1
long j = bit(3);                 //j 为 8
```

- bitClear(n)函数

将一个变量中第 n 位置为 0。示例如下：

```
long i = B10000011;
Serial.println(i, BIN);          //输出二进制 10000011
```

```
bitClear(i, 1);                          //变量中第 1 位（最右边为第 0 位）被置为 0
Serial.println(i, BIN);                  //输出二进制 10000001
```

- bitSet(n)函数

将一个变量中第 *n* 位置为 1。示例如下：

```
long i = 0x83;                           //等效 B10000011
Serial.println(i, BIN);                  //输出二进制为 10000011
bitSet(i, 2);                            //变量中第 2 位被置为 1
Serial.println(i, BIN);                  //输出二进制 10000111
```

- bitRead(x, n)函数

读取变量 x 中第 *n* 位的二进制值。示例如下：

```
long i = B10000011;
Serial.println(bitRead(i, 1));           //输出 1
Serial.println(bitRead(i, 2));           //输出 0
```

- bitWrite(x, n, b)函数

在变量 x 中第 *n* 位写入二进制值 b。示例如下：

```
long i = B10000011;
bitWrite(i, 1, 0);                       //变量中第 1 位被置为 0
Serial.println(i, BIN);                  //输出二进制 10000001
bitWrite(i, 2, 1);                       //变量中第 2 位被置为 1
Serial.println(i, BIN);                  //输出二进制 10000101
```

- lowByte(x)函数

将变量 x 中低位（第 0 个）字节取出。示例如下：

```
long i = 0xCAB12F;
Serial.println(lowByte(i), HEX);         //输出 2F
i >>= 8;                                 //变量内数据整体右移 1 个字节（8 位）
Serial.println(lowByte(i), HEX);         //输出 B1
```

- highByte(x)函数

将变量 x 中高位（第 1 个）字节取出。示例如下：

```
long i = 0xCAB12F;
Serial.println(highByte(i), HEX);        //输出 B1
i >>= 8;                                 //变量内数据整体右移 1 个字节（8 位）
Serial.println(highByte(i), HEX);        //输出 CA
```

3. 字符操作函数

字符（以 ASCII 码表为准）数据（字节为单位）的操作处理也是经常使用的功能，相关函数及说明如下。

- isAlpha(thisChar)函数

判断变量 thisChar 的值是否为字母，返回 boolean 类型，如成立则输出为 true。示例如下：

```
int val = 'A';
if (isAlpha(val))
```

```
Serial.println("true");
else
  Serial.println("false");
//以上串口输出 tru
```

- isDigit(thisChar)函数

判断变量 thisChar 的值是否为数字，返回 boolean 类型。示例如下：

```
int val = '1';
if (isDigit(val))
  Serial.println("true");
else
  Serial.println("false");
//以上串口输出 true
val = 1;
//重新赋值为数值 1 而不是字符 1
if (isDigit(val))
  Serial.println("true");
else
  Serial.println("false");
//因为数值 1 不属于数字字符，所以以上串口输出 false
```

- isAlphaNumeric(thisChar)函数

判断变量 thisChar 的值是否为字母或数字，返回 boolean 类型。示例如下：

```
int val = 0x41;
//0x41 对应 ASCII 字符 A
if (isAlphaNumeric(val))
  Serial.println("true");
else
  Serial.println("false");
//以上串口输出 true
val = 0x40;
//重新赋值，0x40 对应 ASCII 字符@
if (isAlphaNumeric(val))
  Serial.println("true");
else
  Serial.println("false");
//以上串口输出 false
```

- isAscii (thisChar)函数

判断变量 thisChar 的值是否在标准 ASCII 码表（即值 0～127，不包含扩展部分）范围内，返回 boolean 类型。示例如下：

```
int val = 127;
if (isAscii(val))
  Serial.println("true");
else
  Serial.println("false");
//以上串口输出 true
val = 128;
//重新赋值
if (isAscii(val))
  Serial.println("true");
```

```
else
  Serial.println("false");
//以上串口输出 false"
```

- isControl(thisChar)函数

判断变量 thisChar 的值是否标准 ASCII 码表中的控制字符（第 0～31 号及第 127 号，共 33 个字符是控制字符），返回 boolean 类型。示例如下：

```
int val = '\n';
if (isControl(val))
  Serial.println("true");
else
  Serial.println("false");
//以上串口输出 true"
```

- isGraph(thisChar)函数

判断变量 thisChar 的值是否标准 ASCII 码表中可打印显示的字符（除控制字符和空格符以外的其他字符均可打印显示），返回 boolean 类型。示例如下：

```
int val = ' ';
if (isGraph(val))
  Serial.println("true");
else
  Serial.println("false");
//以上串口输出 false
```

- isPrintable(thisChar)函数

判断变量 thisChar 的值是否标准 ASCII 码表中可打印显示的字符（包含空格），返回 boolean 类型。示例如下：

```
int val = ' ';
if (isPrintable(val))
  Serial.println("true");
else
  Serial.println("false");
//以上串口输出 true
```

- isHexadecimalDigit(thisChar)函数

判断变量 thisChar 的值是否为可表示十六进制的字符（即 0～9、A～F 和 a～f），返回 boolean 类型。示例如下：

```
int val = 'G';
if (isHexadecimalDigit(val))
  Serial.println("true");
else
  Serial.println("false");
//以上串口输出 false
```

- isSpace(thisChar)函数

判断变量 thisChar 的值是否为空白字符（包含空格' '、制表符'\t'、归位'\r'、换行'\n'、垂直定位符'\v'和翻页符'\f'），返回 boolean 类型。示例如下：

```
int val = '\v';
```

```
if (isSpace(val))
  Serial.println("true");
else
  Serial.println("false");
//以上串口输出 true
```

- isWhitespace(thisChar)函数

判断变量 thisChar 的值是否为空格或制表符（包含空格''、制表符'\t'），返回 boolean 类型。示例如下：

```
int val = '\v';
if (isWhitespace(val))
  Serial.println("true");
else
  Serial.println("false");
//以上串口输出 false
```

- isPunct(thisChar)函数

判断变量 thisChar 的值是否为标点符号字符，返回 boolean 类型。示例如下：

```
int val = '&';
if (isPunct(val))
  Serial.println("true");
else
  Serial.println("false");
//以上串口输出 true
```

- isLowerCase(thisChar)函数

判断变量 thisChar 的值是否为小写字母，返回 boolean 类型。示例如下：

```
int val = 'A';
if (isLowerCase(val))
  Serial.println("true");
else
  Serial.println("false");
//以上串口输出 false
```

- isUpperCase(thisChar)函数

判断变量 thisChar 的值是否为大写字母，返回 boolean 类型。示例如下：

```
int val = 'A';
if (isUpperCase(val))
  Serial.println("true");
else
  Serial.println("false");
//以上串口输出 true
```

5.10　串口通信

Arduino 能使用硬串口（原生）和软串口（程序控制），串口类库有一系列方法（见表 5-5）用于控制串口。

表 5-5　串口类库方法表

方　　法	说　　明
available()	获取串口缓冲区的字节数据，返回0~64（缓冲区大小为64字节时）
availableForWrite()	获取串口缓冲区还可以写入发送数据的字节数量
begin(speed,config)	初始化并设置串口波特率，参数speed（数据类型Long）单位为波特（位/秒），IDE支持波特率：300、600、1200、2400、4800、9600（默认）、14400、19200、28800、38400、57600、115200，也可以指定自定义波特率。 config 为数据位和奇偶校验参数，支持如下常量： 　　　　SERIAL_5N1 　　　　SERIAL_6N1 　　　　SERIAL_7N1 　　　　SERIAL_8N1（默认，8个数据位，1个停止位，无（Not）校验） 　　　　SERIAL_5N2 　　　　SERIAL_6N2 　　　　SERIAL_7N2 　　　　SERIAL_8N2 　　　　SERIAL_5E1（5个数据位，1个停止位，偶（Even）校验） 　　　　SERIAL_6E1 　　　　SERIAL_7E1 　　　　SERIAL_8E1 　　　　SERIAL_5E2 　　　　SERIAL_6E2 　　　　SERIAL_7E2 　　　　SERIAL_8E2 　　　　SERIAL_5O1 　　　　SERIAL_6O1 　　　　SERIAL_7O1 　　　　SERIAL_8O1 　　　　SERIAL_5O2 　　　　SERIAL_6O2（6个数据位，2个停止位，奇（Odd）校验） 　　　　SERIAL_7O2 　　　　SERIAL_8O2 注意通信双方的波特率、数据位、奇偶校验等需要设置一致才能正确通信。
end()	停用串口实例
find(target)	参数target为字符串（char*），在缓冲区寻找该字符串，如存在则返回ture，未找到则返回false
findUntil(target,terminal)	参数target为字符串，在缓冲区寻找该字符串，如存在则返回ture，直到终止字符terminal出现仍未找到，将会返回false
flush()	等待缓冲区数据发送结束
parseFloat()	从串口缓冲区返回第一个有效的浮点数
parseInt()	从串口缓冲区返回第一个有效的整数
peek()	从缓冲区读取第一个字节（读取后的字节仍在缓冲区中）
read()	从缓冲区读取最多length个字节数据到缓冲区buffer（byte或char数组），并返回读取到的字节数量

（续）

方　　法	说　　明
readBytes(buffer, length)	从串口缓冲区读取最多length个字节数据到buffer
readBytesUntil(character, buffer, length)	从串口缓冲区读取最多length个字节数据到缓冲区buffer（byte或char数组），直到字符character出现或超时（默认值1000，setTimeout()方法可以设置）终止，并返回读取到的字节数量
setTimeout()	设置使用readBytes()和readBytesUntil()方法等待串口数据的最大毫秒值（默认值为1000）
write(val, len)	将字节数据val以二进制在串口输出，如果提供了长度len参数，val需要是一个byte（或char）数组指针，此时串口输出len个字节
prunt(val, base)	将数据val转换为字符串通过串口输出，base为可选参数（整数转换基数或浮点数保留小数位数，参考String类实例化语法）
print(val, base)	将数据val转换为字符串通过串口输出，base为可选参数，并输出换行符(\r\n)

除了使用以上类库方法处理串口数据之外，还能定义 SerialEvent()函数用于响应来自硬串口的通信数据。

当 SerialEvent()函数定义后，如果串口缓冲区有数据，则每次循环体部分（loop()函数）运行完一次后会运行一次 SerialEvent()函数。其语法格式同 setup()和 loop()函数：

```
void serialEvent(){
//代码段
}
```

在多路硬串口的 Arduino 上，可以定义多个 SerialEvent()函数，差异之处在于带串口序号。例如，在 Mega 上可以这样定义：

```
void serialEvent1(){
//代码段
}

void serialEvent2(){
//代码段
}

void serialEvent3(){
//代码段
}
```

🔔注意：串口对象的布尔值可以判断串口是否启用。Lenardo、Mega 等开发板具有多个硬件串口。SerialEvent()函数不兼容等型号。Serial 类库的系列方法函数与 Ethernet、SD、Wire 等类库有很大相似性，这些类库均称为 Stream(流)操作类库，实现了对数据操作流的操作，掌握 Serial 类库，即可对其他流操作类库触类旁通。

5.11　小结

编程语法是严谨的，在编程中需要注意代码编写的细节。注意大小写以及符号全角半角问题。此外，还应注意在编程中积累技巧，掌握能让代码更精简、高效的编写方法。

第 6 章 Arduino 开发硬件要求

本章为笔者对 Arduino 入门硬件准备的经验总结和建议。Arduino 入门不需要准备很多硬件，如果读者想做更多有趣的实验，也可以购买书中提及的更多元件、模块等。

本章主要涉及以下知识点：

- Arduino 的硬件搭档；
- 电子实验方面的知识。

6.1 必要的硬件

用 Arduino 去完成各种小创意和电子实验等，最简单的方法是在面包板上搭建电路，这比用万能板焊制固定电路更灵活易上手。

6.1.1 Arduino 开发板

读者可以准备一个 Arduino Uno 开始进行电子小实验。Uno 是使用人数最多的开发板，本书的大部分实验也是以 Uno 为例，因为其很适合进行这些实验。笔者是使用 Arduino Nano 入门的，其很小巧，可以很方便地插在面包板上，能直接在面包板上完成电子小制作，这是 Uno 不能做到的。但有时候使用 Nano 时也有其不便之处，如使用兼容扩展板时，由于 Nano 板型的限制而不能直接使用。

其他开发板如 Mega、Lenardo、Pro Mini 等，也有一些接口和使用上的差异，可以选择这些开发板开始入门，但需要在使用前了解更多参数资料，否则可能会无法达到教程中所述的实验效果。

6.1.2 电源

实验时为开发板供电有很多方法可选，如 DC 电源适配器、USB 电源、9V 电池或者其他适合的开关电源等。电池供电不够绿色环保，如果不是便携型的电子制作，使用固定的电源将会是一个很好的选择，这不但环保而且更稳定。

一般来说，Arduino 所有型号的开发板都可以在 DC 5～12V 电源下工作，如果没有消耗电流较大的模块或元件，USB 电源约 500mA 是足够使用的。如果需要更高的电流，就应该考虑 DC 电源，推荐使用 9V 的 DC 电源。

另外，使用电源应考虑整体供电，如使用其他需要独立供电的模块，常见的有电机驱动模块等。可以使用 DC 电源连接 Arduino 供电，再从 Arduino 开发板上的 VIN 接口取电为模块供电。

6.1.3　杜邦线

杜邦线（见图 6-1）是特殊的电路连接线，用于免焊接电路连接，方便快速进行电路试验和提供牢靠的连接，且有多种颜色易于线路区分。

杜邦线接头有分公头和母头，组合起来就有三种杜邦线：双母头、双公头、一公一母。电路实验中杜邦线很常用，可以多准备一些杜邦线应对电路搭建。

Arduino 引脚是 2.54 毫米间距排母（或排针）引出的，使用杜邦线可以直接与 LED、各种模块连接，杜邦线使用完后可拆卸回收，方便下次实验。

图 6-1　杜邦线

6.1.4　面包板

面包板用于放置元件快速搭建电路，因其密密麻麻的小插孔像面包的小孔而得名面包板。电路搭建仅使用杜邦线是不够的，杜邦线与面包板配合才能更方便搭建清晰且易调试的电路。

市面上面包板的款式有多种，大小也各异，有些面包板还能组合拼成更大面积（见图 6-2）。相对万能板，面包板免焊接、易拆装等特性非常适合电路入门学习，是 Arduino 学习的必备硬件。

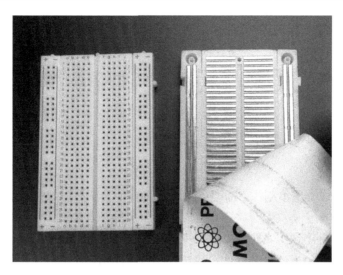

图 6-2 电路实验面包板

6.2 其他硬件

除了准备必要的硬件，一些实验和 DIY 中常用的硬件也是可以提前准备好的，这些硬件在小制作中出现的频率较高。

6.2.1 小元件

电阻、电容、电感是电子元件中的"三剑客"（见图 6-3）。其中电阻在小实验中使用得最频繁，电阻在电路中主要起限流、分压的作用。而电容主要起整流、滤波等作用，在搭建电路时有时会用到。电感主要起滤波作用，在小实验中基本不会用到。建议准备一些电阻、电容即可。

电阻、电容的规格很多，建议准备若干常见阻值 1/8W 规格的色环电阻，该规格适合大部分电路搭建。而电容准备若干常见阻值陶瓷电容、耐压 5V 以上的电解电容。

图 6-3 色环电阻、电解电容、瓷片电容（从左至右）

除了电阻电容，LED、按钮、开关、电位器等也是使用较多的元件，都可以准备一些以供实验所需。

🔔注意：有些元件可以按个人调整，如 LED 颜色、开关封装，只要能方便实验接线和布局，均可随意调整。

6.2.2　模块

用 Arduino 完成一些小制作，需要采集一些特殊的传感数据或进行通信交互，大多情况下可以通过各种电子模块配合完成。因为对于业余爱好者来说，直接使用实现这些功能的芯片去搭建电路并不现实。而现成的模块已经有完善的外围电路，仅需按 datasheet（数据手册）所述的通信方式（有些较低级模块使用 I/O 控制，无通信协议）使用 Arduino 实现即可快速开发新功能，模块功能的使用问题就归于 Arduino 上的程序了。

大多 Arduino 适用的模块与 Arduino 的通信协议无非是 3 种：SPI、I2C、UART。也就是说，只要熟悉这 3 种协议的使用和开发即可上手各种模块。笔者推荐通过这些模块去掌握相应的硬件通信知识：

- 数字摇杆（模拟 I/O）；
- 温湿度传感器（数字 I/O）；
- 电机驱动模块（PWM 信号）；
- LCD 液晶模块（I2C 通信）；
- 蓝牙模块（UART 通信）；
- SD 卡读写模块（SPI 通信）。

🔔注意：模块没有固定型号，一般按功能或芯片命名，同类模块可能会有一些接口、板型上的差异，购买时需要了解清楚参数及 Arduino 是否适用。

6.3　小结

为实验准备材料时应提前设计好实验步骤，根据实验的需要准备材料，以免造成实验材料浪费或材料准备不足而影响实验。

第 7 章　Arduino 项目开发流程

无论将 Arduino 用于 DIY 小创意、制作电子作品，还是设计一个作品框架，当达到一定的复杂程度时，将这个项目按一些处理技巧去完成会更加轻松和顺利。这些技巧既包括硬件搭建也包括软件（程序）优化。

本章主要涉及以下知识点：

- 项目开发硬件流程；
- 项目软件优化。

7.1　硬件搭建

项目硬件搭建最基本的要求是具有对项目的规划，如硬件部分按模块划分的方法，明确各个模块之间的作用、通信协议，以及整体的电源等。

7.1.1　Arduino 开发板的选择

Arduino 是项目中的核心部分——微控制器。对于不同的项目，应寻找最适合的 Arduino 开发板进行开发。因此对项目规划时应注意所选择的 Arduino 型号的参数（各型号 Arduino 的参数可见网盘内文件或到官网查询）是否满足项目要求。例如，工作电压、I/O 数量、ADC 采样分辨率、中断引脚数量……这些对项目硬件搭建都至关重要。

例如，Arduino Uno、Nano、Pro Mini 的参数类似，在选择时应注意。当需要采用扩展板进行积木式搭建硬件时，这 3 个型号中只有 Uno 适合积木式堆叠。如图 7-1 是 Uno 使用传感器扩展板连接器件的示意图。

当不需要使用扩展板时，则不需要考虑板型问题，这时可以选择占用更少空间体积的 Nano 或 Pro Mini。Pro Mini 更精简，成本也更低，和 Nano 相比主要省略了 USB 转串口芯片和 ICSP 接头，适合不需要频繁与计算机连接的项目。如图 7-2 是搭建 Pro Mini 外围的示意图。

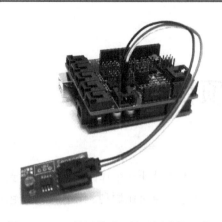

图 7-1　Uno 使用传感器扩展板连接器件　　　　图 7-2　Pro Mini 外围

7.1.2　布线

复杂的项目可将硬件按模块划分，然后按模块进行电路搭建调试，使用面包板或万能板焊接电路均可。

分离调试完成后即可进行整体联调。如果项目硬件设计已很完善，可以做成固定的设计，将硬件焊接到万能板或定制的 PCB 上。

7.1.3　其他

项目开发过程中，还可能需要用到以下工具。

- 万用表：检查线路、测电压、测电阻等，方便调试检查故障；
- 焊接工具和材料：当需要制作固定电路时，需要用电烙铁（或焊台），以及焊锡、助焊剂、万能板等。

当定好项目硬件雏形后，可能需要用到一些材料用于固定框架，如铜柱、亚克力板等。整体完成之后，还可以使用 3D 打印工具为设计定制包装外壳。

7.2　编程流程

项目硬件分模块调试时应注意减少与整体联调的程序冲突，以增加分部程序结合成整体的效率。

编写程序可按以下流程进行。

（1）确定程序流程。

安排任务执行的顺序，如果任务较多需要注意安排时间和使用中断。程序流程的确定是将思维转为编程语言的重要环节。程序流程确定下来后，编写程序的效率会更高。

（2）确定全局变量、常量。

合理定义变量、常量等可以使程序更容易调试。变量是重要的数据处理工具。而常量仅占用 Flash 储存，能让更多的 RAM 空间用于数据处理。

（3）优化程序。

应利用程序语言的特点，简化工作流程的编程描述。注意优化程序效率。注意程序的注释，以方便阅读和维护。

7.3　小结

由于 Arduino 开发方向一般为积木式的模块组合开发，较少涉及其 AVR、ARM、STM 单片机底层的开发，所以 Arduino 开发重点在于设计（电子设计的实现和设计思维的培训），因此在项目开发前期、中期无须纠结底层开发、优化等问题。

第3篇
一起动手做 Arduino 实验

第 8 章　Arduino 基础实验

从本章开始将进入 Arduino 的实战环节。笔者将对一个个有趣的电子实验进行详细分析，让读者深入了解各种常见电子产品核心部分的原理，并且学会灵活开发并完成项目。

8.1　LED 的控制

LED（Light Emitting Diode，发光二极管，见图 8-1），是常见的电子元件，在电路中通常作指示灯，还可以将其进一步做成数码管、显示屏或照明设备。

如图 8-2 所示为普通的 LED 结构，主体部分由透明的环氧树脂封装，留出阳极和阴极（亦称为正极和负极）。芯片一头与阴极金属相接，另一头通过金线连接至阳极金属。

图 8-1　常见的 LED

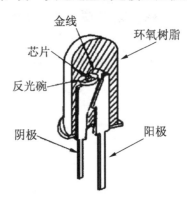

图 8-2　普通的 LED 结构

LED 的发光装置是芯片，芯片的结构如图 8-3 所示。P 型半导体和 N 型半导体组成该芯片（图中 P 型即 P 型半导体，N 型即 N 型半导体）。图中 P 电极即与金线相连的阳极，N 电极即阴极，因分别与 P 型半导体、N 型半导体连接而得名。P 型半导体和 N 型半导体交界面称为 P-N 结，即图中有源层。电流正向（由上到下）通过芯片时，导体中自由电子反向（由下到上）移动。由于 N 型半导体内自由电子居多，P 型半导体中空穴（即正离子）居多，通电后载流子（自由电子和空穴统称）会在有源层复合，复合时多余的能量会以光子的形式释放，从而发光。释放出的光子的波长、频率取决于芯片半导体材料的带隙，不同半导体材料制成的 LED 芯片，产生光的颜色不同，而光的强弱由电流强度决定。

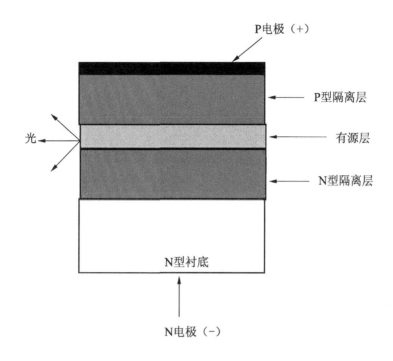

图 8-3 LED 芯片结构

芯片通电发光后，反光碗会把光线反射出去，因此出现图 8-1 所示的 LED 发光光柱。

LED 是特殊的二极管，但仍有二极管的属性，即单向导电性。当给 LED 加反向电压时，自由电子和空穴难以复合，因此不发光。

⚠注意：LED 中金线仅为导电作用，N 型半导体衬底的作用为导电、散热和反射光线。

8.1.1 单个单色 LED 的控制

明白了 LED 的原理，是时候亲自动手点亮 LED 了。需要准备的实验材料如下：

- Arduino 开发板（任意型号）×1；
- 面包板×1；
- 杜邦线×2；
- 任意发光颜色 LED×1；
- 电阻（110Ω～10kΩ 均可）×1。

按图 8-4 所示将实验电路连接好。

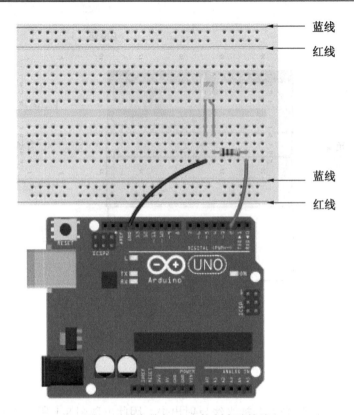

蓝线

红线

蓝线

红线

图 8-4　单个单色 LED 控制实验接线

　　此实验接线中，Arduino 数字引脚 2 经过电阻后与 LED 阳极相连，LED 阴极与 GND 引脚（GND 为 Ground 缩写，意为"地"，是电源的负极，在电路中为参考电势零点）相连，电路中经过的电阻主要作用为限制电流且产生压降（即通电后电压降，电流经过电阻后会产生电压降）。搭建电路时判断 LED 引脚阳极或阴极，可以参考图 8-2 所示的 LED 结构示意图，LED 阳极引脚一般比阴极引脚长，也可通过这一点判断。一般 LED 正向压降（即正向通电电压降，二极管元件同电阻，是电路中的负载，也会产生电压降）约为 2～3V，工作电流为 5～20mA，使用 5V 工作电压的 Arduino 进行实验，可选择 110Ω～10kΩ 阻值电阻限制电流。选择的电阻越大，电流会越小，电流小会使 LED 变暗。因此，应根据如下公式计算 LED 的实际最适合的限流电阻：

$$R=(E-UF)/IF$$

　　其中 E 为 Arduino 引脚的输出电压——5V，UF 为 LED 工作所需电压，IF 为 LED 正常工作电流（单位取 A），根据不同 LED 的电气参数，查得 UF 与 IF，即可算出最适合限流电阻阻值 R。如普通 LED（压降取 3V，工作电流取 20mA 时），在该实验中限流电阻应取 R=（5V-3V）/0.02A=100Ω，由于没有 100Ω 规格电阻，应选偏大的 110Ω 电阻，选择偏小规格电阻或不使用电阻会缩短 LED 寿命，甚至烧坏 LED。

Arduino 数字引脚可以通过程序控制其电平（可以理解为两种电压状态，高电平时 5V，低电平时 0V）输出。当数字引脚 2 输出高电平时，该电路中 LED 即可亮起。反之，输出低电平或不操作该引脚 Arduino 均不会产生电流经过 LED，此时 LED 不会亮起。

实验电路连接完成后，将 Arduino 通过 USB 线或 TTL 下载线与 PC 连接，在 IDE 中打开示例 Blink（闪烁）。

第 3 章已经介绍了示例 Blink（闪烁）的原理，控制开发板上 L 指示灯 LED 点亮和熄灭。示例中定义开发板上与数字引脚 13 相接的 L 指示灯引脚号的语句如下：

```
int led = 13;
```

这里的实验电路中 LED 与数字引脚 2 相连，所以需要把上述代码中的 13 改为 2 方可让 LED 闪烁：

```
int led = 2;
```

修改后的程序代码如代码 8-1 所示。

代码8-1　操作引脚2的示例Blink

```
int led = 2;

void setup() {
  pinMode(led, OUTPUT);
}

void loop() {
  digitalWrite(led, HIGH);
  delay(1000);
  digitalWrite(led, LOW);
  delay(1000);
}
```

接着单击工具栏中的"下载"按钮将程序下载至 Arduino，随后面包板上的 LED 会闪烁。

注意：面包板上下（图 8-4 中上下蓝线与红线之间的两行）行相通，中间分上下两部分，分别列相通。电阻元件插在面包板上之前可能需要先弯曲一下引脚。电路中的负载两端具有电压降，压降值可根据欧姆定律计算。在 3.3V 工作的 Arduino 上输出高电平为 3.3V，电平只分高低，但其具有电压范围，这一点在后续章节中会详述。新版本 IDE 的 Blink 示例使用了宏定义"LED_BUILTIN"，对不同型号 Arduino 开发板的 LED 指示灯引脚号进行代替，例如对 Uno 开发板编译时，宏定义 LED_BUILTIN 的实际值为 13。

8.1.2　三色 LED 的控制

LED 元件除了有发光颜色上的差异外，还有封装上的差异，如图 8-5 所示为各种封装规格的 LED 元件。不同封装存在内部结构、功率等差异，目的是适用于不同的电子产品设计需要。

8.1.1 节实验中采用的是 5 毫米规格的普通单色 LED，单色 LED 只能点亮或熄灭，而三色 LED（RGB LED）就不同了，通过控制其红、绿、蓝三种颜色的组合，还能发出其他颜色的光（因此三色 LED 亦被称为全彩 LED）。

需要准备的实验材料如下：

- Arduino 开发板（任意型号）×1；
- 面包板×1；
- 杜邦线×4；
- 三色 LED×1；
- 电阻（110Ω～10kΩ 均可，按需求计算）×3。

按图 8-6 所示将实验电路连接好。

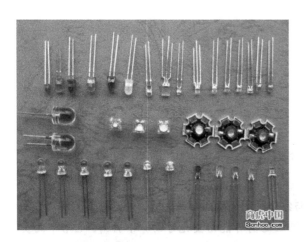

图 8-5　各种规格的 LED 元件

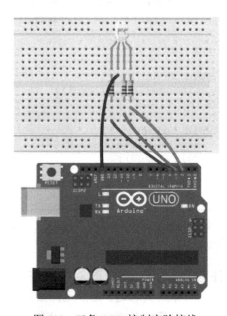

图 8-6　三色 LED 控制实验接线

与单色 LED 相比，三色 LED 明显的不同之处为引脚较多，图 8-6 中 LED 内部由 3 块 LED 芯片封装而成，因 3 块芯片共用阴极脚（简称共阴，反之，共阳为共用阳极脚），故有 4 根引脚。Arduino 的 2、3、4 引脚分别经过电阻与 LED 绿色、红色、蓝色光芯片的阳极连接。

既然 LED 内部芯片共阴，那么是否可以只使用 1 个电阻连接 LED 阴极与 GND，精简电路呢？当然可以，精简后 LED 依然能够点亮。但如果选择 10mA 并放置限流电阻后，当 2 路同时发光时每路为 5mA，而 3 路时每路只有 3.3mA，光线较弱时颜色混合叠加效果差，因此在 LED 的阳极分别串联电阻更合适。

代码 8-2 能使三色 LED 颜色循环变化，依次发出红、绿、蓝、黄、紫、浅绿颜色的光，每种颜色维持 2 秒。

代码8-2　三色LED发出多种颜色光　RGBLED.ino

```
//设置对应颜色光的阳极引脚
const int R = 4;                    //红（Red）
const int G = 3;                    //绿（Green）
const int B = 2;                    //蓝（Blue）

void setup() {
//设置引脚为电平输出模式
  pinMode(R, OUTPUT);
  pinMode(G, OUTPUT);
  pinMode(B, OUTPUT);
}

void loop() {
//以下发单种颜色光
  digitalWrite(R, HIGH);            //红色亮起
  delay(2000);                      //等待 2 秒
  digitalWrite(R, LOW);             //红色熄灭

  digitalWrite(G, HIGH);            //绿色亮起
  delay(2000);                      //等待 2 秒
  digitalWrite(G, LOW);             //绿色熄灭

  digitalWrite(B, HIGH);            //蓝色亮起
  delay(2000);
  digitalWrite(B, LOW);
//以下为两种颜色叠加
  digitalWrite(R, HIGH);
  digitalWrite(G, HIGH);
  delay(2000);
  digitalWrite(R, LOW);
  digitalWrite(G, LOW);

  digitalWrite(R, HIGH);
  digitalWrite(B, HIGH);
  delay(2000);
  digitalWrite(R, LOW);
  digitalWrite(B, LOW);

  digitalWrite(G, HIGH);
  digitalWrite(B, HIGH);
  delay(2000);
  digitalWrite(G, LOW);
  digitalWrite(B, LOW);
}
```

除了控制以上颜色光线外，Arduino 还可以通过输出 PWM 控制 LED 产生更多颜色的光线（参考后续内容）。

注意：LED 共阴脚较长，但四脚间距小，因此需要用钳子等工具调整后方可插入面包
　　　板。LED 颜色的混合效果可能不佳，原因是 LED 透明的环氧树脂不能使不同颜
　　　色光线很好地折射混合成一种颜色。程序中空行的目的为区分变换 LED 不同颜
　　　色的语句，空行并无如 delay() 函数的延迟效果。

8.1.3　多个 LED 的控制

LED 更有趣的使用方面，常见的还有街边的各种定制广告牌，这些广告牌上的 LED
一般作着有规律的循环闪烁，产生各种视觉效果。读者可能认为广告牌的原理很复杂，其
实非常简单。在 LED 数量不多的时候，一块 Arduino 就可以控制这些 LED 做出各种特效。

需要准备的实验材料如下：
- Arduino 开发板（任意型号）×1；
- 面包板×1；
- 杜邦线若干；
- LED×6；
- 电阻（110Ω～10kΩ 均可，按需求计算）×6。

按图 8-7 所示将实验电路连接好。

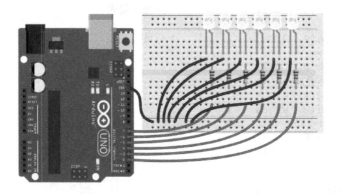

图 8-7　多个 LED 控制实验接线

图 8-7 中的 LED 正极端通过电阻分别与引脚 2～7 连接，Arduino 的 GND 引脚只有 2
个，所以 LED 阴极统一汇聚到面包板负极后再与 GND 引脚连接。

代码 8-3 对排列的 LED 进行点亮和熄灭控制，实现了从右至左、从左至右不断循环
的特效。

代码8-3　ForLoopIteration.ino（示例05子菜单内）

```
/*
For Loop iteration
```

```
Demonstrates the use of a for() loop.
Lights multiple LEDs in sequence, then in reverse.

The circuit:
* LEDs from pins 2 through 7 to ground

created 2006
by David A. Mellis
modified 30 Aug 2011
by Tom igoe

This example code is in the public domain.

 http://www.arduino.cc/en/Tutorial/ForLoop
 */

int timer = 100;                             //该数字越大，循环速度越慢

void setup() {
 //使用一个 for 循环初始化引脚 28 为输出模式
 for (int thisPin = 2; thisPin < 8; thisPin++) {
   pinMode(thisPin, OUTPUT);
 }
}
```

```
void loop() {
 //按引脚顺序循环
 for (int thisPin = 2; thisPin < 8; thisPin++) {
   //点亮该引脚 LED
   digitalWrite(thisPin, HIGH);
   delay(timer);
   //熄灭该引脚 LED
   digitalWrite(thisPin, LOW);
 }

 //按引脚逆序循环
 for (int thisPin = 7; thisPin >= 2; thisPin--) {
   //点亮该引脚 LED
   digitalWrite(thisPin, HIGH);
   delay(timer);
   //熄灭该引脚 LED
   digitalWrite(thisPin, LOW);
 }
}
```

　　当然，这只是一种简单的特效，通过编程还能定义更多的特效，有待读者进一步发掘。Arduino 能控制的 LED 数量也不止 6 个，以每个 LED 占用一个引脚算，Uno 上可以控制 20 个，而 Mega 上可以多达 60 个。

注意：LED 广告牌的实际制作中，需要控制的 LED 数量很多，此时需借助一些芯片扩展单片机的控制能力。另外，由于受限于 Arduino 的成本及底层等原因，其并不适合用于充当广告牌控制核心。

8.1.4　调节 LED 的亮度

前面所介绍的 LED 的控制，均为使用 Arduino 数字引脚输出电平，控制 LED 点亮和熄灭的状态。Arduino 除了可以控制 LED 亮、灭，还能输出 0～5V 范围内的电压改变的 LED 亮度，或者让 LED 亮度渐变展现出"呼吸"（渐变）效果。

Arduino 并不能输出模拟电信号，其输出 0～5V 范围内的电压仍然是基于数字信号的。原理是，控制数字信号高电平和低电平的输出比例是在一个周期中。当周期足够短时，输出的有效电压曲线就会变得平整，就能够可控输出比高电平 5V 低的电压。

这种电信号输出方式是规范的，术语称为脉冲宽度调制（Pulse Width Modulation，PWM）。PWM 信号中高电平占最小周期的比例称为占空比，如图 8-8 所示为 PWM 信号不同占空比波形。

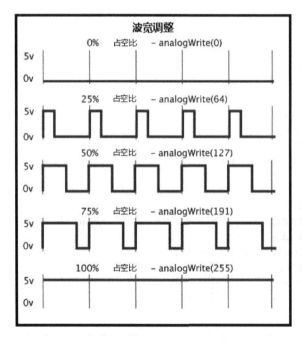

图 8-8　PWM 不同占空比波形

由图 8-8 可以看出，PWM 信号是方波电信号，其占空比为 0%时即输出低电平，而占空比为 100%时即输出高电平，其他占空比输出的电压为：

开发板工作电压×占空比

例如，使用 Arduino Uno 以占空比 25%输出 PWM 信号时，输出有效电压为：5V×25%=2.5V。

为何固定占空比的 PWM 信号不是输出起伏的电压信号而是等效电压呢？因为 PWM 最小周期足够短，在 Arduino 上约 500Hz（周期为 0.002 秒）。就像电影画面帧数足够高，当电影画面高于 24 帧时，人眼是感觉不出帧切换的。

LED "呼吸灯"效果是 LED 工作电压渐变产生的效果，Arduino 可以控制 PWM 信号占空比，实现输出电压渐变，以调节 LED 电压产生这种"呼吸"效果。

需要准备的实验材料如下：

- Arduino 开发板（任意型号）×1；
- 面包板×1；
- 杜邦线若干；
- LED×1；
- 电阻（110Ω～10kΩ 均可，按需求计算）×1。

按图 8-9 所示，将实验电路连接好（接线类似 8.1.1 节的实验，只是 LED 阳极接至开发板上的"～"符号处，以支持 PWM 信号输出的引脚）。

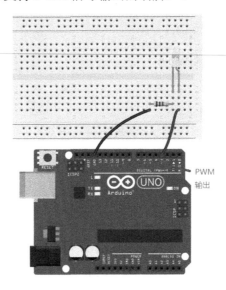

图 8-9　LED 调光实验接线

代码 8-4 对 PWM 信号占空比循环递增和递减以产生"呼吸灯"效果。

代码8-4　LED呼吸灯 Fading.ino（示例03子菜单内）

```
/*
Fading

This example shows how to fade an LED using the analogWrite() function.
```

```
The circuit:
* LED attached from digital pin 9 to ground.

Created 1 Nov 2008
By David A. Mellis
modified 30 Aug 2011
By Tom igoe

http://www.arduino.cc/en/Tutorial/Fading

This example code is in the public domain.

*/


int ledPin = 9;                            // LED 连接到数字引脚 9

void setup() {
  // 此处不用像之前一样对引脚设置模式
}

void loop() {
  //使 LED 由暗至亮，增量为 5:
  for (int fadeValue = 0 ; fadeValue <= 255; fadeValue += 5) {
    //设置值（范围为 0~255）:
    analogWrite(ledPin, fadeValue);
    //等待 30 毫秒以观察调光效果
    delay(30);
  }

  //使 LED 由亮至暗，增量为 5:
  for (int fadeValue = 255 ; fadeValue >= 0; fadeValue -= 5) {
    //设置值（范围从 0~255）:
    analogWrite(ledPin, fadeValue);
    //等待 30 毫秒以观察调光效果
    delay(30);
  }
}
```

　　PWM 在电路中的应用范围比电平信号广，控制舵机、蜂鸣器等都使用了 PWM 信号。

🔔注意：只有开发板上数字旁带 "~" 符号的引脚才能够使用 PWM。

8.2　信号输入

　　8.1 节所介绍的 LED 控制是通过控制 Arduino 的电平输出实现的，那么要给 Arduino 输入一些信息可以通过哪些途径实现呢？当需要给 Arduino 输入电平信号时，可以使用引脚的输入状态或内部上拉状态接收信号，而电压信号可以使用模拟引脚进行采集。按键、遥杆（原理为电位器）是经典的控制信号输入方式，如图 8-10 所示。

图 8-10　某游戏手柄上的按键和摇杆

8.2.1　按键

按键能控制电路的通断，在电路中只有两种状态，但是传递的信息除了通断，还伴随着通断的时间。

既然按键传递的状态只有两种，那么让按键状态输入 Arduino 的方法就明确了：在"按键"按下时让 Arduino 引脚接上高电平，在"按键"松开时恢复 Arduino 引脚与低电平的连接。Arduino 读取电平状态即可获得"按键"状态，"按键"恢复低电平经过的时间即按下时长。

需要准备的实验材料如下：

- Arduino 开发板（任意型号）×1；
- 面包板×1；
- 杜邦线若干；
- 按键×1；
- 电阻（10kΩ）×1。

按图 8-11 所示将实验电路连接好。

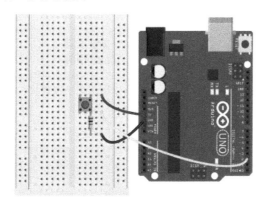

图 8-11　按键状态获取实验接线

图 8-11 中的按键没有按下时，数字引脚 2 通过电阻与 GND 连接，对 5V 断路，因此引脚处于低电平；按键按下时，数字引脚 2 与 5V 短路，但是对 GND 有较大电阻，经过电阻电流过小，所以引脚会转为高电平。

🔊注意：引脚处于悬空状态其电平会浮动，所以需要用电阻下拉引脚为低电平而不是使其悬空。电阻选取 5～20kΩ 均可，注意电阻过小会造成待机功耗过大。

代码 8-5 实现了获取按键状态，在按键按下时，Arduino 开发板上的 L 指示灯会亮起。

代码8-5　按键控制LED Button.in（示例02子菜单内）

```
/*
 Button

 Turns on and off a light emitting diode(LED) connected to digital
 pin 13, when pressing a pushbutton attached to pin 2.


 The circuit:
 * LED attached from pin 13 to ground
 * pushbutton attached to pin 2 from +5V
 * 10K resistor attached to pin 2 from ground

 * Note: on most Arduinos there is already an LED on the board
 attached to pin 13.


 created 2005
 by DojoDave <http://www.0j0.org>
 modified 30 Aug 2011
 by Tom Igoe

 This example code is in the public domain.

 http://www.arduino.cc/en/Tutorial/Button
 */

//常量不会改变，可以在此使用
//设置引脚：
const int buttonPin = 2;              //按键引脚
const int ledPin =  13;               //LED 引脚
//变量可以改变：
int buttonState = 0;                  //用于记录按键状态

void setup() {
  //初始化 LED 引脚为输出模式
  pinMode(ledPin, OUTPUT);
  //初始化按键引脚为输入模式
  pinMode(buttonPin, INPUT);
}

void loop() {
```

```
//读取电平获得按键状态
buttonState = digitalRead(buttonPin);

//检查按钮是否按下
//如果是，buttonState 值将为 HIGH
if (buttonState == HIGH) {
  //点亮 LED
  digitalWrite(ledPin, HIGH);
}
else {
  //熄灭 LED
  digitalWrite(ledPin, LOW);
}
}
```

图 8-11 中将引脚通过电阻下拉为低电平的电路接法称为下拉法，该电阻在该处称为"下拉电阻"。既然有下拉接法，亦有上拉接法（默认将电平拉高）。上拉接法将会使以上程序获得相反效果，即程序运行时按下按键的作用变为熄灭 LED。

在介绍 Ardunio 开发板资料时已经提到过 Arduino 单片机 I/O 引脚均有内部上拉电阻。上拉电阻可以将引脚电平上拉使引脚输出高电平，此时亦可供按键工作。也就是说，如果使用内部上拉电阻，将可以节省外部电路下拉电阻。将实验接线调整至如图 8-12 所示。

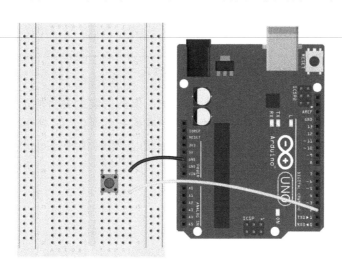

图 8-12　按键状态获取实验接线 2

启用上拉电阻的方法 1：使引脚输出高电平。

在程序中使用如下语句对引脚设置为电平输出状态。

```
pinMode(buttonPin, INPUT);
```

然后使用如下语句将引脚设置为输出高电平即启用上拉电阻。

```
digitalWrite(buttonPin, HIGH);
```

启用上拉电阻的方法 2：将引脚设置为上拉模式，直接启用。

pinMode(buttonPin, INPUT_PULLUP);

两种方法获得的效果相同，如果使用方法 2 启用上拉电阻，则修改后的程序代码如下。

代码8-6　上拉模式按键实验 ButtonAtPullUp.ino

```
const int buttonPin = 2;
const int ledPin =  13;
int buttonState = 0;

void setup() {
  pinMode(ledPin, OUTPUT);
  //此处改为初始化按键引脚为内部上拉模式
  pinMode(buttonPin, INPUT_PULLUP);
}

void loop() {
  buttonState = digitalRead(buttonPin);

  //由于是上拉接法，按键按下时 buttonState 值将为 LOW
  if (buttonState == LOW) {
    digitalWrite(ledPin, HIGH);
  }
  else {
    digitalWrite(ledPin, LOW);
  }
}
```

该接法与使用程序代码 8-5 的方法效果一致。

⚠注意：开关和按键都是实现电路通断的元件，但是按键主要功能是"传递信息"而不是"接通电路"。按键按下时电平并不是一次到位的，期间会发生短暂的电平抖动，解决方法是延迟读取按键状态，可以使用 delay()函数或参考示例 Debounce（去抖）。

8.2.2　电位器

电位器是一种调节电压的装置，常见于：老式收音机、台灯等电器上。电位器原理同物理电学中的滑动变阻器（严格来讲，滑动变阻器即一种电位器），均是通过旋转改变滑片与电源、地之间距离的比值来实现调节输出电压。

电位器的种类众多，在此不一一列举。如图 8-13 所示为一种 3 脚无开关型电位器模型及其原理结构示意图。

图 8-13 所示的电位器 A 端或 C 端接电源或地，旋转旋钮即可使电位器 B 端输出电压（对 A 端或对 C 端之间的电压，一般取用 B 端对接地端的电压）。

既然电位器是输出电压信号的装置，那么 Arduino 如何获取电位器输出的电压信号呢？这时就要用到 Arduino 的模拟信号输入引脚了。通过模拟信号输入引脚输入的电压信号将会转换为数字信号。在 8 位单片机上，模拟信号分辨率为 10 位（能转换出 2^{10} 共 1024 个数值），即输入的电压将转换为 0～1023 之间的数值。

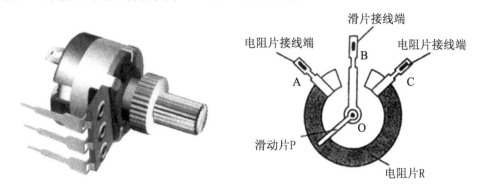

图 8-13　电位器模型及结构示意图

需要准备的实验材料如下：
- Arduino 开发板（任意型号）×1；
- 面包板×1；
- 杜邦线若干；
- 电位器×1。

按图 8-14 所示将实验电路连接好。

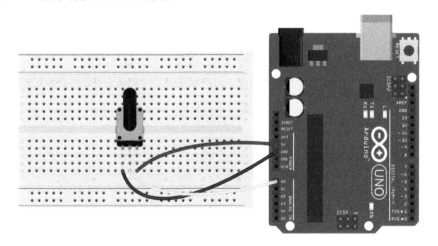

图 8-14　电位器控制信号实验接线

图 8-14 中，Arduino 输出的 5V 作为电位器的电源，因此可调节电位器输出 0～5V 电压至 Arduino 模拟输入引脚，该 0～5V 电压将转换为数值 0～1023。

代码 8-7 将通过模拟引脚获取电位器输出电压转换出的数值，作为开发板上的 L 指示灯闪烁的频率控制指示灯。

代码8-7　电位器控制LED闪烁频率 AnalogInput.ino（示例03子菜单内）

```
/*
 Analog Input
 Demonstrates analog input by reading an analog sensor on analog pin 0 and
 turning on and off a light emitting diode(LED) connected to digital pin 13.
 The amount of time the LED will be on and off depends on
 the value obtained by analogRead().

 The circuit:
 * Potentiometer attached to analog input 0
 * center pin of the potentiometer to the analog pin
 * one side pin (either one) to ground
 * the other side pin to +5V
 * LED anode (long leg) attached to digital output 13
 * LED cathode (short leg) attached to ground

 * Note: because most Arduinos have a built-in LED attached
 to pin 13 on the board, the LED is optional.


 Created by David Cuartielles
 modified 30 Aug 2011
 By Tom Igoe

 This example code is in the public domain.

 http://www.arduino.cc/en/Tutorial/AnalogInput

 */

int sensorPin = A0;              //设置电位器输入模拟信号引脚
int ledPin = 13;                 //设置 LED 引脚
int sensorValue = 0;             //该变量用于记录来自传感器的值

void setup() {
  //声明 ledPin 引脚为输出模式
  pinMode(ledPin, OUTPUT);
}

void loop() {
  //读取来自传感器的值
  sensorValue = analogRead(sensorPin);
  //点亮 LED
  digitalWrite(ledPin, HIGH);
  //延时 sensorValue 值毫秒
  delay(sensorValue);
  //熄灭 LED
  digitalWrite(ledPin, LOW);
  //延时 sensorValue 值毫秒
  delay(sensorValue);
}
```

Arduino 从电位器获取的模拟信号数值作用很多,控制 LED 只是一个简单的示例。另外,电位器在电路中的应用也不仅仅如此。

🔊注意:模拟信号输入引脚能输入的最高电压不得超过开发板工作电压,如超过容易造成单片机烧毁。有兴趣的读者可以尝试实验电位器控制全彩 LED 混色的示例 P4_ColorMixingLamp。

8.3 电机控制

电机是赋予电子模型动力的装置,均是由电生磁原理获得动力,常见的能与 Arduino 配合工作的主要有 3 类电机:普通直流电机、舵机、步进电机,如图 8-15 所示。

图 8-15 3 类常见电机

这 3 类电机存在功能和结构上的差异,因此驱动这些电机以正常工作所需的电路也存在一定差异。

8.3.1 直流电机

直流电机是最简单的电机,将其接入合适的电源即可驱动。在电机电气参数范围内调整其工作电压即可调速,电流反向可使电机反转。

但并不是说可以直接使用 Arduino 的数字引脚输出电流来控制电机。电机的工作电流大型的往往在 A 级,而数字引脚能提供的电流只有 mA 级,这显然是不可行的。

解决这个驱动电流问题的方法有很多,可以借助继电器、晶体管或多种控制芯片。为了能灵活控制,在此以 L293D 芯片驱动电机为例来说明如何用 Arduino 控制电机。

🔊注意:各种芯片的使用是后面章节中的重要部分,使用芯片比构建电路更加容易,能帮助初学者使复杂问题简单化。

需要准备的实验材料如下:

• Arduino 开发板(任意型号)×1;

- L293D 芯片×1；
- 面包板×1；
- 杜邦线若干；
- 按键×1；
- 716 空心杯电机×1。

按图 8-16 所示将实验电路连接好（如果图示接线不清晰，可在网盘内浏览彩色原图和 Feitzing 接线图）。

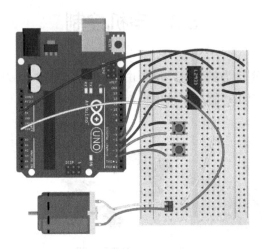

图 8-16 直流电机实验接线图

想必图 8-16 所示的接线图会让没接触过芯片的读者一头雾水。那就先来说说芯片吧，为何芯片引脚要这样接呢？

芯片是什么？芯片就是集成电路的载体。也就是说，如何连接芯片引脚是根据集成电路来确定的。

L293D 是一款宽电压、大电流、四通道电机驱动芯片，如图 8-17 所示为其封装后的外观，图 8-18 为其引脚标注（引脚序号由芯片上缺口左端算起）。

图 8-17 L293D/DIP16 封装模型

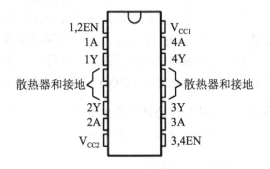

图 8-18 L293D 引脚标注

芯片引脚中，V_{CC1} 为芯片工作电压输入（4.5～7V），接地引脚需接地方可工作。1Y、2Y、3Y、4Y 与 1A、2A、3A、4A 为四路电流输出极与其对应控制极，"1,2EN"控制第 1、2 路是否被启用（称为 1、2 路使能极），"3,4EN"亦为 3、4 路使能极。V_{CC2} 则是为 4 路输出提供电压的引脚，允许输入电压为 V_{cc1}～36V（即 V_{CC2} 电压不能低于芯片工作电压 V_{CC1}）。

有了芯片引脚说明，图 8-16 所示电路为何如此连接便一目了然了。Arduino 为 L293D 提供了 5V 工作电压，Arduino 第 4、5 引脚控制 L293D 第 1、2 路的控制极，Arduino 第 6 引脚控制 L293D 第 1、2 路的使能极，L293D 第 1、2 路的输出极为电机工作提供电流，按键则为控制电机提供参考信号。另外，Arduino 的 Vin 引脚为电机提供工作电压，当 Arduino 电源插孔没有外接电源时 Vin 将会输出开发板工作电压 5V，USB 电流是不足以带动电机的，请慎用。

🔔注意：务必连接外接电源（至少 5V），对于不同的电机，所需工作电压不同，请选择合适的电源与开发板连接后再启动电机。

代码 8-8 将以获取的按键状态来控制电机，两个按键按下时分别能使按电机顺时针和逆时针方向转动，按键未按下时则电机不工作。

代码8-8　控制直流电机转动 MotorRun.ino

```
const int switch1 = 2;              //按键 1
const int switch2 = 3;              //按键 2
const int motor1Pin1 = 4;          //连接 L293D 引脚 7
const int motor1Pin2 = 5;          //连接 L293D 引脚 2
const int enablePin = 6;           //连接 L293D 引脚 1

void setup() {
  //设置为电平输入模式
  pinMode(switch1, INPUT);
  pinMode(switch2, INPUT);
  //设置其他所有引脚为输出模式
  pinMode(motor1Pin1, OUTPUT);
  pinMode(motor1Pin2, OUTPUT);
  pinMode(enablePin, OUTPUT);

  //启用上拉电阻
  digitalWrite(switch1, HIGH);
  digitalWrite(switch2, HIGH);
  //设置 enablePin 为高电平，以保证电机能运转
  digitalWrite(enablePin, HIGH);
}

void loop() {
  //如果按键 1 被按下，则电机往一个方向转
  if (digitalRead(switch1) == LOW) {
    digitalWrite(motor1Pin1, LOW);        //设置 L293D 引脚 7 为低电平
    digitalWrite(motor1Pin2, HIGH);       //设置 L293D 引脚 2 为高电平
```

```
  }
  //如果按键2被按下，则电机往另一个方向转
  else if (digitalRead(switch2) == LOW) {
    digitalWrite(motor1Pin1, HIGH);          //设置 L293D 引脚 7 为高电平
    digitalWrite(motor1Pin2, LOW);           //设置 L293D 引脚 2 为低电平
  }
  //否则电机不转动
  else
  {
    digitalWrite(motor1Pin1, LOW);
    digitalWrite(motor1Pin2, LOW);
  }
  delay(1000);                  //此处延时作用为按键消抖和保证电机不会被频繁操作
}
```

代码 8-8 实现了电机启停的控制，其实质上就是控制电机两极的电压以改变电流方向继而改变电机转动方向。实验中改变 L293D 芯片 1、2 路控制极的电平，能使芯片 1、2 路输出电压改变，是在芯片 1、2 路使能极电平高电平下方可行的。如果使能极为低电平或悬空，输出极都不会输出电压（即 1、2 路会被关闭）。

🔔**注意**：引脚悬空时会处于电平漂浮状态。以上实验中使能极可以直接接 5V 而不在程序中控制其电平。

使能极除了能关闭其对应的输出极，还能控制其对应的输出极输出 V_{CC2} 电压的比例，在 Arduino 上可以使用 PWM 信号来控制使能极实现。

既然能控制输出至电机的电压，那么就能实现电机调速了。代码 8-9 实现了通过按键控制电机转速。程序中定义了 5 个速度等级，初始化时第三个速度为 0，当两个按键按下时分别增加、降低速度（负速度即反方向运转的速度）。

代码8-9　控制直流电机速度 MotorSpeed.ino

```
const int switch1 = 2;
const int switch2 = 3;
const int motor1Pin1 = 4;
const int motor1Pin2 = 5;
const int enablePin = 6;
const int v[5] = { 255, 150, 0, 150, 255};
                                  //预设 5 个速度，0～4，对应数组中的 5 个值
int V = 2;                        //设置初始速度，即 v[2]

void setup() {
  pinMode(switch1, INPUT);
  pinMode(switch2, INPUT);
  pinMode(motor1Pin1, OUTPUT);
  pinMode(motor1Pin2, OUTPUT);

  digitalWrite(switch1, HIGH);
  digitalWrite(switch2, HIGH);
  analogWrite(enablePin, v[V]);   //用 PWM 信号达到控制速度目的，此处预置为 0
}
```

```
void loop() {
  //根据按下的开关调整速度量输出不用的 PWM 信号以控制电机速度
  if (digitalRead(switch1) == LOW) {
    if (V == 1)
    {
      digitalWrite(motor1Pin1, LOW);
      digitalWrite(motor1Pin2, HIGH);
    }
    if (V < 4)
      V++;
    analogWrite(enablePin, v[V]);
  }
  else if (digitalRead(switch2) == LOW) {
    if (V == 2)
    {
      digitalWrite(motor1Pin1, HIGH);
      digitalWrite(motor1Pin2, LOW);
    }
    if (V > 0)
      V--;
    analogWrite(enablePin, v[V]);
  }

  delay(250);
}
```

注意：因为可以控制 L293D 调整输出电压，所以如果没有适合电机工作的外接电源时，可以在程序代码 8-9 中添加使能极操作来获得适合的电压。直流电机有无刷电机和有刷电机之分，无刷电机由于没有电刷结构所以运转时对电路产生的电磁干扰少，所以笔者选用 716 空心杯电机进行该实验。如使用有刷电机实验时出现异常，请给电机并接 0.1uF 瓷片电容降低电磁干扰以正常工作。读者在实验前应先了解所选电机的电气参数，实验中应注意使用万用表测量输出至电机的电压，以防给电机接上不合适的电压而烧坏电机。

8.3.2　舵机

舵机一般用于需要提供足够力矩或能控制定位方向的场合，常见于机器人关节。舵机一般是由小型无刷直流电机、控制电路、电位器、变速齿轮组等组成的传动装置，其结构如图 8-19 所示。

舵机中直流电机用于提供动力，变速齿轮组进行减速以提供足够力矩，控制电路板、可调电位器等监控舵机输出轴的角度以控制方向（舵机可控角度约 180°）。

以 9g 舵机为例，其工作电压为 3.5～6V，工作电流约 200mA（运转受阻时 300mA），可以使用 Arduino 开发板 5V 引脚供电。

需要准备的实验材料如下：

- Arduino 开发板（任意型号）×1；
- 面包板×1；
- 杜邦线若干；
- 电位器×1；
- 9g 舵机×1。

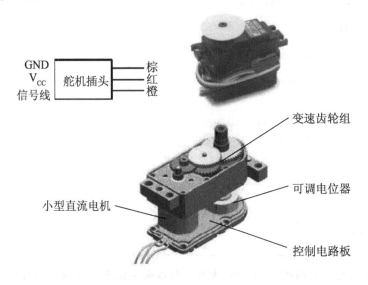

图 8-19　舵机结构

⚲注意：由于舵机内部具有控制电路，而且驱动一路舵机需要的电流 Arduino 能够提供，所以不需要额外的模块加强供电。当需要带动两路或以上舵机时，请额外添加合适电源后从 Vin 引脚取电，勿直接从开发板 5V 引脚取电（否则会遇到舵机抖动等无法正常工作问题）。

按图 8-20 所示将实验电路连接好。

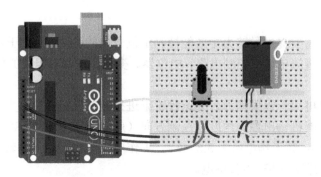

图 8-20　舵机控制实验接线图

舵机的控制信号为周期方波脉冲信号，脉冲周期为 20 毫秒，脉冲高电平时间为 0.5～2.5 毫秒（分别对应控制舵机停在 0～180°角度），前面所提到的 PWM 信号在这里并不符合控制信号要求。但是 Arduino IDE 提供的 Servo 库用于实现输出合适的信号以控制舵机。

如上实验电路中用电位器调整电压传至 Arduino 模拟引脚得到模拟值，以提供控制参数。

代码 8-10 将电位器所提供的控制参数转换成角度参数，用于调用 Servo 库，最终输出脉冲信号以控制舵机。

代码8-10　电位器控制舵机 Knob.ino（示例Servo子菜单内）

```
/*
Controlling a servo position using a potentiometer (variable resistor)
by Michal Rinott <http://people.interaction-ivrea.it/m.rinott>

modified on 8 Nov 2013
by Scott Fitzgerald
http://www.arduino.cc/en/Tutorial/Knob
*/

#include <Servo.h>                   //使用伺服电机类库

Servo myservo;                       //创建伺服对象以操作舵机
int potpin = 0;                      //模拟引脚用于连接电位器
int val;                             //读取电位器控制得到的模拟值

void setup()
{
  myservo.attach(9);                 //将引脚 9 的舵机附加到伺服对象
}

void loop()
{
  val = analogRead(potpin);          //读取电位器的值（0～1023）
  val = map(val, 0, 1023, 0, 180);   //缩放为可用于控制舵机的角度值（0～180）
  myservo.write(val);                //根据换算后的值设定舵机位置
  delay(15);                         //等待舵机到位，防止舵机抖动
}
```

将程序下载至 Arduino 后，调节电位器可以控制舵机改变角度。

当然，IDE 中也有不使用电位器，通过程序自动循环延时改变舵机角度的示例 Sweep.ino，读者可以尝试下载并运行该程序。

注意：当输出的角度信号最大或最小时，可能遇到舵机抖动或发出怪异声音的问题，这是因为较低档次舵机的做工问题，在生产过程中没有将舵机调整至最优。避免这个问题的方法是不使用较大或较小的角度值。

8.3.3　步进电机

步进电机是将电脉冲信号转换为位移的器件，作用类似于舵机，但是控制和效果有明显差别。结构上，步进电机与普通直流电机的明显差别是具有多组线圈。如图 8-21 所示为 28BYJ-48 型步进电机示意图。

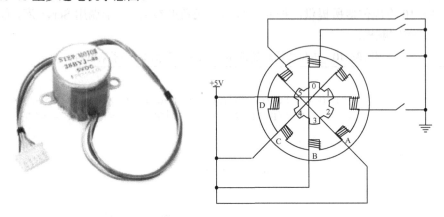

图 8-21　28BYJ-48 型步进电机及其结构示意图

28BYJ-48 型步进电机参数如表 8-1 所示。

表 8-1　28BYJ-48 型步进电机参数

供电电压/V	相数	相电阻/Ω	步进角度	减速比	启动频率/P.P.S	转矩/g.cm	噪声/dB	绝缘介电强度
5	4	50±10%	5.625/64	1:64	≥550	≥300	≤35	600VAC

该电机是单极性 4 相（4 组线圈结构）5 线永磁式减速步进电机，具有 5 条接线引脚，4 组线圈共接电源端和各自的相线，如图 8-21 右图所示。结构示意中，中心位置具有 6 个齿的结构称为转子，转子的齿是具有永磁性的。电机内部还具有减速齿轮组，如图 8-22 所示。

图 8-22　28BYJ-48 型步进电机内部拆解示意图

步进电机种类较多，主要在于齿轮组减速比、相数、极性和线数。双极性步进电机与单极性步进电机不同，其引脚引出线圈两极而没有共阳极或共阴极，因为可以通过线圈两级来使用两种电流方向控制电机，所以称为双极性。线数与相数有关，也与极性有关（部分特殊的步进电机会在线圈组中间引出抽头，其也与线数有关系）。

使步进电机转动需要依次改变通电的线圈组（相），转子的齿会随着产生最强磁力的位置移动。当转子在如图 8-21 所示位置时，B 相接通，齿 0、3 会与 B 相对齐，此时未对齐的齿中 1、4 与 C 相角度最小，使 B 相断开接通 C 相，转子会逆时针转动使齿 1、4 与 C 相对齐，此时未对齐的齿中的 2、5 与 D 相角度最小，使 C 相断开接通 D 相……即各相依次通电可使转子转动，继而使步进电机运转。对 4 个相通电过后（亦称为 4 个节拍过后）齿 0、3 会与 A 相对齐，8 个 4 节拍过后转子会转动一圈。如果在每个节拍之间加入两相同时通电变为 8 拍方式运转，可以使步进精度增加。

📢 **注意**：步进电机以 8 拍方式运转时是每圈 64 拍，此时步进角度（步距角）就是表 8-1
　　　　参数中的 "5.625/64"，其计算公式为 "步进角度=360° ÷(定子线圈数×运转
　　　　拍数)"。

28BYJ-48 型步进电机 8 拍方式运行时电流峰值可达 200mA，直接将电流灌入 Arduino引脚是有危险的，最好是用芯片续流以驱动电机，常用的有 ULN2003、ULN2004。8.3.1节中的 L293D 芯片符合该节实验需求，在此不再介绍其他芯片的使用方式。

需要准备的实验材料如下：
- Arduino 开发板（任意型号）×1；
- L293D 芯片×1；
- 面包板×1；
- 杜邦线若干；
- 28BYJ-48 型步进电机×1。

如图 8-23 所示将实验电路连接好，如果对接线不理解，请参考代码 8-11 相关注释。

图 8-23　步进电机实验接线图

IDE 中提供了步进电机驱动类库——Stepper，在示例里可以找到该类库例程。

代码 8-11 将通过电位器信号大小，调整步进电机运转速度参数实现步进电机调速。

代码8-11　步进电机调速 stepper_speedControl.ino（示例Stepper子菜单内）

```
/*
Stepper Motor Control - speed control

This program drives a unipolar or bipolar stepper motor.
The motor is attached to digital pins 8 - 11 of the Arduino.
A potentiometer is connected to analog input 0.

The motor will rotate in a clockwise direction. The higher the potentiometer
value,
the faster the motor speed. Because setSpeed() sets the delay between steps,
you may notice the motor is less responsive to changes in the sensor value at
low speeds.

Created 30 Nov. 2009
Modified 28 Oct 2010
by Tom Igoe

*/

#include <Stepper.h>

const int stepsPerRevolution = 200;           //每转步数，可改变以适应不同电机

//使用 8～11 引脚初始化步进类库
Stepper myStepper(stepsPerRevolution, 8, 9, 10, 11);

/*
int stepCount = 0;
步进电机需要走动步数，暂未使用
*/

void setup() {
  //此处无须任何操作
}

void loop() {
  //读取传感器（电位器）的值
  int sensorReading = analogRead(A0);
  //将值缩放为 0～100
  int motorSpeed = map(sensorReading, 0, 1023, 0, 100);
  //设置电机速度
  if (motorSpeed > 0) {
    myStepper.setSpeed(motorSpeed);
    //按 1/100 转运行
    myStepper.step(stepsPerRevolution / 100);
  }
}
```

注意：类库中 setSpeed（）方法定义的速度为电机转子速度，28BYJ-48 型步进电机齿轮组减速比为 1：64，即转子转动了 64 圈，外轴才转动 1 圈。注意步进电机高速运转时容易出现失步或过冲现象。舵机能在一定应用场合代替步进电机，参考示例 MotorKnob。

8.4　继电器控制

Arduino 实现对电机的控制，利用了其他芯片以控制较大电流。那么如何实现较宽电压的控制呢？这就需要用到继电器来实现了。

继电器（电磁式）的结构很简单，如图 8-24 所示为一种小型继电器 SRD-05VDC-SL-C 及其原理示意图。

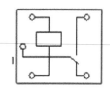

图 8-24　小型继电器及其原理结构图

在图 8-24 所示原理结构图中，左上脚和左下脚串接线圈，中间公共脚与右下常闭（意为未工作时闭合）脚在线圈未通电时闭合，与右上常开（意为未工作时开路）脚断开。当继电器线圈接通直流电工作时，将产生磁场吸引衔铁使公共脚与常开脚接通，从而实现继电控制较宽电压。

该继电器线圈参数说明如下。

- 线圈电压范围：DC5V（允许最高不超过 110%）；
- 线圈功耗：450mW（89.3mA）；
- 负载允许：10A/125VAC 28VDC（UL/CUL），10A/250VAC 30VDC（TUV）。

按线圈电气参数，在 5V 下，Arduino 的引脚能够提供不过载的电流使线圈工作，因此可以用 Arduino 的引脚带动继电器工作。

需要准备的实验材料如下：

- Arduino 开发板（任意型号）×1；
- 面包板×1；

- 杜邦线若干；
- 开关×1；
- 5V 小型继电器×1；
- 1N4007 二极管×1；
- 试验用电器（任意）×1。

注意：试验用电器可以是任何在该继电器参数允许范围内的负载（如无用电器可以通过万用表测量验证），上述继电器负载参数在继电器上有标示。线圈在断电时会产生反电动势，该电动势可能会对单片机造成危害，二极管在此的作用为消除反电动势。

按图 8-25 所示将实验电路连接好。

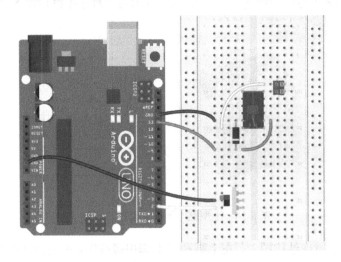

图 8-25   继电器实验接线图

使继电器接通与点亮 LED 对引脚的操作是一样的，在此可以重用 8.2.1 节的代码 8-6 进行实验。

下载程序后，拨动开关。当开发板 L 指示灯亮起时，继电器开始工作，此时能听到衔铁吸合的声音，负载用电器开始工作。拨动开关至另一端可以让继电器停止工作。

在面包板上搭建继电器电路比较麻烦，当需要控制多个用电器时，就更加复杂了。此时可以考虑使用定制模块。如图 8-26 所示为各种定制的继电器模块。

在图 8-26 中，左、中、右图分别为 4 路、8 路、2 路继电器模块，适用于不同需求。这些模块有完整的继电器驱动电路和接线端口，可以直接与 Arduino 引脚、用电器连接。

继电器模块使用了晶体三极管续流，比 Arduino 电流输出能力小的单片机亦可驱动继电器。利用三极管 PN 结性质，因模块使用两种三极管，又分为高电平、低电平触发式继电器模块，两者在电平控制上相反。图中模块上还具有光电耦合器（简称"光耦"）元件，光耦（见图 8-27）的作用为电气隔离、抗干扰。

图 8-26　各种继电器模块

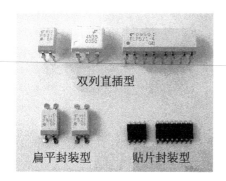
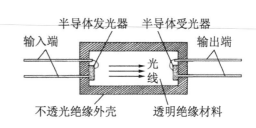

图 8-27　各种封装光电耦合器元件及其原理

图 8-27 所示的光耦内部原理中，左图为半导体发光器（红外线 LED），右图为半导体受光器（光敏半导体管）。当前端电路从光耦 IN 引脚输入高电平时，发光器工作使受光器导通，从而导通后端电路。前端电路通过光信号媒介控制后端电路，这就是光耦实现电气隔离、抗干扰作用的原理。

继电器模块控制引脚一般有 V_{CC}、GND 和一个或多个 IN*（*为序号）等接口，V_{CC}接 Arduino 的 5V，GND 接 Arduino 的 GND，IN*引脚连接 Arduino 任意数字引脚。

使用代码 8-6 可以控制 1 路高电平触发继电器的工作，控制多路需要按实际调整程序。

⚠注意：继电器本身即隔离前端电路和后端电路的器件，带光耦的继电器模块能使继电器用于干扰更多的场合，两者在使用控制上无区别。一般情况下，不带光耦隔离的模块符合需求。当使用低电平触发的继电器模块时，未拔开关时继电器会导通，拔开关则切断。前面已提及原因，将程序中设置引脚电平为高、低的语句互换即可解决。

电磁式继电器有控制端电流大、响应时间长、有噪声等缺点。而固态继电器（见图 8-28）解决了这些缺点，而且使用控制上没有太大区别。固态继电器的大致原理是，前端电路通过光电隔离后，控制可控硅半导体晶体管，继而控制后端电路的通断。固态继电器结构较复杂，集成度较高，因此价格较高。

图 8-28　各种各样的固态继电器

8.5　传感器

传感器是一类用于信息采集的元件或器件。通过传感器，如光线、温度、声音等各种"状态"均可被数字量化。量化后的数据即可被 Arduino 使用。这种使 Arduino 通过传感器获得各种物理量的过程称为数据采集。

各种电子传感元器件之间或多或少存在差异，因此使用不同元器件采集数据所需搭建的电路不同。本节重点为数据采集处理，弱化较为复杂的传感元器件电路知识。本节所介绍的"传感器"，均指传感元器件结合部分电路后能直接输出数据用于 Arduino 的模块。

8.5.1　碰撞传感器

如图 8-29 所示为一种简单的碰撞传感器，上面的微动开关很灵敏，容易对碰撞做出感应，这里运用的数据采集原理同 8.2.1 节对按键状态采集的原理。

碰撞传感器有 OUT、V_{CC} 和 GND 三个引脚，V_{CC}、GND 连接 Arduino 的方式前面已经介绍过。OUT 引脚用于输出"碰撞"（微动开关）状态，当碰撞传感器受到碰撞时，OUT 引脚会输出低电平，反之输出高电平（下拉式碰撞传感器可能相反）。也可将 OUT 引脚接至 Arduino 任意数字 I/O，即可对碰撞状态进行采集。

需要准备的实验材料如下：

图 8-29　碰撞传感器

- Arduino 开发板（任意型号）×1；
- 碰撞传感器×1；
- 杜邦线若干。

⚠注意：根据 8.2.1 节按键电路搭建知识可以了解到，对于非同一型号但类似的碰撞传感器，可能实际测试时会与本节所述电平状态相反，这是因为电路设计差异的问题。将程序代码中电平判断进行适当修改即可继续完成实验。

按图 8-30 所示将传感器与 Arduino 进行连接（8.5 节中传感器实验接线均较简单，因此不再提供 Fritzing 接线图）。

图 8-30　碰撞传感器连接和串口输出按键状态

在此要观察电平变化，可重复使用 8.2.1 节的代码 8-5 进行验证。由于碰撞传感器自身已有 LED 指示灯，仅用 LED 来观察实验会随着实验的复杂程度增加而显得不足，因此可借助强有力的调试工具——串口监视器来辅助输出信息是很有必要的。

串口通信是按位（bit）传输数据的，具有两条数据传输线路，分别为发送（Transmit，简称 TX）和接收（Receive，简称 RX）。两条传输线路可以同时进行数据传输，互不干扰。一般 Arduino 单片机串口引出 TX 在引脚 1，而 RX 在引脚 0。另外，Arduino 单片机串口还与开发板上的 USB2TTL 芯片（如果有）连接，使 Arduino 能通过 USB 连接上位机，实现与上位机串口通信或刷写单片机 Flash 更新程序。

代码 8-12 实现了使用串口功能输出引脚 2 碰撞传感器的状态。

代码8-12　电平状态读取至串口 DigitalReadSerial.ino（示例01子菜单内）

```
/*
 DigitalReadSerial
 Reads a digital input on pin 2, prints the result to the serial monitor

 This example code is in the public domain.
 */

//给数字引脚 2 一个名字
int pushButton = 2;

//setup()内代码只运行一次，除非按下复位键
void setup() {
  //初始化串行通信速率 9600bit/s
  Serial.begin(9600);
  //设置引脚 2 为输入模式（此处不适合使用内部上拉模式）
  pinMode(pushButton, INPUT);
}

//loop()内代码运行一遍又一遍
void loop() {
  //读取引脚电平
  int buttonState = digitalRead(pushButton);
  //输出按钮的状态（电平为布尔值，输出将为 0 或 1）
  Serial.println(buttonState);
  delay(1);                        //延迟以保证读取稳定性
}
```

程序中设置的波特率 9600 为串口监视器默认的波特率，这个波特率最常使用，当然使用串口监视器支持的其他波特率也是允许的。程序中通过串口发送指定字符串，字符串可自定义。另外，亦可发送其他格式数据，串口功能相关语法详见 5.7 节。

下载程序后，打开串口监视器，使碰撞传感器受到碰撞，此时串口监视器输出的电平值会改变（见图 8-30 右图）。

注意：下载程序是通过串口下载的，因此下载程序时串口监视器无法同时被使用。由于引脚 1 和引脚 0 是 Arduino 单片机的串口引脚，因此在使用串口功能或程序下载时请勿将两引脚不当使用，否则会造成异常情况。

8.5.2　火焰传感器

由于火焰在近红外光域及紫外光域具有很大的辐射强度，所以可以探测这两个光域以判断火焰的存在。如图 8-31 所示为一种远红外火焰传感器，该传感器的接收管对红外光较敏感，通过探测红外光的强度即可判断是否有火焰。

火焰传感器也有 3 个引脚，其中 DO（Digital Oot）为数字电平信号输出引脚，效果等同于碰撞传感器的 OUT 引脚。DO 输出低电平的火焰强度阈值可以通过传感器上的电位器调整。传感器上的 LM393 电压比较器芯片具有通过电位器和二极管电压比较，从而实现阈值控制，输出数字电平信号的功能。

图 8-31　火焰传感器

需要准备的实验材料如下：
- Arduino 开发板（任意型号）×1；
- 火焰传感器×1；
- 杜邦线若干。

按图 8-32 左图所示将传感器与 Arduino 进行连接。

图 8-32　连接火焰传感器和串口发出提示消息

火焰传感器和碰撞传感器所采集的数据输出结果都是电平，在此可以修改代码 8-12 后获得代码 8-13。

代码8-13　火焰报警 FireWarning.ino

```
const int OUT = 2;

void setup() {
  Serial.begin(9600);
  pinMode(OUT, INPUT);
}
```

```
void loop() {
  if ( digitalRead(OUT) == LOW )
    Serial.println("Warning!!!");    //输出警报
  delay(1);                          //延迟以保证读取稳定性
}
```

在传感器探测范围内加入火焰源，如打火机火焰，此时可从串口监视器看到火焰报警提示（见图 8-32 右图）。

🔔**注意**：该红外接收二极管接收角度为 60°，可以接收 760～1100 纳米波长的光，因此可能会受到其他范围内波长光的光源的影响（如太阳光）。如果读者手中的传感器是触发后输出高电平的传感器，请对代码进行对应修改后再实验。

8.5.3　霍尔传感器

生活中霍尔效应的应用非常多，如常见的自行车码表的探头就运用了霍尔效应。在此介绍一种能用于测速或计数的霍尔传感器（见图 8-33）。

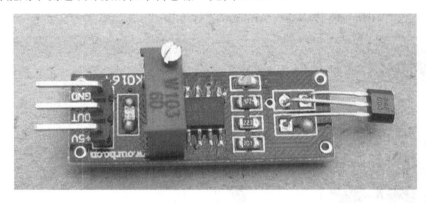

图 8-33　霍尔传感器

图 8-33 所示的霍尔传感器使用了"霍尔开关"晶体管用于感应磁场，模块其他方面类似于火焰传感器。当晶体管靠近磁场时，传感器 DO 引脚能输出低电平。通过对低电平信号、时间的采集、统计，能实现测速或计数功能。

🔔**注意**：被测速或计数物体须带有能产生磁场的物质。

需要准备的实验材料如下：
- Arduino 开发板（任意型号）×1；
- 霍尔传感器×1；
- 小磁铁×1；
- 杜邦线若干。

按图 8-34 左图所示将传感器与 Arduino 进行连接。

图 8-34　霍尔传感器连接和串口输出计数情况

代码 8-14 实现了对磁场出现次数的统计和串口输出数据的统计。

代码8-14　计数器 Const.ino

```
int OUT = 2;
int Const = 0;

void setup() {
  Serial.begin(9600);
  pinMode(OUT, INPUT);
}

void loop() {
  //累计并输出
  if ( digitalRead(OUT) == LOW )
    Serial.println(++Const);
  //延迟以保证磁铁靠近一次只作一次计数
  while ( digitalRead(OUT) == LOW )
    delay(200);
}
```

在所有准备就绪后，磁铁磁场方向平行靠近霍尔元件，串口监视器会对磁场出现次数进行计数输出，从而实现简单的计数器。

⌂注意：当磁铁靠近而传感器不响应时，除调节灵敏度之外，应注意磁场方向是否相反。另外，还可以将霍尔传感器和磁铁安装至自行车上进行车轮转圈计数（这也是自行车码表的原理）。

8.5.4　气体传感器

如图 8-35 所示为 MQ-5 气体传感器，传感器 MQ-5 探头能探测环境空气中液化气、甲烷或煤制气的浓度。传感器可以根据此类有害气体在空气中的浓度（300～5000ppm），通过传感器上电位器设置的阈值在一定浓度下触发 DO 引脚低电平输出，或通过 AO 引脚输出模拟电压。

图 8-35　气体传感器

该气体传感器 MQ-5 探头只能探测一类气体，其他常见的有害气体半导体式探头参见表 8-2。

表 8-2　常见有害气体探头

型　　号	探测气体	探测浓度范围/ppm
MQ-2	可燃气体、烟雾	300～10000
MQ-7	一氧化碳	10～1000
MQ303A	酒精（乙醇）	20～1000
MP-8	氢气	50～10000

表 8-2 所示的这些气体探头元器件封装方式均相同，即其对应传感器的应用方式无异。

🔊注意：ppm 浓度（也称百万分比浓度）是指一百万体积的空气中所含污染物的体积数。

需要准备的实验材料如下：
- Arduino 开发板（任意型号）×1；
- MQ-5 气体传感器×1；
- 杜邦线若干。

按图 8-36 左图所示将传感器与 Arduino 进行连接。

因为 MQ-5 可以输出模拟电压，所以可以使用代码 8-15 对模拟电压实时进行输出。

代码8-15　模拟值读取至串口 AnalogReadSerial.ino（示例01子菜单内）

```
/*
 AnalogReadSerial
 Reads an analog input on pin 0, prints the result to the serial monitor.
 Attach the center pin of a potentiometer to pin A0, and the outside pins
 to +5V and ground.

 This example code is in the public domain.
*/

//setup()内代码只运行一次，除非按下复位键
void setup() {
```

```
  //初始化串行通信速率 9600bit/s
  Serial.begin(9600);
}

//loop()内代码运行一遍又一遍
void loop() {
  //读取模拟引脚 0 的值
  int sensorValue = analogRead(A0);
  //输出读取到的值
  Serial.println(sensorValue);
  delay(150);                          //延迟以保证读取稳定性，改为 150 方便观察
}
```

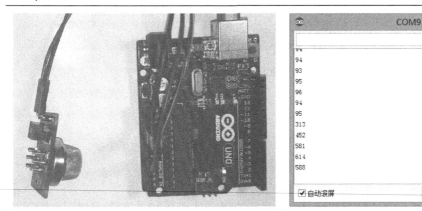

图 8-36　连接 MQ-5 气体传感器

　　MQ-5 气体传感器在通电后需要一段时间预热才能正常工作输出模拟电压，预热时输出的模拟值会一直下降，直到平稳，而当其检测到监测气体时输出值会飙升（见图 8-36右图）。

🔔注意：请勿为达到该实验报警效果而随意滥用家用煤气或天然气。

8.5.5　光电传感器

　　与霍尔传感器相似，光电传感器（见图 8-37）也能用于测速或计数。

　　传感器上槽型光耦两端分别是发光二级管（用于产生线性光源）和光敏电阻（用于感光），当槽中间受到物体阻挡住光线时，光敏电阻阻值较高，DO 引脚输出高电平。该传感器配合带光栅的小转盘测速时，凹槽被遮挡具有占空比产生脉冲从 AO 引脚输出，通过高电平时间或脉冲，均可根据码盘参数计算得到转速。

🔔注意：读者可能已经注意到光电传感器上并没有电位器，这是因为光线遮挡与非遮挡两
　　　　种状态对光敏电阻阻值影响较大，因此两种状态电压较悬殊，加入电位器并不会
　　　　有调节效果，所以该传感器不需要设置电位器。

图 8-37　光电传感器

需要准备的实验材料如下：
- Arduino 开发板（任意型号）×1；
- 光电传感器×1；
- 小码盘或可测速物体×1；
- 杜邦线若干。

按图 8-38 左图所示将传感器与 Arduino 进行连接，按图 8-38 右图所示将码盘置于传感器槽中间。

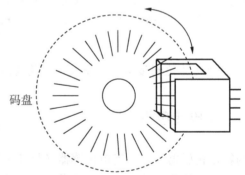

图 8-38　连接光电传感器和安置测试码盘

代码 8-16 为使用该传感器测带码盘电机的转速。

代码8-16　电机测速 GetSpeed.ino

```
const int OUT = 2;
const int Grating = 4;            //设置光栅数为 4，请根据实际情况设置
void setup() {
  Serial.begin(9600);
```

```
}

void loop() {
  long IntervalTime = 0;
  IntervalTime = pulseIn(OUT, HIGH);
                                //记录 OUT 引脚高电平持续时间，单位为微秒（us）

  /*
  码盘光栅宽度视为 0，当使用光栅宽度较大的码盘时，请注意计算添加系数以保证测得的数据准
  确性。
  因为持续时间为两光栅之间的时间，所以码盘转一周所需时间为 IntervalTime×Grating，
  则每分钟转数为 60×1000000（us）/IntervalTime/Grating
  */
  float S = 60000000 / IntervalTime / Grating; //使用浮点计算出转速 r/min

  Serial.print(S);
  Serial.println(" r/min");
}
```

使转盘在槽中间转动，串口监视器将会输出如图 8-39 所示的转速。

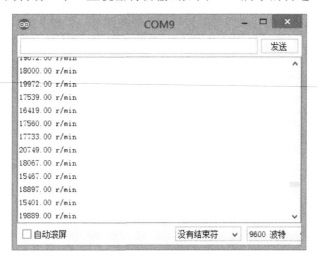

图 8-39　串口输出测得转速

8.5.6　超声波测距传感器

如图 8-40 所示为 HY-SRF05 超声波测距传感器，该传感器能提供 2～450cm 距离感测，精度最高能达到 3 毫米。与前面所提到的传感器不同，HY-SRF05 不是简单地使用模拟量方式输出所测的距离，而是通过输出高电平的时间来输出测得距离的量。

HY-SRF05 超声波测距传感器背面具有 3 个显眼的芯片，分别是运算放大器、单片机和电平转换芯片，用于控制超声波的发射和接收。

图 8-40 HY-SRF05 超声波测距传感器　　　　图 8-41 HY-SRF05 工作时序图

如图 8-41 所示为传感器工作时序图，通过传感器上的 TRIG 引脚输入大于 10 微秒的高电平触发信号，能使传感器发出超声波，当传感器检测到回波时 ECHO 引脚会输出高电平（持续时间为超声波从发射到返回的时间）。另外 OUT 引脚可输出开关量，应用于"报警系统"。

注意：通过超声波从发射到返回的时间得到测得的距离，可利用物理学得出该计算公式：高电平时间×声速（参考值 340 米/秒）/2=距离（米）；或高电平时间（微秒）/58=距离（厘米）；或高电平时间（微秒）/148=距离（英寸）。建议测量周期为 60 毫秒以上，以防止发射信号影响回响信号如下。

需要准备的实验材料如下：
- Arduino 开发板（任意型号）×1；
- HY-SRF05 超声波测距传感器×1；
- 杜邦线若干。

按图 8-42 左图所示将传感器与 Arduino 进行连接。

图 8-42 连接 HY-SRF05 超声波测距传感器和串口输出测得距离

示例 06 子菜单内"Ping（声脉冲）"程序可以实现超声波测距，但是和 HY-SRF05

的引脚定义不同，代码 8-17 是基于示例 Ping 修改后适用于 HY-SRF05 测距的程序代码。

代码8-17　超声波测距 PingMod.ino

```
const int pingPin = 7;
const int EchoPin = 6;

void setup() {
  Serial.begin(9600);
  pinMode(pingPin, OUTPUT);
  digitalWrite(pingPin, LOW);
  pinMode(EchoPin, INPUT);
}

void loop()
{
  //建立变量持续时间、距离结果英寸、厘米
  long duration, inches, cm;

  //触发信号
  digitalWrite(pingPin, HIGH);
  delayMicroseconds(10);
  digitalWrite(pingPin, LOW);

  //记录 ECHO 大引脚高电平持续时间
  duration = pulseIn(EchoPin, HIGH);

  //用持续时间算出距离
  inches = microsecondsToInches(duration);
  cm = microsecondsToCentimeters(duration);

  Serial.print(inches);
  Serial.print("in, ");
  Serial.print(cm);
  Serial.print("cm");
  Serial.println();

  delay(100);
}

long microsecondsToInches(long microseconds)
{
  //声音的速度为 340 米/秒或每英寸 73.746 微秒
  //超声波从发出至返回，所以取超声波经过距离的一半
  return microseconds / 74 / 2;
}

long microsecondsToCentimeters(long microseconds)
{
  //声音的速度为每厘米 29 微秒
  return microseconds / 29 / 2;
}
```

将物体在传感器前方 0～15° 范围内移动，串口监视器能实时输出被测物体距离。

代码 8-17 中用到了函数 "pulseIn()"，该函数的作用是获取一段电平出现的时间（微秒）。如图 8-43 所示为一段变化的电平。此时，如果执行 pulseIn(3, HIGH)时在 A 点，刚好是高电平的状态，就会开始计时，在 B 点结束计时，计时的时间是红线部分电平出现的时间。如果执行 pulseIn(3, HIGH)时在 C 点，刚好是低电平的状态，就会等到 D 点才开始计时，在 E 点结束时，计时的时间是绿线部分电平出现的时间。

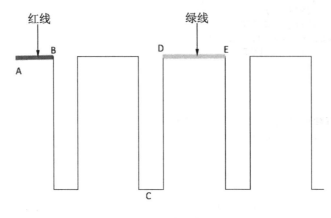

图 8-43　电平获取

8.5.7　红外人体感应传感器

探测红外线不仅可以用于判断火源，还能用于探测生命体如人体。红外人体感应传感器能探测到人体热辐射产生的红外线，所以该类传感器能应用于很多场所，如商场、库房及家中的过道等。

如图 8-44 所示为 HC-SR501 红外人体感应传感器，其主要传感元件是置于用于聚光的菲涅尔透镜后方的红外热释电探头。

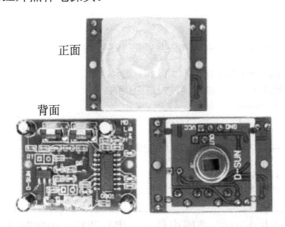

图 8-44　HC-SR501 红外人体感应传感器

HC-SR501 红外人体感应传感器的参数参见表 8-3。

表 8-3　HC-SR501 红外人体感应传感器参数

项	值
工作电压	DC 5～20V
感应范围	小于120°锥角，7米以内（可调节至最远为3米）
触发方式（跳线设置）	L：不可重复，H：可重复，默认为H
封锁时间	0.2秒
延时时间	0.3～18秒

HC-SR501 传感器上有两个电位器，其中，电位器 Tx 为延时调节，顺时针调节可增加延时，延时时间即传感器被触发输出高电平后保持高电平的时间；电位器 Sx 则为感应距离调节，顺时针调节增大探测距离，可调节最远距离范围为 3～7 米。此外，传感器上还有跳线设置，可以移动跳线帽短接的排针改变传感器的触发方式，两种触发方式的区别如下。

- 不可重复触发方式：感应到人体时触发输出高电平，直到延时时间段结束，输出将从高电平变成低电平；
- 可重复触发方式：感应到人体时触发输出高电平，如果有人体在其感应范围活动，延时时间的起始点一直顺延，直到人离开后且延时时间段结束，输出才从高电平变成低电平。

该传感器还有一个封锁时间参数，封锁时间出现在一次触发结束，高电平变回低电平后。作用为抑制负载切换过程中产生的各种干扰，亦可应用于间隔探测产品。

注意：考虑到传感器适用范围，HC-SR501 模块上还有两个预留的直插元件焊接位置"RT"和"RL"，分别用于加入温度补偿电阻（适应温度较高环境，防止受环境热量辐射影响误判）和光敏电阻（使传感器在白天时不工作）。封锁时间是出厂时预设的。HC-SR501 通电后有 1 分钟左右的初始化时间，在此期间模块输出电平会间隔地变换 0～3 次，1 分钟后进入正常工作状态。应尽量避免灯光等干扰源近距离直射模块表面的透镜，以免引起干扰信号产生误动作；使用环境尽量避免流动的风，因为风也会对感应器造成干扰。传感器采用双元探头，探头的窗口为长方形，双元（A 元、B 元）位于较长方向的两端，当人从左到右或从右到左走过时，红外光谱到达双元的时间、距离有差值，差值越大，感应越灵敏；当人从正面走向探头或从上到下或从下到上方向走过时，双元检测不到红外光谱距离的变化，无差值，因此感应不灵敏或不工作。所以安装该传感器时应使探头双元的方向与人活动最多的方向尽量平行，保证人经过时先后被探头双元所感应。

需要准备的实验材料如下：

- Arduino 开发板（任意型号）×1；
- HC-SR501 红外人体感应传感器×1；

- 杜邦线若干。

按图 8-45 所示将传感器与 Arduino 进行连接。

图 8-45　连接红外人体感应传感器

代码 8-18 通过按键实验的代码 8-5 修改而来，实现了感应人体做出点亮 LED 的响应功能。

代码8-18　红外人体感应 Check.ino

```
const int OUT = 2;
const int ledPin = 13;

void setup() {
  pinMode(OUT, INPUT);
  pinMode(ledPin, OUTPUT);
}

void loop() {
  if (digitalRead(OUT) == HIGH)
    digitalWrite(ledPin, HIGH);
  else
    digitalWrite(ledPin, LOW);
}
```

8.6　小结

笔者在 8.5.7 节做了一个用红外人体感应传感器控制 LED 的实验。其实点亮一颗 LED 并没有什么实际作用，但是可以将该传感器与继电器配合，改进为点亮灯泡。这时候可以如按图 8-46 所示搭建控制灯泡的装置（图中三极管为 NPN 型三极管）。

这个装置与前面的实验装置不同，没有 Arduino 的加入，也不可编程。但是却能够实现其功能，在传感器上可以调整延时、灵敏度和切换模式，并不需要编程控制。

　　Arduino 的实质是可编程的微处理器开发板，一个方便进行电子制作和实验的工具。如果把一个电子装置分为输入装置、输出装置和处理装置 3 部分，那么这个处理装置可以是简单的晶体管电路，也可以是复杂的处理器。作为处理装置的 Arduino 具有可编程的单片机，能实现简单的晶体管电路不能实现的功能，但在该实验中，简单的电路连接能完成所需的功能，因此就不需要加入 Arduino 了。

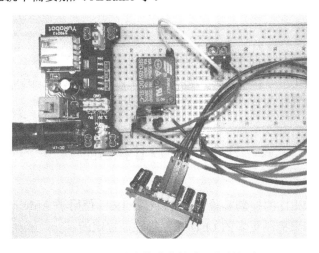

图 8-46　红外人体感应传感器控制灯泡

　　从本章的众多实验中读者也可以看到，可编程易调试的性质，使 Arduino 能轻松用于测试各种输入装置和输出装置的工作原理，或进行电子制作。Arduino 的意义在于"展现"突如其来的电子制作灵感。

第 9 章 Arduino 进阶实验

在第 8 章中介绍了一些简单的 Arduino 基础实验之后，相信读者对 C 语言和 Arduino 应用开发有了一定的了解。在接下来的进阶实验中，本书将会对 Arduino 的特点进行更为透彻的剖析。实验内容较为复杂，但也更为充实且有趣。

9.1 LED 的控制

在 8.1.3 节多个 LED 的控制实验中，控制 6 个 LED 使用了 Arduino 的 6 个引脚。那么能否使用较少的引脚来控制更多的 LED 呢？答案是肯定的。

9.1.1 LED 点阵的控制

LED 点阵是由 LED 排列成的阵列，通过控制点阵可以显示字符、图形，不仅可以是静态的，也可以是动态变化的。如图 9-1 所示为红色 LED 点阵模块（左图）及其原理结构（右图）。

从图 9-1 中可以看出，LED 点阵模块内部按行将 LED 的正极相连，按列将 LED 的负极相连。要控制 LED 点阵模块上这些 LED 点亮与熄灭需要 Arduino 的 16 个引脚，当某行输入高电平，某列输入低电平时，位于行列交叉点的 LED 就能够点亮。但是这样的操作每次只能点亮单个 LED，不能产生图案，如果利用人眼的视觉滞留效应，对展示图案所需要点亮的 LED 进行依次点亮并循环持续进行（下称"扫描"），只要循环速度足够快即能扫描出图案效果。

🔔**注意**：扫描的频率在 50Hz 以下时图案看起来会有闪烁，建议将扫描频率控制在 50Hz 以上。

需要准备的实验材料如下：
- Arduino 开发板（任意型号）×1；
- 330R 电阻×8；
- LED 点阵模块×1；
- 杜邦线若干。

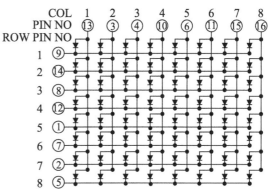

图 9-1 LED 点阵模块及其原理结构（共阳）

搭建如图 9-2 上图所示的电路（可参考图 9-2 下图所示的原理图）。

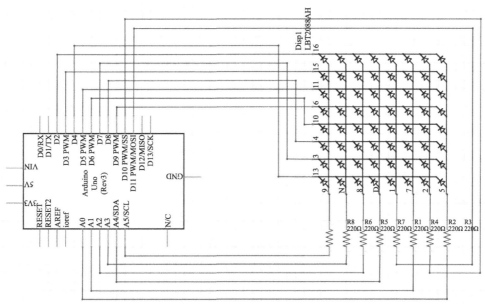

图 9-2 LED 点阵模块实验电路和原理图（共阴）

代码 9-1 实现了扫描并显示出心形图案的功能。

代码9-1　LED点阵心形图案 LedMatrixShowHeart.ino

```
//定义 LED 图案是否翻转默认为共阳
#define Reverse 1
//定义引脚
const char Col1 = A5;
const char Col2 = A3;
const char Col3 = A2;
const char Col4 = A4;
const char Col5 = 11;
const char Col6 = A1;
const char Col7 = 10;
const char Col8 = A0;
const char Row1 = 2;
const char Row2 = 3;
const char Row3 = 5;
const char Row4 = 9;
const char Row5 = 6;
const char Row6 = 8;
const char Row7 = 7;
const char Row8 = 4;
//将引脚放置到数组中方便遍历
const char Row[] =
{
  Row1, Row2, Row3, Row4, Row5, Row6, Row7, Row8
};
const char Col[] =
{
  Col1, Col2, Col3, Col4, Col5, Col6, Col7, Col8
};
//图案数据，1 为亮，0 为灭，如果宏定义 Reverse 为 0 则效果相反
const boolean Data[] =
{
  0, 0, 0, 0, 0, 0, 0, 0,
  0, 1, 1, 0, 1, 1, 0, 0,
  1, 0, 0, 1, 0, 0, 1, 0,
  1, 0, 0, 0, 0, 0, 1, 0,
  0, 1, 0, 0, 0, 1, 0, 0,
  0, 0, 1, 0, 1, 0, 0, 0,
  0, 0, 0, 1, 0, 0, 0, 0,
  0, 0, 0, 0, 0, 0, 0, 0,
};

void setup()
{
  //初始化引脚
  for (int i = 0; i < 8; i++)
  {
    pinMode(Row[i], OUTPUT);
```

```
    digitalWrite(Row[i], LOW);
    pinMode(Col[i],  OUTPUT);
    digitalWrite(Col[i], LOW);
  }
}

void loop()
{
  //遍历所有 LED
  for (int i = 0; i < 8 * 8; i++)
  {
    //列选通
    digitalWrite(Col[i % 8], Reverse ? !Data[i] : Data[i]);
    //行选通和余辉效应
    if ((i % 8) == 7)
    {
      digitalWrite(Row[i / 8], Reverse ? 1 : 0);
      delayMicroseconds(60);          //余辉效应
      digitalWrite(Row[i / 8], Reverse ? 0 : 1);
    }
  }
}
```

代码 9-1 通过动态扫描操作显示静态图案,该图案可通过修改 Data 数组实现用户自定义。在扫描时用到了余辉效应,虽然扫描是动态进行的,但是速度超过了人眼能辨识的频率,所以看到的图案是静态的(修改其中实现余辉效应的延时数值,还能让图案改变亮度)。因为扫描是动态进行的,只要对程序稍作修改,就能实现图案的动态变化。

代码 9-2 实现了心形图案动态移动的功能。

代码9-2　LED点阵动态心形图案 LedMatrixShowHeartMove.ino

```
//定义 LED 图案是否翻转
#define Reverse 1
//定义引脚
const char Col1 = A5;
const char Col2 = A3;
const char Col3 = A2;
const char Col4 = A4;
const char Col5 = 11;
const char Col6 = A1;
const char Col7 = 10;
const char Col8 = A0;
const char Row1 = 2;
const char Row2 = 3;
const char Row3 = 5;
const char Row4 = 9;
const char Row5 = 6;
const char Row6 = 8;
const char Row7 = 7;
```

```
const char Row8 = 4;
//将引脚放置到数组中方便遍历
const char Row[] =
{
  Row1, Row2, Row3, Row4, Row5, Row6, Row7, Row8
};
const char Col[] =
{
  Col1, Col2, Col3, Col4, Col5, Col6, Col7, Col8
};
//图案数据，1 为亮，0 为灭，如果宏定义 Reverse 为 0 则效果相反
boolean Data[] =
{
  0, 0, 0, 0, 0, 0, 0, 0,
  0, 1, 1, 0, 1, 1, 0, 0,
  1, 0, 0, 1, 0, 0, 1, 0,
  1, 0, 0, 0, 0, 0, 1, 0,
  0, 1, 0, 0, 0, 1, 0, 0,
  0, 0, 1, 0, 1, 0, 0, 0,
  0, 0, 0, 1, 0, 0, 0, 0,
  0, 0, 0, 0, 0, 0, 0, 0,
};
//定义中转数组
boolean Temp[8];
//每步骤循环扫描次数
int timer=120;

void setup()
{
  //初始化引脚
  for (int i = 0; i < 8; i++)
  {
    pinMode(Row[i], OUTPUT);
    digitalWrite(Row[i], LOW);
    pinMode(Col[i], OUTPUT);
    digitalWrite(Col[i], LOW);
  }
}

void loop()
{
  //将部分图案数据取出放置到中转数组
  for (int i = 0; i < 8; i++)
  {
    Temp[i] = Data[i * 8];
  }
  //通过中转数组，实现将图案循环左移
  for (int i = 0; i < 8 * 8; i++)
  {
```

```
    if (i % 8 != 7)
      Data[i] = Data[i + 1];
    else
      Data[i] = Temp[i / 8];
  }
  //显示一定次数图案在某个位置时的状态以实现图案移动效果
  for (int i = 0; i < timer; i++)
  {
    //遍历所有 LED
    for (int i = 0; i < 8 * 8; i++)
    {
      //列选通
      digitalWrite(Col[i % 8], Reverse ? !Data[i] : Data[i]);
      //行选通和余辉效应
      if ((i % 8) == 7)
      {
        digitalWrite(Row[i / 8], Reverse ? 1 : 0);
        delayMicroseconds(60);              //余辉效应
        digitalWrite(Row[i / 8], Reverse ? 0 : 1);
      }
    }
  }
}
```

9.1.2　LED 数码管

如图 9-3 所示为各种 LED 数码管。LED 数码管是由
LED 组成的数字显示工具，生活中到处都能看到其身影。

多数位 LED 数码管内部每个数位的 LED 正极或负
极相连，根据正极或负极相连的情况，LED 数码管可分
为共阳极数码管或共阴极数码管。

需要准备的实验材料如下：

- Arduino 开发板（任意型号）×1；
- 330R 电阻×14；
- 4 位 LED 共阴极数码管×1；
- 杜邦线若干。

图 9-3　各种 LED 数码管

搭建如图 9-4 上图所示电路，可参考图 9-4 下图所示的原理图。

每位数字由 A-DP 共 8 个段组成，数码管内部已经将 8 个段分别相连。多数位的 LED
数码管控制也是靠依次点亮每个数位，循环扫描借助余辉效应实现数字显示。通常情况下
数码管除了用来显示数字以外还用于显示简单的字母或符号，如 A、B、C、D、E、F 和
"-"（因为"-"符号这里暂未用到，所以表 9-1 中没有列出）。表 9-1 所示为数码管显示
字符与所需选通段引脚对应表。

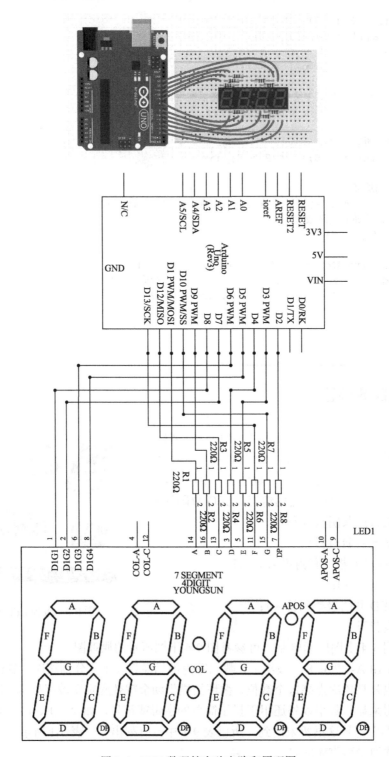

图 9-4　LED 数码管实验电路和原理图

表 9-1　数码管显示内容与选通段引脚对应表

显示内容 \ 选通段引脚	A	B	C	D	E	F	G	DP
0	1	1	1	1	1	1	0	0
1	0	1	1	0	0	0	0	0
2	1	1	0	1	1	0	1	0
3	1	1	1	1	0	0	1	0
4	0	1	1	0	0	1	1	0
5	1	0	1	1	0	1	1	0
6	1	0	1	1	1	1	1	0
7	1	1	1	0	0	0	0	0
8	1	1	1	1	1	1	1	0
9	1	1	1	1	0	1	1	0
.	0	0	0	0	0	0	0	1
A	1	1	1	0	1	1	1	0
B	0	0	1	1	1	1	1	0
C	1	0	0	1	1	1	0	0
D	0	1	1	1	1	0	1	0
E	1	0	0	1	1	1	1	0
F	1	0	0	0	1	1	1	0

参考表 9-1 和接线图，就能完成扫描所需程序。代码 9-3 实现了扫描数码管显示动态内容的功能。

代码9-3　数码管显示 LedDigital.ino

```
//翻转设置，以兼容共阴极、共阳极数码管，默认为共阴极
#define Reverse 1
//引脚设置
const char A = 11;
const char B = 9;
const char C = 12;
const char D = 4;
const char E = 3;
const char F = 13;
const char G = 10;
const char DP = 2;
const char Num1 = 8;
const char Num2 = 7;
const char Num3 = 6;
const char Num4 = 5;
//引脚数组
const char Pin[] =
{
  A, B, C, D, E, F, G, DP, Num1, Num2, Num3, Num4
```

```
};
//字模
const char Num[] =
{
  0xFC, 0x60, 0xDA, 0xF2, 0x66, 0xB6, 0xBE, 0xE0, 0xFE, 0xF6, 0xEE, 0x3E,
  0x9C, 0x7A, 0x9E, 0x8E
};

void setup() {
  //引脚初始化
  for (int i = 0; i < 12; i++)
  {
    pinMode( Pin[i], OUTPUT);
    digitalWrite(Pin[i], Reverse ? 1 : 0);
  }
}

void loop() {
  //取当前运行时间毫秒数，除以 1000 得到秒数，再取出个位，最后显示
  Display(millis() / 1000 % 10);
}
//显示字符
void Display(char Value)
{
  //对字模通过段引脚输出
  for (int i = 0; i < 8; i++)
  {
    //在 Num 数组中取出字符的字模，再取出对应段位
    boolean Temp = Num[Value] >> 7 - i & 0x01;
    digitalWrite(Pin[i], Reverse ? !Temp : Temp);
  }
  delayMicroseconds(30);                                    //余辉效应
  for (int i = 0; i < 8; i++)
    digitalWrite(Pin[i], Reverse ? 1 : 0);
}
//显示字符，带小数点
void Display(char Value, boolean DP)
{
  //当需要启用小数点时对字模中小数点位置置 1
  if (DP)
    Value |= 0x01;
  Display(Value);
}
```

代码 9-3 只实现了数码管所有数位显示同样的数字，因此并不需要动态扫描来实现。

对数码管实现动态扫描显示任意数字组，会使程序变得更复杂，这时可以用到一些简化程序的手段。如表 9-2 所示为数码管显示数字与字节值（共阴）对应表。

表 9-2　数码管显示数字与字节值（共阴）对应表

数字	0	1	2	3	4	5	6	7	8
字节值	0xFC	0x60	0xDA	0xF2	0x66	0xB6	0xBE	0xE0	0xFE

（续）

数字	9	.	A	b	C	d	E	F	
字节值	0xF6	0x01	0xEE	0x3E	0x9C	0x7A	0x9E	0x8E	

参考表 9-2 可以使程序代码更加简洁明了，代码 9-4 实现了数码管动态扫描计数的功能。

代码9-4　数码管时间计数 LedDigitalTimer.ino

```
//翻转设置，以兼容共阴极、共阳极数码管，默认为共阴极
#define Reverse 1
//引脚设置
const char A = 11;
const char B = 9;
const char C = 12;
const char D = 4;
const char E = 3;
const char F = 13;
const char G = 10;
const char DP = 2;
const char Num1 = 8;
const char Num2 = 7;
const char Num3 = 6;
const char Num4 = 5;
//引脚数组
const char Pin[] =
{
  A, B, C, D, E, F, G, DP, Num1, Num2, Num3, Num4
};
//字模
const char Num[] =
{
  0xFC, 0x60, 0xDA, 0xF2, 0x66, 0xB6, 0xBE, 0xE0, 0xFE, 0xF6, 0xEE, 0x3E,
  0x9C, 0x7A, 0x9E, 0x8E
};

void setup() {
  //引脚初始化
  for (int i = 0; i < 12; i++)
  {
    pinMode( Pin[i], OUTPUT);
    digitalWrite(Pin[i], Reverse ? 1 : 0);
  }
}

void loop() {
  //取当前运行时间毫秒数，除以 100 放到 Time 中
  unsigned long Time = millis() / 100;

  //选中第 4 位
  digitalWrite(Num4, Reverse ? 1 : 0);
  //段引脚输出 Time 个位数值
  Display(Num[Time % 10]);
  digitalWrite(Num4, Reverse ? 0 : 1);
```

```
//选中第 3 位
digitalWrite(Num3, Reverse ? 1 : 0);
//段引脚输出 Time 十位数值，即运行时间秒数，并带小数点
Display(Num[Time / 10 % 10], 1);
digitalWrite(Num3, Reverse ? 0 : 1);

//选中第 2 位
digitalWrite(Num2, Reverse ? 1 : 0);
//段引脚输出 Time 百位数值
Display(Num[Time / 100 % 10]);
digitalWrite(Num2, Reverse ? 0 : 1);

//选中第 1 位
digitalWrite(Num1, Reverse ? 1 : 0);
//段引脚输出 Time 千位数值
Display(Num[Time / 1000 % 10]);
digitalWrite(Num1, Reverse ? 0 : 1);
}
//显示字符
void Display(char Value)
{
  //对字模通过段引脚输出
  for (int i = 0; i < 8; i++)
  {
    //在 Num 数组中取出字符的字模，再取出对应段位
    boolean Temp = Value >> 7 - i & 0x01;
    digitalWrite(Pin[i], Reverse ? !Temp : Temp);
  }
  delayMicroseconds(30);                          //余辉效应
  for (int i = 0; i < 8; i++)
    digitalWrite(Pin[i], Reverse ? 1 : 0);
}
//显示字符，带小数点
void Display(char Value, boolean DP)
{
  //当需要启用小数点时对字模中小数点位置置 1
  if (DP)
    Value |= 0x01;
  Display(Value);
}
```

注意：以上程序代码兼容 LED 数码管共阳型或共阴型，但是需要在程序代码中设置选
择相应类型。

9.1.3　串行控制 LED 点阵

前面介绍了如何用 Arduino 控制数码管和点阵。不过实验存在一个缺点，那就是 LED
数量增多时占用的单片机 I/O 也成比例增多，而且需要动态进行扫描。那么如何有效减少
使用的 I/O 引脚数量并减少单片机 CPU 资源占用呢？这时可以用到串行数据转并行数据

的集成电路"串行输入/输出共阴极显示驱动器"——MAX7219 来控制 LED 点阵,以达到最少 I/O 控制更多 LED 的目的,如图 9-5 左图所示为一种 MAX7219 LED 矩阵模块,图 9-5 右图所示为其芯片 MAX7219 的引脚图。

图 9-5   MAX7219 LED 矩阵模块及其引脚图

注意:MAX7219 是为驱动数码管设计的,引脚命令具有数码管段位名称的风格,这并不影响其用于 LED 矩阵控制。

该模块的原理图如图 9-6 所示。

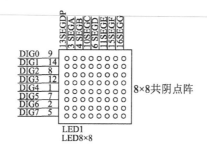

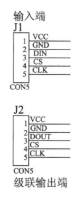

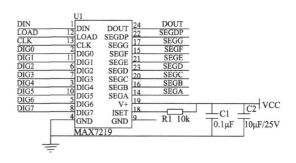

图 9-6   MAX7219 LED 矩阵模块原理图

MAX7219 的引脚中，GND 为接地；V+为电源输入，接入 5V；ISET 通过一个电阻连接到 5V 电源。作用为提升段电流；SEGA～DP 和 DIG0～7 分别为数码管段脚、位脚，在此用于点阵的行列引脚，段脚关闭会呈低电平，位脚关闭会呈高电平；CLK 为时钟信号输入端，最大速率为 10MHz，在时钟的上升沿，数据移入内部移位寄存器，有时钟的下降沿，数据从 DOUT 端输出；DIN 为串行数据输入端口，在时钟上升沿时数据被载入内部的 16 位寄存器；DOUT 为串行数据输出端口，从 DIN 端口输入的数据在 16.5 个时钟周期后在此端口有效，当使用多个 MAX7219 时可用此端口扩展；LOAD 端口载入数据，连续数据的后 16 位在 LOAD 端的上升沿时被锁定。

需要准备的实验材料如下：

- Arduino 开发板（任意型号）×1；
- MAX7219LED 矩阵模块×1；
- 杜邦线若干。

如图 9-7 所示为连接模块。

图 9-7　MAX7219 LED 矩阵模块连接和演示效果

Arduino IDE 提供了 MAX72XX 控制 LED 矩阵、数码管等的类库 LedControl，使用该类库能很方便地控制 LED，该类库库函数介绍如下。

1. LedControl(int dataPin, int clkPin, int csPin, int numDevices)

作用：创建一个对象。
参数说明如下。

- dataPin：设置 DIN 口对应的 Arduino 上的 I/O 口；
- clockPin：设置 CLK 口对应的 Arduino 上的 I/O 口；

- csPin：设置 CS 口对应的 Arduino 上的 I/O 口；
- numDevices：设置最大设备连接数（也就是 8×8LED 屏的个数），只能设置 1～8，如果需要连接超过 8 个设备，则需要定义另一个对象并使用另外的 IO 口。

示例如下：

```
LedControl lc=LedControl(12,11,10,1);
```

该语句定义了一个名为 1 的对象及设置接口 DIN：12，CLK：11，CS：10，设备号为 1。

2．int getDeviceCount()

作用：查询设备数量。

返回值：设备数量。

3．void shutdown(int addr, bool status)

作用：设置（节电）模式。

参数说明如下。

- addr：须设置的设备号，如第一个设备为 0，第二个设备为 1 等；
- status：如果为 true 则开启节电模式，为 false 则关闭。

示例如下：

```
lc.shutdown(0,true);
```

该语句开启对象 lc 第一个设备的节电模式。

4．void setScanLimit(int addr, int limit)

作用：设置设备可显示的行数。

参数说明如下。

- addr：设备号；
- limit：可显示的行数，原则上可设置为 0～7，如超过 7 则变为 8 的余数，如设置为 8 余 0 则只显示一行。

示例如下：

```
lc.setScanLimit(0,7);
```

该语句设置第一个设备可显示 8 行。

5．void setIntensity(int addr, int intensity);

作用：设置亮度。

参数说明如下。

- addr：设备号；
- intensity：亮度值 0～15。

示例如下：

```
lc.setIntensity(0,8);
```

该语句设置第一个设备的亮度为 8。

6．void clearDisplay(int addr);

作用：清屏。
参数 addr：设备号。
示例如下：

```
lc.clearDisplay(0);
```

该语句对第一个设备清屏。

7．void setLed(int addr, int row, int col, boolean state);

作用：设置其中一个 LED 的开关状态。
参数说明如下。

- addr：设备号；
- row：要设置的 LED 行号，可设置 0～7；
- col：要设置的 LED 列号，可设置 0～7；
- state：如为 true 则 LED 开启，如为 false 则关闭。

示例如下：

```
lc.setLed(0,4,6,true);
```

该语句设置第一个设备中位于第四行第六列的 LED 点亮。

8．void setRow(int addr, int row, byte value);

作用：设置一行（8 个）LED 的开关状态。
参数说明如下。

- addr：设备号；
- row：要设置的 LED 行号，可设置 0～7；
- value：LED 亮灭数据，按位控制，1 为点亮，0 为熄灭，LED 按顺序点亮或熄灭。

示例如下：

```
lc.setRow(0,0,B01000000);
```

该语句设置第一个设备第一行第二个 LED 点亮，其他熄灭。

9．void setColumn(int addr, int col, byte value);

作用：设置一列（8 个）LED 的开关状态。

参数说明如下。

- addr：设备号；
- col：要设置的 LED 列号，可设置 0～7；
- value：LED 亮灭数据，按位控制，1 为点亮，0 为熄灭，LED 按顺序点亮或熄灭。

示例如下：

```
lc.setColumn(0,2,0x80);
```

该语句设置第一个设备第二列第一个 LED 点亮，其他熄灭。

10．void setDigit(int addr, int digit, byte value, boolean dp);

作用：设置数码管显示十六进制字符。

参数说明如下。

- addr：设备号；
- digit：数码位号，可设置 0～7；
- Value：显示数据，为十六进制数，0～15（0x00～0x0F），其中 0～9 为数字，10～15 为十六进制字符（A～F）；
- dp：开关数码管上的小数点，tyue 为开，false 为关。

11．void setChar(int addr, int digit, char value, boolean dp);

作用：设置数码管显示字符。

参数说明如下。

- addr：设备号；
- digit：数码位号，可设置 0～7；
- value：显示数据，部分 ACSII 字符：0～9、A、B、C、D、E、F、H、L、P、.、-、_、空格等。
- dp：开关数码管上的小数点，tyue 为开，false 为关。

通过这些函数，可以很方便地使用 MAX7219。但在使用该库前，需要将该库导入 IDE。首先找到 IDE 工具栏下"项目"菜单中"加载库"子菜单下的"添加一个.ZIP 库"命令（如图 9-8 所示）。

单击该命令后，会弹出一个文件选择对话框，通过该对话框在本书配套资源下的本章文件夹下找到 LedControl.zip（如图 9-9 所示），双击该文件即可完成库的添加。

> 注意：一个库仅须导入一次，如不确定某库是否导入过可以查看计算机中"我的文档"下 Arduino 文件夹下的 libraries 文件夹，或者直接编译文件，如果不提示某头文件未找到即为已经具有某库。

图 9-8　加载库功能

图 9-9　加载库功能

代码 9-5 使用该库重新实现了代码 9-1 显示的心形图案。

代码9-5　LED点阵心形图案2 LedMatrixShowHeart2.ino

```
//引用 LedControl 库
#include "LedControl.h"
/*
  LedControl 类初始化时设置了硬件引脚连接
  引脚 12 连接到 DIN
  引脚 11 连接到 CLK
  引脚 10 连接到 CS
  第四个参数为级联芯片个数
*/
LedControl lc = LedControl(12, 11, 10, 1);
//图形数据，此处使用二进制形式的值表示字节，方便修改图形
byte Data[] =
{
  B00000000,
  B01101100,
  B10010010,
  B10000010,
  B01000100,
  B00101000,
  B00010000,
  B00000000,
};

void setup() {
  //设置为非节电模式
  lc.shutdown(0, false);
  //设置亮度为 8
  lc.setIntensity(0, 8);
  //清空显示
  lc.clearDisplay(0);
  //循环将图形字节写至芯片
  for (int row = 0; row < 8; row++)
  {
    lc.setRow(0, row, Data[row]);
  }
}
```

```
//芯片自动扫描点阵，不需要重复刷新，因此 loop () 函数留空
void loop() {
}
```

从代码 9-5 中可以看出，MAX7219 使用自身的寄存器后能使 Arduino 不用循环占用 CPU 进行扫描来维持静态图案。所以 MAX7219 有效地减少了 Arduino CPU 资源和引脚的占用。

同样，代码 9-2 也可以很方便地进行重写，代码 9-6 为重写代码 9-2 实现的心形图案动态移动效果。

代码9-6　LED点阵动态心形图案 2 LedMatrixShowHeartMove2.ino

```
//引用 LedControl 库
#include "LedControl.h"
/*
    LedControl 类初始化时设置了硬件引脚连接
    引脚 12 连接到 DIN
    引脚 11 连接到 CLK
    引脚 10 连接到 CS
    第四个参数为级联芯片个数
*/
LedControl lc = LedControl(12, 11, 10, 1);
//图形数据，此处使用二进制形式的值表示字节，方便修改图形
byte Data[] =
{
  B00000000,
  B01101100,
  B10010010,
  B10000010,
  B01000100,
  B00101000,
  B00010000,
  B00000000,
};
//滚动帧时间间隔
int delaytime = 300;

void setup() {
  //设置为非节电模式
  lc.shutdown(0, false);
  //设置亮度为8
  lc.setIntensity(0, 8);
  //清空显示
  lc.clearDisplay(0);
}

void loop() {
  //循环将图形字节写至芯片，并生成下一帧内容
  for (int row = 0; row < 8; row++)
```

```
{
  lc.setRow(0, row, Data[row]);
  Data[row] = byteMoveLeft(Data[row]);
}
delay(delaytime);
}
//将字节中内容左移 1 位，并将最高位填补到字节末位
byte byteMoveLeft(byte Byte)
{
  return Byte << 1 | bitRead(Byte, 7);
}
```

使用该库后图案数据可以使用字节数组格式，因此可以使用一些字符图案取模的软件生成字模，如"PCtoLCD2002"。

9.2　传感器

8.5 节中介绍了多款传感器，这些传感器都非常简单易用，输出信号为数字电平或模拟电压，容易采集和使用。本节中将继续介绍更多传感器，这些传感器稍为复杂，用到数据传输的协议或通信总线。通过学习这些传感器，可以帮助读者初步了解和认识驱动编程。

9.2.1　温、湿度传感器

如图 9-10 所示为 DHT11 温、湿度传感器。DHT11 是一款已校准的 NTC 温测元件、湿敏电阻元件复合的单数据传输线数字传感器。其测量范围为：湿度 20%～90%RH（±5%RH），温度 0～50℃（±2℃），数据精度为 1。

需要准备的实验材料如下：

- Arduino 开发板（任意型号）×1；
- DHT11 传感器×1；
- 杜邦线若干。

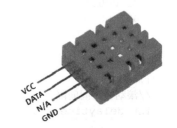

图 9-10　DHT11 温、湿度传感器

DHT11 DATA 引脚为双向通信引脚，可以与 Arduino 任意数字引脚连接。此时 Arduino 与 DHT11 可以进行单线双向通信（下称该线为总线）。一次数据采集通信过程电平变化情况如图 9-11 所示。

- 开始：单片机拉低总线大于 18 毫秒，即为"起始信号"。
- 响应：DHT11 检测到"起始信号"后等待电平拉高并转到高速模式，在单片机拉高总线 20～40 微秒后，DHT11 先拉低后拉高总线各 80 微秒，以此作为"响应信号"，之后开始传输温、湿度数据给单片机，如图 9-12 所示。

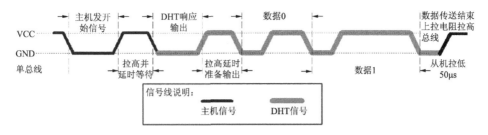

图 9-11　采集通信过程

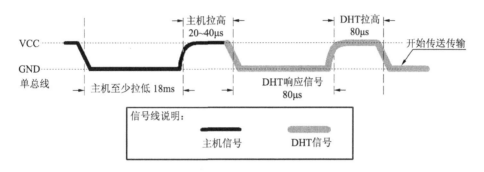

图 9-12　DHT11 响应

- 传输数据：DHT11 将向单片机发送 40bit（位）温、湿度数据，格式为：8bit 温度整数数据+8bit 温度小数数据+8bit 湿度整数数据+8bit 湿度小数数据+8bit 校验和。每 bit 数据传输时，DHT11 先拉低总线 50 微秒，然后拉高总线 26～28 微秒或 70 微秒作为二进制信号 01。该过程循环直到 40bit 数据传输完成。图 9-13 为二进制信号 1。

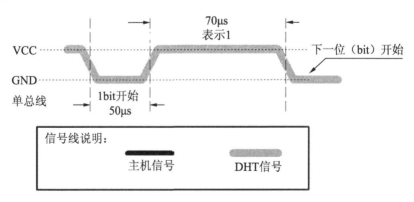

图 9-13　DHT11 信号格式

- 结束：最后一个数据传输完成后，DHT11 拉低总线 50 微秒，然后拉高总线回到空闲低功耗模式。

注意：DHT11 的工作电压为 3～5.5V。建议在连接线小于 20 米时使用 5kΩ电阻上拉总
　　　线，在电源引脚之间增加一个 100nF 的电容用于去耦滤波。DHT11 在上电后有
　　　一段不稳定期，需要让单片机在上电 1 秒内避免操作 DHT11。DHT11 输出的 40bit
　　　温、温度数据中温、湿度小数数据目前为预留扩展的空值，即全为 0。

　　清楚了 DHT11 的工作过程，就能编写程序使 Arduino 通过 DHT11 采集环境温湿度数
据了。从上面的总线通信过程可知，仅需使用一个 Arduino 的普通数字引脚就能完成温湿
度数据采集。如图 9-14 为连接传感器。

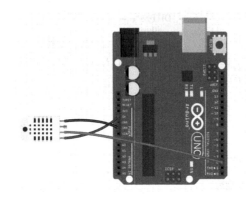
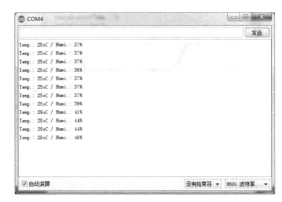

图 9-14　DHT11 连接和运行效果

代码 9-7 实现了通过 DHT11 采集环境温、湿度数据并输出到串口监视器的功能。

代码9-7　DHT11简单采集 Dht11Simple.ino

```
//温度、湿度变量定义
int temp, humi;

void setup()
{
  Serial.begin(9600);
  //延时等待 DHT11 上电稳定
  delay(2000);
}

void loop()
{
  //将 DHT11 温、湿度数据采集到变量
  dht11Read(2);
  //输出温度、湿度
  Serial.print("Temp.: ");
  Serial.print(temp);
  Serial.print("oC");
  Serial.print(" / ");
  Serial.print("Humi.: ");
  Serial.print(humi);
  Serial.println("%");
```

```
  //延时一段时间等待下次采集
  delay(2000);
}

void dht11Read(byte pin)
{
  //创建数字数组，用来存放 40 个位（bit）
  byte value[5] = {0};

  //设置 2 号接口模式为：输出
  pinMode(pin, OUTPUT);
  //输出低电平 20ms（>18ms）
  digitalWrite(pin, LOW);
  delay(20);
  //输出高电平 40μs
  digitalWrite(pin, HIGH);
  delayMicroseconds(40);
  //设置 2 号接口模式：输入
  pinMode(pin, INPUT);
  //等待响应信号
  while (digitalRead(pin));
  while (!digitalRead(pin));
  while (digitalRead(pin));
  //开始读取 40bit 值
  for (int i = 0; i < 40; i++)
  {
    //当出现高电平时，记下时间 "time"，pulseIn() 函数用法参考 8.5.6 节
    unsigned long count = pulseIn(pin, HIGH);
    //得出的值若大于 50us，则为 1，否则为 0，并储存到数组中
    if (count > 50)
    {
      //i/8 选中数据字节，0x80 >> ( i % 8)将该位数据写至字节中对应位上
      value[i / 8] |= 0x80 >> ( i % 8);
    }
  }

  //湿度+温度=校对码，校验不通过则提示错误
  if (value[0] + value[2] == value[4])
  {
    humi = value[0];
    temp = value[2];
  }
  else
    Serial.println("Data error.");
}
```

以上代码运行后可以在 IDE 的串口监视器中看到图 9-14 右图所示温、湿度输出效果。

上述代码虽然简单地实现了 DHT11 驱动，没有用复杂的指针为难新手阅读代码，但是程序代码没有做到高内聚低耦合，不利于代码的移植。为了使程序看起来更简练并操作更多 DHT11 传感器，还可以使用第三方的 DHT11 类库来操作 DHT11。本书配套资源内本节子目录内包含了 DHT11 的 Arduino 库压缩包文件 Dht11.zip。

图 9-15　例程位置

导入该库到 IDE 后（操作可参考 9.1.3 节）。可在"文件"|"示例"|"第三方库示例"菜单下找到该库的例程（见图 9-15）。代码 9-8 为 DHT11 库例程 dht11，其实现了通过 DHT11 采集环境温、湿度数据和计算露点数据，并输出到串口监视器的功能。

代码9-8　DHT11采集 dht11.ino

```
//摄氏温度转化为华氏温度
double Fahrenheit(double celsius)
{
  return 1.8 * celsius + 32;
}
//摄氏温度转化为开氏温度
double Kelvin(double celsius)
{
  return celsius + 273.15;
}

// 露点值计算（在此温度时空气饱和并产生露珠）
// 参考: http://wahiduddin.net/calc/density_algorithms.htm
double dewPoint(double celsius, double humidity)
{
  double A0 = 373.15 / (273.15 + celsius);
```

```
  double SUM = -7.90298 * (A0 - 1);
  SUM += 5.02808 * log10(A0);
  SUM += -1.3816e-7 * (pow(10, (11.344 * (1 - 1 / A0))) - 1) ;
  SUM += 8.1328e-3 * (pow(10, (-3.49149 * (A0 - 1))) - 1) ;
  SUM += log10(1013.246);
  double VP = pow(10, SUM - 3) * humidity;
  double T = log(VP / 0.61078); // temp var
  return (241.88 * T) / (17.558 - T);
}

// 快速计算露点，速度是 5 倍 dewPoint()
// 参考：http://en.wikipedia.org/wiki/Dew_point
double dewPointFast(double celsius, double humidity)
{
  double a = 17.271;
  double b = 237.7;
  double temp = (a * celsius) / (b + celsius) + log(humidity / 100);
  double Td = (b * temp) / (a - temp);
  return Td;
}

#include <dht11.h>
dht11 DHT11;
#define DHT11PIN 2

void setup()
{
  //初始化时输出类库版本
  Serial.begin(9600);
  Serial.println("DHT11 TEST PROGRAM ");
  Serial.print("LIBRARY VERSION: ");
  Serial.println(DHT11LIB_VERSION);
  Serial.println();
}

void loop()
{
  Serial.println("\n");

  //采集温、湿度并输出采集结果提示信息
  int chk = DHT11.read(DHT11PIN);
  Serial.print("Read sensor: ");
  switch (chk)
  {
    case DHTLIB_OK:
      Serial.println("OK");
      break;
    case DHTLIB_ERROR_CHECKSUM:
      Serial.println("Checksum error");
      break;
    case DHTLIB_ERROR_TIMEOUT:
      Serial.println("Time out error");
      break;
    default:
```

```
        Serial.println("Unknown error");
        break;
    }

    //输出采集结果的温、湿度值和露点值
    Serial.print("Humidity (%): ");
    Serial.println((float)DHT11.humidity, 2);

    Serial.print("Temperature (oC): ");
    Serial.println((float)DHT11.temperature, 2);

    Serial.print("Temperature (oF): ");
    Serial.println(Fahrenheit(DHT11.temperature), 2);

    Serial.print("Temperature (K): ");
    Serial.println(Kelvin(DHT11.temperature), 2);

    Serial.print("Dew Point (oC): ");
    Serial.println(dewPoint(DHT11.temperature, DHT11.humidity));

    Serial.print("Dew PointFast (oC): ");
    Serial.println(dewPointFast(DHT11.temperature, DHT11.humidity));

    delay(2000);
}
```

DHT11 是比较简单的数字单总线温、湿度传感器。其他常用的温度采集器件还有高精度单总线温度传感器 DS 18B20、模拟量温度传感器 LM35 以及其他 NTC、PTC 温、湿度传感器。

注意：高内聚低耦合是软件设计的一个基本原则，说的是在程序的各个模块中，尽量让每个模块独立，相关的处理尽量在单个模块中完成。优点：降低各模块之间的联系，减少"牵一发而动全身"的概率，提高开发效率，降低升级维护成本，也便于进行单元测试，提高软件质量。

9.2.2 气压传感器

气压传感器用于计算海拔高度。图 9-16 左图所示为 BMP180 气压传感器模块，该模块由 BM180 气压传感器及其外围的稳压、通信总线上拉电路组成。BMP180 传感器除了能够测量大气压强，还能测量气温，模块接口为 I2C 总线。模块原理图如图 9-16 右图所示。

需要准备的实验材料如下：

- Arduino 开发板（任意型号）×1；
- BMP180 传感器×1；
- 杜邦线若干。

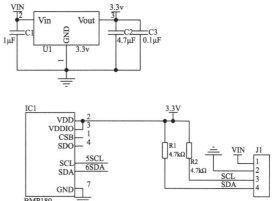

图 9-16　BMP180 气压传感器及其原理图

I2C 总线（读作 I 方 C 总线）是由飞利浦公司开发的两线式串行总线，常用于微控制器与外围传感器的数据传输。其具有控制方式简单、通信速率高等特点。在 Arduino 上，AVR 单片机的 TWI 总线接口与 I2C 总线是兼容的。也就是说，Arduino 可以通过普通 I/O 根据 I2C 总线通信协议编程实现使用该传感器（软实现），也可以使用 TWI 总线接口操作单片机寄存器使用该传感器（硬实现）。其中后者实现较为简便和稳定。Arduino 的库函数里已经将 TWI 视为 I2C 应用于外围通信。

I2C 通信一般采用双线方式，此时两条信号线为 SDA、SCL。SDA 用于数据传输，SCL 为数据传输过程主设备提供的时序信号。

如图 9-17 所示，在 SCL 为高电平时，SDA 电平拉低和拉高的分别是通信过程的"起始信号"和"终止信号"。

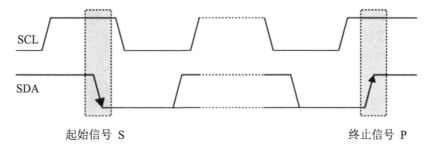

图 9-17　I2C 通信"起始信号"和"终止信号"

如图 9-18 所示，在 SCL 为低电平时，SDA 调整电平可以表达一个数据位（SCL 为高电平时要求 SDA 电平稳定），直到 SCL 重新回到低电平方可发出下一位数据。

I2C 通信数据传输格式如图 9-19 所示，一帧数据为 8 位长度的字节和 1 位应答位，传输字节数据时高位（MSB）在前。应答位由从机发出，如果一段时间内没有收到从机的应答信号，则自动认为从机已正确接收到数据。

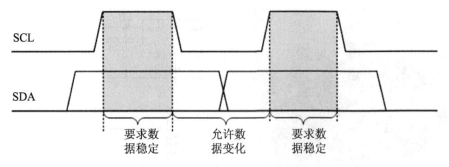

图 9-18　I2C 通信过程数据信号

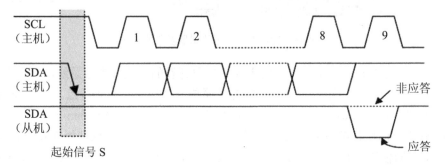

图 9-19　I2C 通信数据传输格式

I2C 总线能连接多个设备，每个 I2C 设备都具有 ID。I2C 通信开始后主机发送的第一个字节为 7 位的从机 ID（0 为群呼 ID，因此总线上最多能连接 127 个 I2C 器件）加 1 位的读写位，指定 ID 从机收到后发送应答信号（ASK）以表示在线。一般器件 ID 前 4 位由厂商固化，后 3 位可通过控制器件引脚电平设置（因此总线上最多能挂载同一型号芯片器件最多 8 个）。

如图 9-20 所示为连接 BMP180 气压传感器，模块 SDA、SCL 引脚连接至 UNO 的 A4、A5 引脚，如果模块只有 3.3V 供电，请勿将其连接至 5V。

图 9-20　BMP180 模块连接

IDE 中 Wire 类库可以很方便地操作 I2C 设备，SFE_BMP180 库已经对 Arduino 与 BMP180 的 I2C 通信过程做了封装。IDE 中安装了本章提供的 BMP180.zip 类库包，就能通过代码 9-9 实现利用 BMP180 采集气压、温度等数据并输出到串口监视器的功能。

代码9-9　BMP180采集数据 BMP180.ino

```
/*
连接传感器到 I2C 引脚（SCL 和 SDA）
```

```
  I2C 引脚在不同 Arduino 上不同：
  Arduino 引脚:          SDA  SCL
  Uno, Redboard, Pro:    A4   A5
  Mega2560, Due:         20   21
  Leonardo:              2    3
*/

//引用 BMP180 库和 I2C 总线通信库
#include <SFE_BMP180.h>
#include <Wire.h>
//实例化对象
SFE_BMP180 pressure;

void setup()
{
  Serial.begin(9600);
  // 初始化传感器（得到校准值并存储在设备上）
  if (pressure.begin())
    Serial.println("BMP180 init success");
  else
  {
    //初始化失败，有可能是引脚连接问题
    Serial.println("BMP180 init fail\n\n");
    //死循环不往下运行
    while (1);
  }
}

void loop()
{
  char status;
  double T, P;

  //请求测量，并获取等待测量的时间（毫秒）值，如果请求失败则返回 0
  status = pressure.startTemperature();
  if (status != 0)
  {
    //等待测量完成
    delay(status);
    //将温度保存到变量 T
    status = pressure.getTemperature(T);
    if (status != 0)
    {
      //输出温度
      Serial.print("temperature: ");
      Serial.print(T, 2);
      Serial.println(" deg C");

      //压力测量，参数可以为 0～3，为 3 时精度最高，测量耗时最长
      status = pressure.startPressure(3);
      if (status != 0)
      {
        delay(status);
```

```
      //将气压保存到变量 P，需要提供温度 T
      status = pressure.getPressure(P, T);
      if (status != 0)
      {
        //输出气压，值 P 单位为 hPa，这里转换为常用单位 kPa 输出
        Serial.print("absolute pressure: ");
        Serial.print(P/10, 2);
        Serial.println(" kPa");
      }
      else
        Serial.println("error retrieving pressure measurement\n");
    }
    else
      Serial.println("error starting pressure measurement\n");
  }
  else
    Serial.println("error retrieving temperature measurement\n");
  }
  else
    Serial.println("error starting temperature measurement\n");

  Serial.println();

  //每 2 秒循环得到温度、压力读数
  delay(2000);
}
```

程序运行效果如图 9-21 所示。

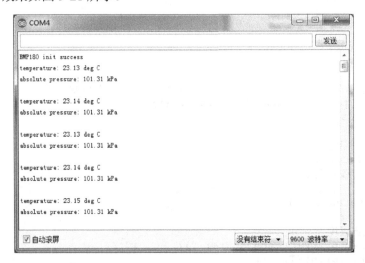

图 9-21　BMP180 采集得到的气压、温度等数据

注意：由于 Arduino 单片机型号不同，UNO 上 I2C 在引脚 A4（SDA）、A5（SCL），Mega 上 I2C 在引脚 20（SDA）、21（SCL），UNO 上 I2C 在引脚 2（SDA）、3（SCL）。

9.2.3 陀螺仪加速度传感器

如图 9-22 左图所示，GY-521 模块是采用 MPU6050 陀螺仪加速度传感器的运动检测模块，该模块也是 I2C 总线设备。如图 9-22 右图所示为该模块原理图。

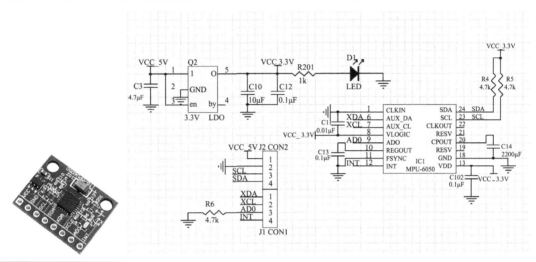

图 9-22 MPU6050 模块及其原理图

MPU6050 具有三轴陀螺仪和三轴加速度传感功能。通过陀螺仪传感数据可以精确地确定物体的运动状态，加速度数据用于辅助计算提高运动数据计算结果精确度。

MPU-6000 的角速度全格感测范围为 ±250、±500、±1000 与 ±2000° /sec (dps)，可准确追踪快速与慢速动作，且用户可设置加速器全格感测范围为 ±2g、±4g、±8g 与 ±16g。该传感器技术可应用于体感、导航、稳像……用途较多且领域广。

使用 I2C 总线和开源的 MPU6050 库可以简单获取来自传感器的运动角速度、加速度数据。

需要准备的实验材料如下：

- Arduino 开发板（任意型号）×2；
- GY-521 模块×1；
- 杜邦线若干。

9.2.2 节中介绍了 I2C 总线的通信格式，但是没有对 Arduino 自带的 I2C 库 Wire 调用过程作详细解析。

在此通过两块 Arduino 间 I2C 通信的一个实验来理解该类库。如图 9-23 所示连接两块 Arduino，其中黑线作用为"共地"，如果两块 Arduino 供电为同一电源，则可以省略该连接线。

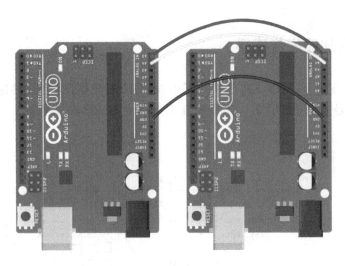

图 9-23　两块 Arduino 之间 I2C 通信接线

在 IDE "示例" |Wire 类库例程菜单中找到例程 master_writer（见代码 9-10），并将其下载至其中的一块 Arduino 上。

代码9-10　主设备发送数据　master_writer.ino

```
#include <Wire.h>

void setup() {
  //作为主设备加入 I2C 通信
  Wire.begin();
}

byte x = 0;

void loop() {
  //开始对地址为 8 的设备进行数据传输，发出起始信号，并向总线上写字节 0x08
  Wire.beginTransmission(8);
  //发送 5 个字节
  Wire.write("x is ");
  //发送一个字节
  Wire.write(x);
  //结束通信，此时总线上会发出如图 9-17 所示的结束信号
  Wire.endTransmission();

  x++;
  delay(500);
}
```

该例程实现了循环对地址 8 发送数据。

在 IDE "示例" |Wire 类库例程菜单中找到例程 slave_receiver（见代码 9-11）并将其下载至另一块 Arduino 上。

代码9-11 从设备接收数据 slave_receiver.ino

```
#include <Wire.h>

void setup() {
  //作为从设备加入 I2C 通信，地址为 8
  Wire.begin(8);
  //设置接收事件
  Wire.onReceive(receiveEvent);
  Serial.begin(9600);
}

void loop() {
  delay(100);
}

//事件处理函数
void receiveEvent(int howMany) {
  //当缓冲区中数据量大于 1 时一直循环处理
  while (1 < Wire.available()) {
    //缓冲区中取出一个字节
    char c = Wire.read();
    //输出字节
    Serial.print(c);
  }
  //取出缓冲区中最后一个字节放入整型变量中
  int x = Wire.read();
  //输出数值
  Serial.println(x);
}
```

该例程实现了将 Arduino 作为地址为 8 的从设备，接收总线上发给该设备的数据，使用回调方式将接收到的数据用串口输出。串口输出效果如图 9-24 所示。

图 9-24 从设备串口输出

以上实验中展示了"主发从收"，那么如何实现"从发主收"呢？看下一个实验。

在 IDE "示例" |Wire 类库例程菜单中找到例程 slave_sender（见代码 9-12）并打开，并将其下载至其中一块 Arduino。

代码9-12　从设备发送数据 slave_sender.ino

```
#include <Wire.h>

void setup() {
  //作为从设备加入 I2C 通信，地址为 8
  Wire.begin(8);
  //设置请求处理事件
  Wire.onRequest(requestEvent);
}

void loop() {
  delay(100);
}

//当收到读取请求时处理
void requestEvent() {
  //输出数据
  Wire.write("hello ");
}
```

该例程将 Arduino 作为地址为 8 的从设备，设置了主设备对其的请求回调。当有请求时设备将向主设备发送一段数据。

在 Wire 类库例程菜单中找到例程 master_reader （见代码 9-13）并将其下载至另一块 Arduino 上。

代码9-13　主设备接收数据 master_reader.ino

```
#include <Wire.h>

void setup() {
  //作为主设备加入 I2C 通信
  Wire.begin();
  Serial.begin(9600);
}

void loop() {
  //向地址为 8 的设备请求 6 字节数据
  Wire.requestFrom(8, 6);

  //当缓冲区中有数据时
  while (Wire.available()) {
    //缓冲区中取出一个字节
    char c = Wire.read();
    //输出字节
    Serial.print(c);
```

```
  }

  delay(500);
  }
```

该例程实现了 Arduino 作为主设备循环向从设备 8 请求 6 个字节，收到数据后输出到串口。串口输出效果如图 9-25 所示。

图 9-25　主设备串口输出

通过这两个 I2C 通信实验，相信读者对 Wire 类库的使用都了解透彻了，接下来进行 GY-521 模块的实验。

GY-521 模块与 Arduino 的连接采用与 9.2.2 节相同的连接方式，其他接口此次实验中没有用到，所以无须连接。模块上 XDA、XCL 引脚是 MPU6050 作为 I2C 主设备连接磁力计等 I2C 设备辅助计算运动传感的接口。MPU6050 默认 I2C 地址为 0x68，AD0 引脚用于控制地址最低位，在模块原理图中该引脚已经下拉，所以为默认地址，如果该引脚上拉则需要更改通信地址为 0x69。INT 引脚功能是输出中断信号，可设置为运动中断、静止中断、有效数据中断等。

代码 9-14 实现了读取 MPU6050 的寄存器内数据，处理数据后串口输出三轴加速度、三轴角速度和温度。

代码9-14　主设备接收数据 master_reader.ino

```
// MPU-6050 简短示例 By Arduino User JohnChi
#include<Wire.h>
//MPU-6050 I2C 地址
const int MPU_addr = 0x68;
//定义 X、Y、Z 轴加速度，X、Y、Z 轴角速度
int16_t AcX, AcY, AcZ, Tmp, GyX, GyY, GyZ;
void setup() {
  //作为主设备加入 I2C 通信
```

```
 Wire.begin();
 //开始对地址为 MPU_addr 的设备进行数据传输
 Wire.beginTransmission(MPU_addr);
 //选择寄存器 PWR_MGMT_1
 Wire.write(0x6B);
 // set to zero (wakes up the MPU-6050)
 Wire.write(0);
 //结束通信，参数 true 作用为释放总线，作用同 Wire.endTransmission()
 Wire.endTransmission(true);
 Serial.begin(9600);
}
void loop() {
 Wire.beginTransmission(MPU_addr);
 //选择寄存器 0x3B (ACCEL_XOUT_H)
 Wire.write(0x3B);
 //结束但不释放总线
 Wire.endTransmission(false);
 //请求 14 个寄存器的值，并释放总线，使从设备能够发送数据
 Wire.requestFrom(MPU_addr, 14, true);
 //将每两个读取出来的值拼接成一个整型
 AcX = Wire.read() << 8 | Wire.read(); // 0x3B (ACCEL_XOUT_H) & 0x3C
 (ACCEL_XOUT_L)
 AcY = Wire.read() << 8 | Wire.read(); // 0x3D (ACCEL_YOUT_H) & 0x3E
 (ACCEL_YOUT_L)
 AcZ = Wire.read() << 8 | Wire.read(); // 0x3F (ACCEL_ZOUT_H) & 0x40
 (ACCEL_ZOUT_L)
 Tmp = Wire.read() << 8 | Wire.read(); // 0x41 (TEMP_OUT_H) & 0x42
 (TEMP_OUT_L)
 GyX = Wire.read() << 8 | Wire.read(); // 0x43 (GYRO_XOUT_H) & 0x44
 (GYRO_XOUT_L)
 GyY = Wire.read() << 8 | Wire.read(); // 0x45 (GYRO_YOUT_H) & 0x46
 (GYRO_YOUT_L)
 GyZ = Wire.read() << 8 | Wire.read(); // 0x47 (GYRO_ZOUT_H) & 0x48
 (GYRO_ZOUT_L)
 Serial.print("AcX = "); Serial.print(AcX);
 Serial.print(" | AcY = "); Serial.print(AcY);
 Serial.print(" | AcZ = "); Serial.print(AcZ);
 //获取芯片温度，公式来自数据手册
 Serial.print(" | Tmp = "); Serial.print(Tmp / 340.00 + 36.53);
 Serial.print(" | GyX = "); Serial.print(GyX);
 Serial.print(" | GyY = "); Serial.print(GyY);
 Serial.print(" | GyZ = "); Serial.println(GyZ);
 delay(333);
}
```

程序运行效果如图 9-26 所示。

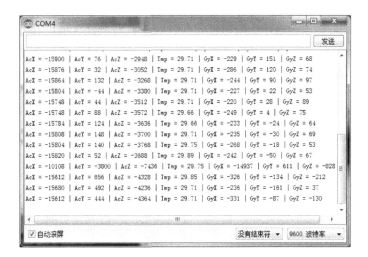

图 9-26　加速度、角速度等数据输出

⌂**注意**：环境温度的变化对于传感器的准确测量来说是必须考虑的一个因素，因此很多传感器都会内置温度传感器。MPU6050 更多寄存器使用说明详见官方数据手册。

9.2.4　颜色传感器

如图 9-27 上图所示为 TSC3200 颜色传感器模块 GY-31，其原理图如图 9-27 右图所示。传感器上有 4 个白色光 LED 用于照亮被测物体，根据物体反射三种色光的强度可以判断出被测物体的颜色。该传感器常用于色度计量应用行业。

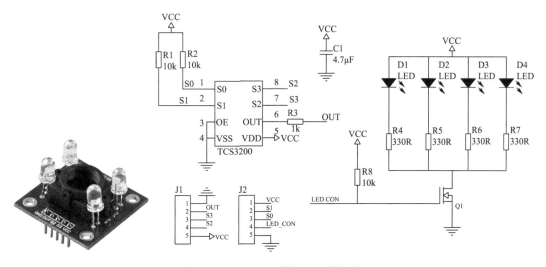

图 9-27　TSC3200 模块及其原理图

通常人眼看到的物体颜色，是由物体表面吸收了照射到它上面的白光（如日光）中的一部分有色成分，反射出另一部分有色光在人眼中的体现。白色是由各种频率的可见光混合在一起构成的，也就是说白光中包含着各种颜色的光（如红、黄、绿、青、蓝、紫）。根据德国物理学家赫姆霍兹（Helinholtz）的三原色理论可知，各种颜色是由不同比例的三原色（红、绿、蓝）混合而成的。

通过三原色的感应原理可知，如果得到构成各种颜色的三原色的值，就能够知道所测试物体的颜色。对于 TCS3200 来说，当选定一个颜色滤波器（可以选红、绿、蓝 3 个颜色滤波器）时，它只允许某种特定的原色通过，阻止其他原色通过。例如，当选择红色滤波器时，入射光中只有红色可以通过，蓝色和绿色都被阻止，这样就可以得出红色光的光强。同理，选择其他颜色的滤波器，就可以得到其他色光的光强。通过这 3 个光强值就可以算出 TCS3200 传感器所探测的颜色。

模块 LED_CON 引脚（低电平有效）为模块 4 个白色光照明 LED 控制，为不发光物体提供发射光源，如果检测目标为发光物体则无须使用。TCS3200 传感器 S2、S3 引脚用于设置采用的颜色滤波器，其滤波器选择方式参见表 9-3。

表 9-3　滤波器选择

引脚S2 电平	引脚S3 电平	滤波器
0	0	红
0	1	蓝
1	0	不启用滤波
1	1	绿

模块会根据某种光线强度通过 OUT 引脚输出 2Hz～500kHz 的方波（占空比 50%），所输出方波频率的比例因数可以通过模块 S0、S1 引脚设置，其输出方波频率比例因数设置参见表 9-4。

颜色采样的集体实现过程为，对 3 个滤波器通道循环取样（使用中断引脚对电平跳变次数统计）100 毫秒。假设白色物体能够反射所有光线，那么白色物体反射光线中红、绿、蓝三色分量均为 100%。红、绿、蓝三色分量可转换为 3 个 0～255 范围的值（RGB 色彩值）表示一个颜色。为了适应不同光线环境下采样，在程序运行后需要先取得白平衡因数，用于对后续每通道采样值转换为 RGB 值。其中白平衡因数公式为：

表 9-4　输出方波频率比例因数设置

引脚S0 电平	引脚S1 电平	比例因数
0	0	0，即关闭输出
0	1	2%
1	0	20%
1	1	100%

白平衡因数=255×取样值

输出 RGB 值中一个通道的输出值：

输出值=取样值×白平衡因数

需要准备的实验材料如下：

- Arduino 开发板（任意型号）×1；
- TSC3200 模块×1；
- 杜邦线若干。

将 TSC3200 模块与 Arduino 按如图 9-28 所示进行连接。

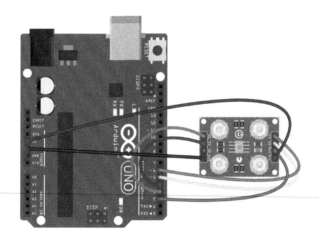

图 9-28　TSC3200 模块连接

安装本章资源目录下的类库 TimerOne.zip，该类库用于实现精确定时。打开本章资源
目录下例程 TCS3200。该例程如代码 9-15 所示。

代码9-15　颜色感应 TCS3200.ino

```
//定时类库
#include <TimerOne.h>
//引脚定义
#define s0 3
#define s1 4
#define s2 5
#define s3 6
#define out 2
//频率计数
unsigned long counter = 0, RGB[3] ;
//通道采样时间
unsigned long timer = 100000 ;
//转换 RGB 值因数
float wRGB[3];
byte flag = 0;
```

```
void setup() {
  Serial.begin(115200);
  pinMode(s0, OUTPUT);
  pinMode(s1, OUTPUT);
  pinMode(s2, OUTPUT);
  pinMode(s3, OUTPUT);
  digitalWrite(s0, HIGH);
  digitalWrite(s1, HIGH);
  digitalWrite(s2, LOW);
  digitalWrite(s3, LOW);
  //设置电平跳变触发计数中断
  attachInterrupt(0, COUNT, CHANGE);
  //初始化定时器，定时时间结束将触发调用
  Timer1.initialize();
  Timer1.setPeriod(timer);
  Timer1.attachInterrupt(timeCallback);

  //延时 1s 等待颜色采样，在这个时间内需要把传感器对准白色物体
  delay(1000);
  //通过白色物体三通道计数值算出转换 RGB 值因数
  wRGB[0] = 255.0 / RGB[0];
  wRGB[1] = 255.0 / RGB[1];
  wRGB[2] = 255.0 / RGB[2];

  //输出转换 RGB 值因数
  Serial.print(wRGB[0]);
  Serial.write(',');
  Serial.print(wRGB[1]);
  Serial.write(',');
  Serial.print(wRGB[2]);
  Serial.write('\n');
}

//电平跳变时计数
void COUNT() {
  counter++;
}

//三通道切换采样
void timeCallback() {
  if (flag == 3)
    flag = 0;
  //采样
  RGB[flag] = counter;
  //通道切换
  if (flag == 0) {
    //红色切换到绿色
    digitalWrite(s2, HIGH);
    digitalWrite(s3, HIGH);
  }
  else if (flag == 1) {
```

```
   //绿色切换到蓝色
   digitalWrite(s2, LOW);
   digitalWrite(s3, HIGH);
 }
 else if (flag == 2) {
   //蓝色切换到红色
   digitalWrite(s2, LOW);
   digitalWrite(s3, LOW);
 }
 flag++;
 delay(100);
 //重置计数、定时
 counter = 0;
 Timer1.setPeriod(10000);
}

void loop() {
 //循环输出 RGB 值
 Serial.print((int)constrain(RGB[0]*wRGB[0], 0, 255));
 Serial.write(',');
 Serial.print((int)constrain(RGB[1]*wRGB[1], 0, 255));
 Serial.write(',');
 Serial.print((int)constrain(RGB[2]*wRGB[2], 0, 255));
 Serial.write('\n');
 delay(500);
}
```

程序下载后，不要打开串口监视器，在本章资源目录下找到 PC 端（这里以 Windows 为例）小工具"颜色测试小工具.exe"并运行，程序界面如图 9-29 左图所示。

图 9-29　颜色测试小工具和白平衡操作方式

打开串口探测颜色之前，还需要对环境白平衡因数进行获取。即将模块对准白色物体（如白纸，操作如图 9-29 右图所示），同时选择 Arduino 串口号并打开。打开串口后，保持对准白色物体直到白平衡因数在界面上显示即完成白平衡操作。最后将模块对准其他颜色界面上会实时采样出的颜色。

🔔**注意：**模块需要与物体保持 5～10cm 距离以保证补光反射到 TCS3200 芯片上。模块与物体距离不合适或者白平衡因数误差过大均会导致测得颜色误差过大。黑暗环境下 TCS3200 最小输出频率为 2Hz 即跳变间隔为 0.25 秒，这个时长大于 100ms 采样时长，取到的误跳变亦在误差允许范围内。

9.3　数据通信

前面已经介绍了串口、I2C 总线等数据有线传输方式。有线传输除了这些数据协议，还有 SPI 总线、RJ45、CAN 总线等。无线数据传输方式有红外、蓝牙、WiFi、2.4GHz、315/413MHz 等，本节将带领读者领略数据通信的奇妙之处。

9.3.1　蓝牙数据传输

蓝牙是高效稳定的一种数据传输技术，除了高效稳定，蓝牙 4.0 技术还具有功耗低、传输距离远等特点。蓝牙的无线载波频率在 2.402～2.480GHz，传输速率可达 1Mbps，传输距离最远可达 100m，最大功耗不大于 100mW。

蓝牙标准中定义了多种协议，能使蓝牙应用于各种数据传输。例如，音频传输使用 HSP、A2DP 协议，通话控制使用 HFP 协议，网络接入使用 DUN、PAN 协议……

蓝牙 SPP（Serial Port Profile，串行端口协议）是用于规范文本数据传输的协议。蓝牙 SPP 使蓝牙能当作串行端口操作进行数据传输。如图 9-30 上图所示为 HC-05 蓝牙数传模块，其原理图如图 9-30 下图所示。

HC-05 蓝牙模块支持主从模式，即可以连接其他蓝牙（主模式）或者被其他蓝牙设备连接（从模式）。模块的 EN 引脚为电源控制，已经被拉高，输入低电平可关闭模块电源。模块的 STATE 接口为连接状态输出，配对连接后输出高电平。

HC-05 可以连接 3～6V 电源。给模块上电会进入正常工作模式（该模式下蓝牙未配对时指示灯快闪），该模式下可以将模块用作无线串口，对模块发送的数据（对 RX 引脚发送的串口数据）将会通过无线信号发送到配对的另一端蓝牙设备上，另一端发送的数据也能通过模块的 TX 引脚输出。

如果按下模块上的按键后上电，可以使模块进入 AT 指令模式（该模式下模块上指示灯慢闪）。此时向模块发送 AT 指令可以配置或查询模块参数，模块执行 AT 指令后会返回执行结果，HC-05 支持的 AT 指令如下。

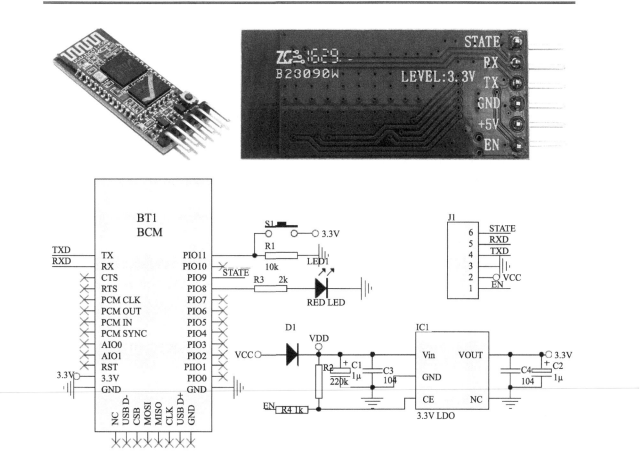

图 9-30　HC-05 蓝牙模块及其原理图

1．AT

作用：测试指令。
响应：OK。

2．AT+RESET

作用：模块复位。
响应：OK。

3．AT+VERSION?

作用：查询模块软件版本。
响应："+VERSION:\<Param\>\r\nOK"，其中"\<Param\>"为软件版本号。

4．AT+ORGL

作用：恢复出厂设置。
响应：OK。

5．AT+ADDR?

作用：查询模块 MAC 地址。
响应："+ ADDR:<Param>\r\nOK"，其中"<Param>"为模块 MAC 地址。

6．AT+NAME=<Param>

作用：设置蓝牙名称，其中"<Param>"为需要设置的名称。
响应：OK。已设置的名称可以查询，指令为"AT+NAME?"（带参数的设置指令，等号后面部分换成问号均可查询已设置的参数），响应格式"+ NAME:<Param>\r\nOK"。

7．AT+ROLE=<Param>

作用：设置蓝牙角色模式。其中，"<Param>"为需要设置的模式，0 为从模式，1 为主模式，2 为回环模式（用于自检），默认为从模式。
响应：OK。

8．AT+PSWD=<Param>

作用：设置配对密码，其中"<Param>"为自定义密码，默认密码为"1234"。
响应：OK。

9．AT+UART=<Param>,<Param2>,<Param3>

作用：设置 UART 通信参数。其中，"<Param>"为波特率，支持传输波特率为 4800/9600/19200/38400（默认）/57600/115200/230400/460800/921600/138240。"<Param2>"为停止位，0 为 1 位（默认），1 为 2 位。"<Param3>"为校验位，0 为无，1 为奇校验，2 为偶校验。
响应：OK。

10．AT+INQM=<Param>,<Param2>,<Param3>

作用：设置蓝牙搜索参数。其中，"<Param>"为模式，0 为标准模式，1 为带 RSSI（接收信号强度指示）模式；"<Param2>"为最大搜索数量；"<Param3>"为查询超时，可设置值 1～48，对应（1～48）×1.28 秒。
响应：OK。
在使用蓝牙模块前，需要对模块波特率、配对密码等修改为合适的值以保证通信的安全性和稳定性。需要准备的实验材料如下：

- Arduino 开发板（任意型号）×1；
- HC-05 模块×1；
- USB 转 TTL 模块×1；
- 带蓝牙功能设备×1；
- 杜邦线若干。

该实验较特殊，在接线前，需要先下载程序到 Arduino 上。代码 9-16 的功能为通过蓝牙无线数据透传发送指令，实现开发板上 LED 亮灭的控制。

代码9-16　蓝牙控制LED BluetoothCtrlLed.ino

```
#define LED 13

void setup() {
  //设置波特率为蓝牙模块采用的波特率
  Serial.begin(38400);
  pinMode(LED, OUTPUT);
}

void loop() {
  //当串口缓冲区有数据时
  if (Serial.available()) {
    //取出一个字节并判断是否为字符 0，如果是则熄灭 LED，否则点亮 LED
    if (Serial.read() == '0')
    {
      digitalWrite(LED, LOW);
      Serial.println("LED off.");
    } else
    {
      digitalWrite(LED, HIGH);
      Serial.println("LED on.");
    }
  }
}
```

下载程序后，参考图 9-31 对设备进行连接（注意 Arduino 与蓝牙模块之间 TX 与 RX 信号交换连接）。

默认情况下，模块工作在从机模式，38400 波特率，配对密码为"1234"。

如果读者的笔记本电脑具有蓝牙功能，可以直接使用笔记本电脑内置的蓝牙连接 Arduino 上的蓝牙模块。或者使用手机连接 Arduino 上的蓝牙模块。如果没有蓝牙功能，可以使用 USB 蓝牙或 USB TTL 工具连接另一个 HC-05 模块设置为主模式后搜索连接 Arduino 上的蓝牙模块。

如果使用计算机上的蓝牙，连接后使用串口监视器打开蓝牙的串行端口即可进行通信。如果使用手机蓝牙，需要安装本章资源目录下提供的蓝牙串口助手透传工具 BluetoothSppPro.apk，安装后运行并确认打开蓝牙，软件会自动搜索周边蓝牙设备并显示在列表中，如图 9-32 左图所示。此时点选 Arduino 上蓝牙设备的名字可以连接该蓝牙设备，如图 9-32 中图所示。连接成功后蓝牙模块上指示灯间隔双闪,此时可以进入"命令行模式",界面如图 9-32 右图所示。进入界面后发送字符指令 0 或 1 可以控制开发板上 L 指示灯亮灭。

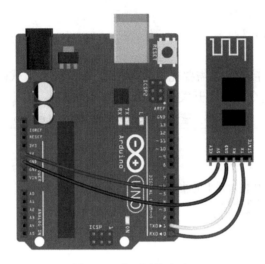

图 9-31　蓝牙通信实验

图 9-32　连接蓝牙并进行测试

🔔注意:Arduino 与蓝牙模块的连接方式为 TX 对 RX,作用为蓝牙与 Arduino 直接通过串口交换数据。此处 USB 连接 Arduino 的作用为供电,不要在实验过程中占用 Arduino 的串行端口。

如果上述实验效果无法实现，请进入蓝牙 AT 指令模式使用指令检查蓝牙模块的配置是否为从模式、38400 波特率等。当然可以顺便修改配对密码、蓝牙名称等参数以保证蓝牙通信的安全性。

对蓝牙进行配置首先连接蓝牙，图 9-31 所示的连接方式适用于测试而不适用于配置。在此笔者列举三种可以配置蓝牙模块的方式。

如果读者手中有 USB 转 TTL 串口的模块，可以按如图 9-33 所示方式连接蓝牙模块（主要为 TXD、RXD 交换连接），在计算机端安装好 USB 转 TTL 串口模块对应的驱动。

图 9-33　连接蓝牙模块

在蓝牙模块上电前，需要先按住模块的按键，再给模块接上电源（后续两种方法也需要先进入 AT 命令模式），此时蓝牙模块指示灯慢闪，表示工作在 AT 命令模式下。

使用串口监视器打开对应端口，并设置波特率为 38400，结束符类型为"NL 和 CR"（选择此结束符类型后发出的每条命令都带换行符号"\r\n"，如果没有换行符，蓝牙模块将不能正确识别所发送的指令）。

此时向串口发送的指令会通过 USB 转串口后发送给蓝牙模块，蓝牙模块处理指令后会响应消息。如图 9-34 所示为 AT 指令执行效果。

图 9-34　AT 命令执行效果

如果读者手中没有 USB 转 TTL 串口的模块，希望使用 Arduino 自带的 USB 转串口功能连接蓝牙模块，还可以采用如下简单的方法。

前面介绍过 TTL 串口通信的电平信号，从中可得知空闲时数据线为高电平，那么只要让 Arduino 的 D0、D1 引脚处于上拉输入模式即可，上拉后不影响 USB 转 TTL 芯片输出低电平，此时打开 Arduino 的串口即可配置蓝牙模块。代码 9-17 设置 D0、D1 引脚实现利用 Arduino 的 USB 转串口芯片。

代码9-17　USB转串口1 SerialTools1.ino

```
void setup() {
  pinMode(0, INPUT_PULLUP);
  pinMode(1, INPUT_PULLUP);
}
void loop() {
}
```

下载程序后，注意蓝牙模块与 Arduino 的 TX、RX 引脚一一对接而不是交叉连接。

除了上述两种方法，还有一种软实现的方法，那就是利于 Arduino 自带的 SoftwareSerial 类库。该类库能将 Arduino 的任意两个数字输出引脚当成一路串口使用。

代码 9-18 实现的功能是将 D10、D11 引脚当成软串口，中转自带串口与软串口的数据。

代码9-18　USB转串口2 SerialTools2.ino

```
#include <SoftwareSerial.h>
SoftwareSerial mySerial(10, 11); // RX, TX

void setup() {
  Serial.begin(38400);
  while (!Serial) {
    ;
  }
  mySerial.begin(38400);
}

void loop() {
  if (mySerial.available()) {
    Serial.write(mySerial.read());
  }
  if (Serial.available()) {
    mySerial.write(Serial.read());
  }
}
```

下载该程序后，将蓝牙模块 RX、TX 引脚与 Arduino 的 D10、D11 引脚连接即可使用串口监视器配置蓝牙模块。

9.3.2　单向无线数据传输

蓝牙通信有很好的安全性和稳定性，但在一些场合只需要使用无线通信进行单向数据传输且不需要复杂的双向验证。为了降低成本，可以使用常用的超再生 315MHz（下称 315）/330MHz（下称 330）/433.92MHz（下称 433）无线射频模块（三者区别在于射频频率不同，电路上除主要元件外无其他差异，下简称超再生射频模块）实现通信，这三个频段都在我国的免申请发射接收频段内。

　　超再生射频模块常用于车辆防盗系统无线遥控器、遥控自动门等。图 9-35 分别展示了一对无线数据传输模块（左图分别为接收模块、发射模块）和一对遥控模块（右图）。

图 9-35　无线射频模块

　　此类模块工作电压较宽，当发射电压为 3V 时，空旷地传输距离约 20～50 米，发射功率较小；当电压为 5V 时，空旷地传输距离约 100～200 米；当电压为 9V 时，空旷地传输距离约 300～500 米；当发射最佳工作电压为 12V 时，此时具有较好的发射效果，发射电流约 60mA（毫安），空旷地传输距离约 700～800 米，发射功率约 500mW（毫瓦）。建议外接天线：发射模块 10cm，接收模块 30cm。

　　需要准备的实验材料如下：

- Arduino 开发板（任意型号）×2；
- 超再生数传射频模块一对×1；
- 杜邦线若干。

　　超再生数传射频模块输入、输出信号均为调制后的频率信号，VirtualWire 类库提供了调制和解调功能，通过这个类库能简单地操作无线射频模块收发数据。在本章资源目录下找到 VirtualWire.zip 并安装。按如图 9-36 所示连接发送、接收模块至两块 Arduino 开发板，注意接收模块中间两个 DATA 引脚只需要连接任意一个。

图 9-36　模块连接

代码 9-19 通过超再生射频发送模块实现无线发送从串口发来的数据。

代码9-19　串口数据通过无线发出 WirelessSend.ino

```
#include <VirtualWire.h>

void setup()
{
  Serial.begin(9600);
  //设置连接发送模块的引脚
  vw_set_tx_pin(12);
  //定义传输速率，bit/s
  vw_setup(2000);
}

void loop()
{
  //获取串口收到的数据
  String msg = comData();
  if (msg != "") {
    digitalWrite(13, 1);
    //发送数据，调用 c_str 方法可以得到该字符串的指针，length 方法取得数据长度
    vw_send(msg.c_str(), msg.length());
    //等待数据发送完成
    vw_wait_tx();
    Serial.println("Send: "+msg);
    digitalWrite(13, 0);
  }
}

//串口数据抓取
String comData()
{
  String inputString = "";
  while (Serial.available())
  {
    inputString += (char)Serial.read();
    //延时使数据连续接收
    delay(2);
  }
  return inputString;
}
```

代码 9-20 实现了通过超再生射频接收模块接收无线数据输出到串口的功能。

代码9-20　无线数据通过串口输出 WirelessGot.ino

```
#include <VirtualWire.h>
void setup()
{
  Serial.begin(9600);
  //设置连接接收模块的引脚
  vw_set_rx_pin(12);
  vw_setup(2000);
```

```
 //开始接收
 vw_rx_start();
}

void loop()
{
 //定义最大接收长度的缓存数组
 static uint8_t buf[VW_MAX_MESSAGE_LEN];
 uint8_t buflen = VW_MAX_MESSAGE_LEN;
 //获取无线数据并保存在缓存数组
 if (vw_get_message(buf, &buflen))
 {
  digitalWrite(13, 1);
  //输出数据内容
  Serial.print("Got: ");
  for (int i = 0; i < buflen; i++)
  {
   Serial.print((char)buf[i]);
  }
  Serial.println();
  digitalWrite(13, 0);
 }
}
```

下载好程序后，用串口监视器分别打开两个串口，给连接发射模块的 Arduino 串口发送消息（见图 9-37 左图），另一个 Arduino 能通过串口输出接收到的内容（见图 9-37 右图）。

图 9-37　发送效果

注意：超再生射频模块是单向传输，不能进行双向校验，因此容易出现数据出错，VirtualWire 类库会直接丢弃内容出错的数据包。建议给模块焊接良好的天线以提高传输的可靠性。

9.3.3　2.4GHz 频段的数据传输

NRF24L01 无线数传模块是经典的低功耗高速率数传模块，工作在 2.4GHz 频段，其最大传数据输速率为 1MBps，传输范围可达百米。

　　NRF24L01 还支持 80 个频点自动切换，因此具有良好的抗干扰性和稳定性，支持一对多、多对一通信。NRF24L01 通常应用在小型无人机遥控等设备上。模块如图 9-38 所示，模块工作在 3.3V，使用 SPI 接口。

图 9-38　NRF24L01 模块

　　需要准备的实验材料如下：
- Arduino 开发板（任意型号）×2；
- NRF24L01 模块×2；
- 杜邦线若干。

　　NRF24 类库封装了 SPI 通信和 NRF24L01 芯片的寄存器操作，使用该类库可以很方便地建立通信。在本章资源目录下找到 NRF24.zip 并安装。

　　按如图 9-39 所示连接两套 Arduino 与 NRF24L01 模块。

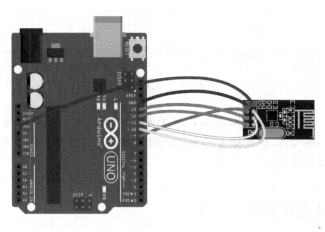

图 9-39　模块连接

代码 9-21 发送端不设置地址，接收端设置固定地址，实现多对一通信的功能。

代码9-21　发送示例 send.ino

```
//导入 SPI 通信类库和 NRF24 类库
#include <SPI.h>
#include <NRF24.h>

NRF24 radio;
bool tx;

void setup()
{
  Serial.begin(115200);
  //此处函数 F()将字符串储存到 Flash 中而不是 RAM 中，并返回字符串指针，作用为节省 RAM 空间
  Serial.println(F("NRF24 Send example"));

  //设置 nrf24101 的 CE、CSN 引脚
  radio.begin(9, 10);

  //引脚 7 用于设置发送接收角色，拉低为接收
  pinMode(7, INPUT_PULLUP);
  tx = !digitalRead(7);

  if (tx)
  {
    //发送角色无须设置地址
  }
  else
  {
    //设置接收角色地址为 0xD2，并开始监听无线数据
    radio.setAddress(0xD2);
    radio.startListening();
  }

  Serial.print(F("TX mode: "));
  Serial.println(tx);
}

void loop()
{
  if (tx)//发送角色
  {
    Serial.print(F("Sending.. "));
    //发送数据到地址 0xD2
    bool sent = radio.send(0xD2, "Hello there receiver 0xD2!");
    //输出发送结果
    Serial.println(sent ? "OK" : "failed");
    delay(1000);
  }
  else if (radio.available())                //接收角色接收到数据时
  {
    char buf[32];
```

```
    //接收数据到缓冲数组
    uint8_t numBytes = radio.read(buf, sizeof(buf));
    Serial.print(F("Received: "));
    //输出接收内容
    Serial.println(buf);
  }
}
```

将以上程序下载到两块 Arduino 开发板上，程序同时实现了发送和接收角色，将其中一块 Arduino 的引脚 7 与 GND 短接即可设置为发送角色。程序中接收角色是固定地址的，而发送角色不需要指定地址，因此可以有多个发送角色同时进行发送工作，实现多对一效果。

发送角色运行时串口输出内容如图 9-40 左图所示，接收角色运行时串口输出内容如图 9-40 右图所示。

图 9-40　发送示例效果

如果希望实现一对多通信（又称为广播通信）功能，对发送角色指定地址，让接收角色监听该地址的数据包即可。代码 9-22 实现了广播通信功能。

代码9-22　广播示例 broadcast.ino

```
#include <SPI.h>
#include <NRF24.h>

NRF24 radio;
bool tx;

void setup()
{
  Serial.begin(115200);
  Serial.println(F("NRF24 Broadcast example"));

  radio.begin(9, 10);

  pinMode(7, INPUT_PULLUP);
  tx = !digitalRead(7);

  if (tx)
  {
```

```
    //设置发送角色地址为 0xD2
    radio.setAddress(0xD2);
  }
  else
  {
    //设置接收角色所监听地址为 0xD2
    radio.listenToAddress(0xD2);
  }

  Serial.print(F("TX mode: "));
  Serial.println(tx);
}

void loop()
{
  if (tx)//发送角色
  {
    Serial.println(F("Broadcasting.. "));
    //广播发送数据
    radio.broadcast("Hello world");
    delay(1000);
  }
  else if (radio.available())                //接收角色接收到数据时
  {
    char buf[32];
    //接收数据到缓冲数组，并记录接收到的数据长度
    uint8_t numBytes = radio.read(buf, sizeof(buf));
    Serial.print(F("Received "));
    Serial.print(numBytes);
    Serial.print(F(" bytes: "));
    Serial.println(buf);
  }
}
```

同样将以上程序下载到两块 Arduino 上，设置一个发送角色，此程序可以设置多个接收角色。发送角色运行时串口输出内容如图 9-41 左图所示，接收角色运行时串口输出内容如图 9-41 右图所示。

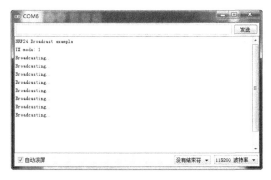 

图 9-41　广播示例效果

注意：设置发送角色请在上电前完成或者设置后复位（重新打开串口监视器也有复位
　　效果）。NRF24L01 能实现多对一和广播通信，可以通过软件手段实现类 ZigBee
　　网络。

9.3.4　红外通信

红外通信常用于室内家电遥控，通信距离较短，优点是通过红外光传递信号，无射频
辐射，通信成本较低。如图 9-42 左图所示为红外发射、接收管，图 9-42 右图所示为小型
红外遥控器，可以看出红外通信也是一种单向通信方式。

图 9-42　红外收发元件和遥控

发射管是发射红外光的 LED，通电后产生的红外线肉眼不可见，但可以使用数码摄像
头观察。接收管对红外线敏感，接收管内部有信号放大电路，供电后可以直接响应红外信
号输出电平。

红外通信应用历史较长，因此各大品牌都有自己的红外编码协议。

如图 9-43 上图所示为 NEC 协议红外编码方式，图 9-43 下图所示为 SONY 协议红外
编码（7 位）方式（一般信号传输的数据为多个字节）。

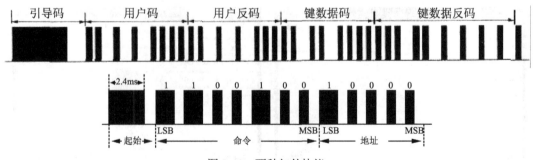

图 9-43　两种红外协议

通过对比两种编码协议，可以看出红外信号传输并不复杂，编码只是提供了一种信号
打包解包标准。IRremote 类库已经包含常用的红外编解码算法，通过这个类库不需要理解

每个品牌的编码协议细节即可使用红外进行通信。

　　IRremote 类库中提供的例程可以使用各种协议发送数据，通过该类库还可以很容易实现简单的红外遥控器功能，也可以实现查看红外遥控信号的编码方式和信号数据。

　　需要准备的实验材料如下：

- Arduino 开发板（任意型号）×1；
- 红外遥控器×1；
- 红外接收管×1；
- 杜邦线若干。

　　按图 9-44 所示将接收管与 Arduino 连接（注意不同型号的接收管引脚顺序可能不同，请根据实际情况调整）。

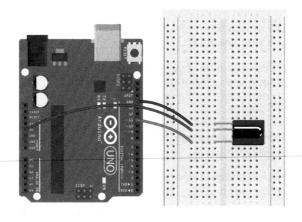

图 9-44　连接接收管

　　在本章资源目录下找到 IRremote.zip 并安装。代码 9-23 实现了接收红外遥控器的信号并通过串口输出红外数据详情的功能。

代码9-23　红外遥控数据取样 IRrecvDump.ino

```
//引用库文件
#include <IRremote.h>

int RECV_PIN = 11;
IRrecv irrecv(RECV_PIN);
//定义一个解码对象
decode_results results;

void setup()
{
  Serial.begin(9600);
  //开始接收
  irrecv.enableIRIn();
}
```

```
//解析红外数据的信息
void dump(decode_results *results) {
  int count = results->rawlen;
  //判断红外数据采用的编码
  if (results->decode_type == UNKNOWN) {
    Serial.print("Unknown encoding: ");
  }
  else if (results->decode_type == NEC) {
    Serial.print("Decoded NEC: ");
  }
  else if (results->decode_type == SONY) {
    Serial.print("Decoded SONY: ");
  }
  else if (results->decode_type == RC5) {
    Serial.print("Decoded RC5: ");
  }
  else if (results->decode_type == RC6) {
    Serial.print("Decoded RC6: ");
  }
    else if (results->decode_type == PANASONIC) {
    Serial.print("Decoded PANASONIC - Address: ");
    Serial.print(results->address, HEX);
    Serial.print(" Value: ");
  }
  else if (results->decode_type == LG) {
    Serial.print("Decoded LG: ");
  }
  else if (results->decode_type == JVC) {
    Serial.print("Decoded JVC: ");
  }
  else if (results->decode_type == AIWA_RC_T501) {
    Serial.print("Decoded AIWA RC T501: ");
  }
  else if (results->decode_type == WHYNTER) {
    Serial.print("Decoded Whynter: ");
  }

  //以字节输出红外数据及其位数
  Serial.print(results->value, HEX);
  Serial.print(" (");
  Serial.print(results->bits, DEC);
  Serial.println(" bits)");

  //红外数据的高低电平时间原始数据
  Serial.print("Raw (");
  Serial.print(count, DEC);
  Serial.print("): ");
  for (int i = 1; i < count; i++) {
    if (i & 1) {
      Serial.print(results->rawbuf[i]*USECPERTICK, DEC);
    }
    else {
      Serial.write('-');
```

```
      Serial.print((unsigned long) results->rawbuf[i]*USECPERTICK, DEC);
    }
    Serial.print(" ");
  }
  Serial.println();
}

void loop() {
  //当收到红外信号时进行解码，并将红外数据保存到对象 results
  if (irrecv.decode(&results)) {
    //以字节输出红外数据
    Serial.println(results.value, HEX);
    //输出红外数据的详细信息
    dump(&results);
    //准备下一次接收
    irrecv.resume();
  }
}
```

下载该程序后使用遥控器对准接收管按下按键，串口会输出如图 9-45 所示的数据字节和电平时间原始数据。因为 NEC 协议定义了发送完按键对应数据后，按键不松开时每隔 110 毫秒发送 "9 毫秒高电平和 2.25 毫秒的低电平以及 560 微秒的高电平" 组成的重复码（由于厂商不同实现的效果可能稍有误差），可以看到图 9-45 中的数据 FFFFFFFF 即为重复码。

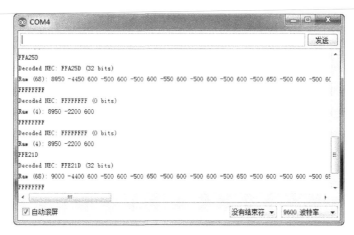

图 9-45　取样结果

从图 9-45 中还可以明显看到两个按键红外信号字节所表示的数据 FFA25D 和 FFE21D。有了这两个数据，就可以实现一个简单的红外遥控功能演示。

代码 9-24 实现了通过红外遥控器控制 Arduino 上的 L 指示灯的功能。

代码9-24　红外控制Led IRCtrlLed.ino

```
#include <IRremote.h>
```

```
int RECV_PIN = 11, Led = 13;
IRrecv irrecv(RECV_PIN);
decode_results results;
unsigned long onCmd = 0xFFE21D, offCmd = 0xFFA25D;

void setup()
{
  Serial.begin(9600);
  irrecv.enableIRIn();
}

void loop() {
  if (irrecv.decode(&results)) {
    //判断所收到红外数据是否开关指令
    if (results.value !=-1)//-1 与 "FFFFFFFF" 等效
    {
      Serial.println(results.value, HEX);
      if (results.value == onCmd)
      {
        digitalWrite(Led, HIGH);
      }
      else if (results.value == offCmd)
      {
        digitalWrite(Led, LOW);
      }
    }
    irrecv.resume();
  }
  delay(100);
}
```

　　程序中将取样得到的两个按键的字节数据写到程序中，因此分别按下这两个按键就能实现控制 Arduino 的 L 指示灯，串口输出效果如图 9-46 所示。读者们重现实验效果时需要把字节数据修改为手中红外遥控实际发出的数据。

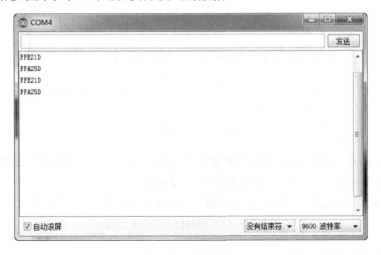

图 9-46　遥控结果

⚠️注意：由于太阳光中的红外线也会影响红外接收管的工作，因此使用红外通信时须避免强光。空调遥控一般使用两对红外对管实现双向数据传输，因此克隆空调遥控需要了解更多具体品牌编码协议中的细节。红外发射管发出的光线肉眼不可见，但是可以通过摄像头观察发射管是否工作。

9.3.5　接入以太网

以太网能提供覆盖全球的通信功能，将 Arduino 接入以太网，可以开发很多物联网应用。图 9-47 左图所示为以太网扩展板，图 9-47 右图所示为 ENC28J60 以太网模块。两个模块均采用 SPI 通信接口，通过 RJ45 双绞线即可使 Arduino 接入以太网（当然，上级需要有路由器来实现拨号上网）或实现局域网通信。

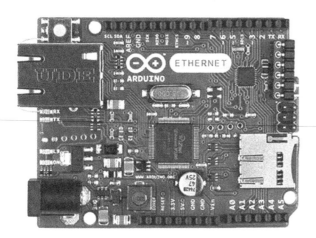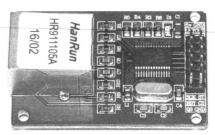

图 9-47　以太网模块

图 9-47 中以太网扩展板使用 W5100 芯片，并且带有一个 Micro SD 卡槽。该扩展板上 W5100 芯片集成了经过验证且成熟的 TCP/IP 协议栈，能很好地节省 Arduino 的单片机资源。Arduino IDE 已经自带了该扩展板的类库 Ethernet，可以很方便地把例程下载到 Arduino 上。

需要准备的实验材料如下：
- Arduino 开发板（同扩展板外形的型号）×1；
- 以太网扩展板×1；
- 能接入外网的网线×1。

按图 9-48 所示将以太网扩展板与 Arduino 堆叠，并接上电源和网线。

代码 9-25 实现了接入网络并通过上级路由 DHCP（动态主机配置协议）功能获取 IP 地址然后输出的功能。

图 9-48　扩展板堆叠

代码9-25　获取动态IP并输出 DhcpAddressPrinter.ino

```
//引用类库
#include <SPI.h>
#include <Ethernet.h>

//为扩展板定义 MAC 地址，该地址一般能在扩展板标签上看到，该地址只要在局域网内唯一即可
byte mac[] = {
  0x00, 0xAA, 0xBB, 0xCC, 0xDE, 0x02
};

//定义客户端对象
EthernetClient client;

void setup() {
  Serial.begin(9600);
  while (!Serial) {
    ; //等待串口监视器打开
  }

  //打开以太网连接
  if (Ethernet.begin(mac) == 0) {
    Serial.println("Failed to configure Ethernet using DHCP");
    //无法接入网络时则不继续运行
    for (;;);
  }

  //输出扩展板的 IP 地址
  printIPAddress();
}

void loop() {
  //请求 DHCP 租期更新
  switch (Ethernet.maintain())
  {
    case 1:
      //更新地址失败
      Serial.println("Error: renewed fail");
```

```
       break;
     case 2:
       //更新地址成功
       Serial.println("Renewed success");
       printIPAddress();
       break;
     case 3:
       //绑定地址失败
       Serial.println("Error: rebind fail");
       break;
     case 4:
       //绑定地址成功
       Serial.println("Rebind success");
       printIPAddress();
       break;
     default:
       break;
   }
}

void printIPAddress()
{
  Serial.print("My IP address: ");
  for (byte thisByte = 0; thisByte < 4; thisByte++) {
    //依次输出 IP 地址的字节
    Serial.print(Ethernet.localIP()[thisByte], DEC);
    Serial.print(".");
  }
  Serial.println();
}
```

程序运行效果如图 9-49 所示。

图 9-49　获取 IP 地址

有了 IP，就可以使用通信功能。Ethernet 类库还包含了 TCP 客户端类、TCP 服务端类和 UDP 传输类。代码 9-26 创建了一个 TCP 服务并绑定一个端口，将接收到的数据转发给每个已连接的客户端，从而实现客户端之间聊天的功能。

代码9-26　聊天服务器 ChatServer.ino

```
#include <SPI.h>
#include <Ethernet.h>

byte mac[] = {
  0xDE, 0xAD, 0xBE, 0xEF, 0xFE, 0xED
};

//实例化服务器对象并绑定端口号 23
EthernetServer server(23);
//是否有客户端
boolean alreadyConnected = false;

void setup() {
  //初始化以太网
  Ethernet.begin(mac);
  //开启 TCP 服务
  server.begin();
  Serial.begin(9600);
  //未打开串口监视器时不运行聊天服务功能
  while (!Serial) {
    ;
  }

  //输出 IP 地址
  Serial.print("Chat server address:");
  Serial.println(Ethernet.localIP());
}

void loop() {
  //获取客户端连接对象
  EthernetClient client = server.available();
  if (client) {
    //当收到第一条客户端数据时
    if (!alreadyConnected) {
      //清空输入缓冲区
      client.flush();
      Serial.println("We have a new client");
      //向该客户端发送内容
      client.println("Hello, client!");
      alreadyConnected = true;
    }

    //当该客户端有消息过来时
    if (client.available() > 0) {
      //从缓冲区读取字节
      char thisChar = client.read();
      //将读取到的内容发送给每个已连接的客户端
      server.write(thisChar);
      //在串口输出
```

```
            Serial.write(thisChar);
        }
    }
}
```

程序运行后，打开串口监视器即可启动聊天服务，串口会输出 Arduino 创建的 TCP 服务器（以下简称服务器）的 IP，如图 9-50 所示。

图 9-50 启动聊天服务

在本章资源目录下找到通信测试软件 USR-TCP232-Test.zip（Windows 平台）解压安装并运行，然后在"网络设置"区选择协议类型 TCP Client，输入服务器运行时串口输出的 IP 地址和端口号 23，并单击连接即可连接上聊天服务器（运行该软件的 PC 需要与 Arduino 在同一局域网内），如图 9-51 左图所示。笔者运行了该软件的两个示例，两个示例均按此方式加入连接。

图 9-51 连接聊天服务器

连接成功后按钮图标变成红色，并且在右边发送框上显示 PC 的 IP 和接收端口号。此时在该输入框内输入想要发送的内容，单击"发送"按钮即可将消息发送到服务器，如图 9-51 右图所示。服务器收到第一条消息时会对该客户端发送"Hello, client!"，并将收到的内容转发给所有客户端（包括该客户端）。

如图 9-52 上图所示两个客户端分别发送 hi,is A.和 hi,is B.，两个客户端均能收到对方发送的消息。图 9-52 下图所示服务器串口将同时输出所有聊天内容。

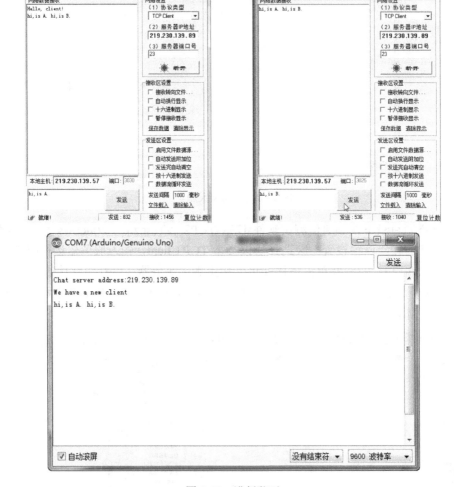

图 9-52   进行聊天

不仅如此，通过 TCP 服务类，还能在局域网内发布一个简单的 HTTP 网站。

HTTP 协议（Hyper Text Transfer Protocol，超文本传输协议）是 TCP/IP 的上层协议，是用于从万维网（World Wide Web，WWW）服务器传输超文本到本地浏览器的传送协议。

代码 9-27 实现了网站服务器功能，例如发布一个简单的网页用于显示模拟输入引脚的值，并且网页有自动刷新页面的功能。

代码9-27　网站服务器 WebServer.ino

```
#include <SPI.h>
#include <Ethernet.h>

byte mac[] = {
  0xDE, 0xAD, 0xBE, 0xEF, 0xFE, 0xED
};

//80 端口是 HTTP 默认使用的端口，当然也可以使用其他端口
EthernetServer server(80);

void setup() {
  Serial.begin(9600);
  while (!Serial) {
    ;
  }

  //启动以太网，启动 TCP 服务
  Ethernet.begin(mac);
  server.begin();
  Serial.print("server is at ");
  Serial.println(Ethernet.localIP());
}


void loop() {
  EthernetClient client = server.available();
  if (client) {
    Serial.println("new client");
    //HTTP 请求以空行结束，这里定义变量判断请求头是否接收完
    boolean currentLineIsBlank = true;
    while (client.connected()) {
      if (client.available()) {
        char c = client.read();
        Serial.write(c);
        //当收到换行符和空行时，进行 HTTP 响应
        if (c == '\n' && currentLineIsBlank) {
          //发送 HTTP1.1 标准头
          client.println("HTTP/1.1 200 OK");
          client.println("Content-Type: text/html");
          client.println("Connection: close");   //该 TCP 连接将在响应后断开
          client.println("Refresh: 5");           // 每隔 5 秒自动刷新页面
          client.println();
          //发送 HTML 页面内容
          client.println("<!DOCTYPE HTML>");
          client.println("<html>");
          //输出每个模拟输入引脚的值
          for (int analogChannel = 0; analogChannel < 6; analogChannel++) {
            int sensorReading = analogRead(analogChannel);
            client.print("analog input ");
            client.print(analogChannel);
```

```
                client.print(" is ");
                client.print(sensorReading);
                client.println("<br />");
              }
              client.println("</html>");
              break;
            }
          if (c == '\n') {
            //接收到新行标志
            currentLineIsBlank = true;
          } else if (c != '\r') {
            //得到一个字符
            currentLineIsBlank = false;
          }
        }
      }
      //给 Web 浏览器接收数据的时间
      delay(1);
      //关闭连接
      client.stop();
      Serial.println("client disconnected");
  }
}
```

程序中 Arduino 的工作是接收完 HTTP 请求头后响应输出一个网页,浏览器解析 HTTP 响应内容并显示, 由于网页响应头中带了刷新时间,所以浏览器会不断向 Arduino 发送 HTTP 请求,从而实现网页显示 Arduino 模拟输入脚的实时状态。

打开浏览器, 输入 Arduino 的 IP 地址, 即可出现如图 9-53 左图所示的网页。图 9-53 右图所示为服务器收到的 HTTP 请求头消息。

图 9-53　HTTP 发布

本节的例子中涉及了网页编程的相关知识, 有兴趣的读者可以学习一下 HTML、JavaScript、CSS 等相关知识, 制作一些更有趣的应用。

9.3.6　WiFi 通信

近年来，WiFi 无线上网得到了大规模普及，WiFi 在很多场合取代了双绞线，使得以太网的接入变得更加灵活。

图 9-54 所示为 ESP8266 WiFi 模块，ESP8266 芯片内置 8051 单片机，具有较多 I/O，自带 SPI、UART、I2C 等总线接口。模块带有大容量 Flash 芯片。通过 UART 接口即可刷写模块的 Flash 程序空间。模块自带固件具有 AT 指令功能，通过 UART 接口即可执行模块设置、加入热点、访问以太网等功能。

图 9-54　ESP8266 模块

可以看出，该模块与前面提到的其他模块有较大区别，该模块还可以用作 Arduino 开发板。

需要准备的实验材料如下：
- Arduino 开发板（任意型号）×1；
- ESP8266 模块×1；
- USB 转 TTL 模块（推荐 FT232）×1；
- 4.7kΩ 电阻×1；
- 杜邦线若干。

在进行试验前，需要先配置模块的波特率为 9600（出厂时波特率一般设置为 115200，配置波特率 AT 指令为 AT+CIOBAUD=9600），以保证软串口通信时的稳定性。设置方法参考 9.3.1 节配置蓝牙模块的方式。ESP8266 的 AT 指令操作与蓝牙对比有所区别，例如，允许 "\n" 作为 AT 命令结束符，指令必须大写等。注意配置时需要给模块提供使能信号

（参考图 9-56 所示的上拉电阻连接）。

配置效果如图 9-55 所示。

图 9-55　配置波特率

配置完成后，按图 9-56 所示连接 ESP8266 模块与 Arduino，其中电阻能为模块提供使能信号，开关的作用为控制模块进入编程模式（当前不需要编程，开关打到开路）。

PC 需要先选择现场合适的 WiFi 路由器并接入局域网，然后运行 9.3.5 节使用过的软件 USR TCP232 Test，并创建一个 TCP Server（使用默认端口 23）。

代码 9-28 实现了通过 Arduino 发送 AT 指令配置 ESP8266，使其通过无线信号接入路由器，并通过 TCP 功能使用串口监视器与 TCP 服务端进行通信的功能。

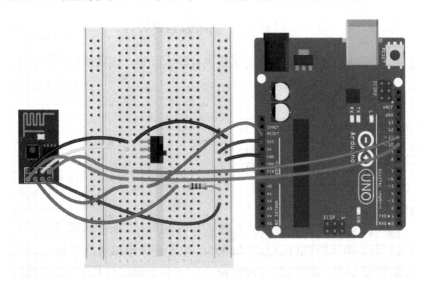

图 9-56　模块连接

代码9-28　串口转TCP通信　ESPTcp.ino

```cpp
#include <SoftwareSerial.h>
//设置软串口引脚为 10、11，分别连接至 ESP8266 的 TX、RX 引脚
SoftwareSerial esp(10, 11);
//配置路由 SSID 和密码，TCP 服务器 IP 和端口
const char* ssid = "AP";
const char* password = "PASSWORD";
const char* ip = "192.168.1.2";
const char* port = "23";

void setup() {
  Serial.begin(9600);
  esp.begin(9600);
  while (!Serial);
  //等待上电稳定
  delay(1000);
  //启动 TCP 连接
  TcpInit();
}

void ReadATBack(unsigned long i)
{
  delay(i);
  while (esp.available() > 0) {
    Serial.write(esp.read());
    delay(2);
  }
}

void TcpInit()
{
  //设置为 station 模式
  esp.println("AT+CWMODE=1");
  //读取 AT 指令的返回结果并在串口输出
  ReadATBack(100);
  //加入热点
  esp.println("AT+CWJAP=\"" + String(ssid) + "\",\"" + String(password) +
"\"");
  ReadATBack(8000);
  //开启 TCP 连接
  esp.println("AT+CIPSTART=\"TCP\",\"" + String(ip) + "\"," + String(port)
+ "");
  ReadATBack(1000);
}

//串口数据抓取
String comData()
{
  String inputString = "";
```

```
  while (Serial.available())
  {
    inputString += (char)Serial.read();
    //延时使数据连续接收
    delay(2);
  }
  return inputString;
}

void loop() {
  //获取串口收到的数据
  String msg = comData();
  if (msg != "") {
    //准备发送数据
    esp.print("AT+CIPSEND=");
    esp.println(msg.length());
    ReadATBack(300);
    //发送数据
    esp.print(msg);
    ReadATBack(300);
  }
  else
  {
    //读取 ESP8266 的返回内容
    ReadATBack(0);
  }
}
```

将 USR TCP232 Test 工具中 IP 地址及现场 WiFi 路由器 SSID 和密码配置到程序代码中。编译下载该程序后打开串口监视器，如果一切正常，可以看到 AT 指令正确执行并且顺利接入现场 WiFi 热点和 TCP 服务端，如图 9-57 所示。

图 9-57　接入 TCP 服务端

此时通过串口监视器发送的数据将会转发给 TCP 服务端，如图 9-58 上图所示。TCP 服务端所发送消息也会输出到串口监视器中，如图 9-58 下图所示。

图 9-58　进行串口转 TCP 通信

AT 指令有优点也有缺点。Arduino 通过 AT 指令处理这些通信数据并不是高效稳定的办法。更好的方法是通过 Arduino IDE 为 ESP8266 编写程序，将该模块用作 Arduino 开发板。

在 IDE 内"文件"菜单下打开"首选项"，会出现如图 9-59 所示设置界面。在该界面下"附加开发板管理器网址"中添加网址 http://arduino.esp8266.com/stable/package_esp8266com_index.json 并保存设置。

然后打开"工具"|"开发板"子菜单的"开发板管理器"，管理器会加载罗列所配置网址提供的开发板的支持包，如图 9-60 上图所示。

图 9-59　添加开发板支持

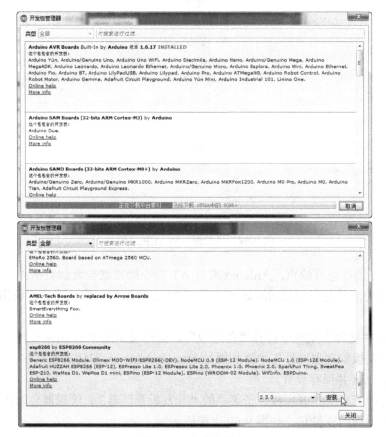

图 9-60　安装支持包

加载完成后，找到 esp8266 项并安装 2.3.0 版本（目前推荐）支持包（见图 9-60 下图），安装过程需要一定时间，需要耐心等待安装。如果网络原因导致无法正常下载，可以手动进行安装。

在本章资源目录下找到安装包 esp8266_2.3.0.zip，并将其解压到图 9-59 中首选项设置文件所在的目录（可以直接单击该文件名跳到该目录下）。解压完成后需要按照正常在线安装流程操作安装，但 IDE 不会在线下载支持包。

安装完成后可以在"工具"菜单的"开发板"子菜单内看到 ESP8266 系列开发板的名称，如图 9-61 所示。ESP8266 选择型号为 Generic ESP8266 Module。

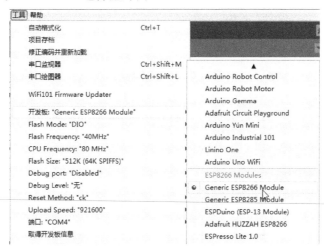

图 9-61　开发板选项

在对 ESP8266 编程前，需要拆除之前模块与 Arduino 的连接，改为连接 USB 转串口模块（其中，电源输出请连接 3.3V，否则会烧坏 ESP8266，电容的作用为提供复位信号，建议使用 0.47～1μF 微伏），如图 9-62 所示。

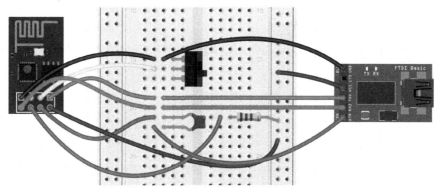

图 9-62　搭建烧录电路

代码 9-29 实现了通过 ESP8266 创建一个 WiFi 热点的功能。

代码9-29 创建WiFi热点 ESPSoftAP.ino

```
//引用类库
#include <ESP8266WiFi.h>
void setup() {
  Serial.begin(9600);
  //配置 IP
  IPAddress softGateway(192, 168, 128, 1);
  IPAddress softSubnet(255, 255, 255, 0);
  IPAddress softLocal(192, 168, 128, 1);
  //创建热点
  WiFi.softAPConfig(softLocal, softGateway, softSubnet);

  //生产热点名字
  String apName = "ESP8266_" + ESP.getChipId();
  //创建热点
  WiFi.softAP(apName.c_str(), "82668266");

  //输出热点信息
  IPAddress myIP = WiFi.softAPIP();
  Serial.print("AP IP address: ");
  Serial.println(myIP);
  Serial.print("softAPName: ");
  Serial.println(apName);
}

void loop() {
}
```

将面包板上的开关打到闭路（上方），模块复位后即可对模块进行程序烧录（打开串口监视器即可提供复位信号）。烧录参数使用默认即可。热点开启后串口将输出热点的信息，如图 9-63 所示，其中乱码属于正常现象，此时可以用其他设备来连接这个热点。

图 9-63 创建 WiFi 热点

🔔注意：下载程序后 ESP8266 能自动进入正常工作模式，但是由于开关没有调整，复位后模块会再次进入编程模式，如果打开串口无反应，请调整开关为开路。

9.3.7　GSM 通信

GSM（Global System for Mobile Communication，全球移动通信系统）是手机使用语音通信、接入以太网等的一种方式，属于第二代移动通信技术。GSM 技术除了提供语音通信解决方案外，还在一定程度扩大了以太网在全球的覆盖范围。

由于网络扩展板离不开网线，WiFi 模块需要能接入以太网的路由器，所以两者在通信应用上均有较大限制。而 GSM 网络弥补了这些缺点，并且具有低功耗、远距离等特点，相对 3G、4G 技术，还具有成本相对较低、国内信号覆盖范围大、技术较成熟等应用优势。如图 9-64 所示为 GSM 扩展板。

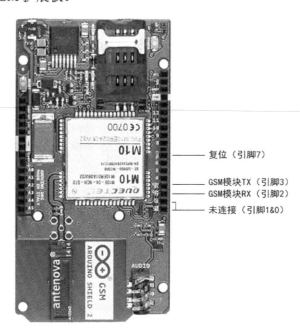

复位（引脚7）

GSM模块TX（引脚3）
GSM模块RX（引脚2）
未连接（引脚1&0）

图 9-64　GSM 扩展板

GSM 扩展板具有 SIM 卡槽、板载天线、耳机麦克风接口，模块采用移远（Quectel）M10 工业级 GSM 模块，通过 UART 接口使用 AT 指令即可操作模块。

需要准备的实验材料如下：

- Arduino 开发板（同扩展板外形的型号）×1；
- GSM 扩展板×1；
- 能入网的 SIM/USIM 卡×1。

　　Arduino 已经自带封装了使用软串口 AT 指令操作 M10 的库，使用该库可以简单地操作通话、短信息、GPRS 上网等功能。代码 9-30 实现了通过 GSM 扩展板给指定号码发送短信（"示例"菜单内"GSM"子菜单下例程 SendSMS）的功能。

代码9-30　发送短信 SendSMS.ino

```
//导入自带 GSM 类库
#include <GSM.h>
//SIM 卡引脚参数，默认为空
#define PINNUMBER ""
//初始化对象
GSM gsmAccess;
GSM_SMS sms;

void setup() {
  //初始化串口并等待打开
  Serial.begin(9600);
  while (!Serial) {
    ;
  }

  Serial.println("SMS Messages Sender");

  //连接状态
  boolean notConnected = true;

  //初始化 GSM 扩展板
  while (notConnected) {
    if (gsmAccess.begin(PINNUMBER) == GSM_READY) {
      notConnected = false;
    } else {
      Serial.println("Not connected");
      delay(1000);
    }
  }

  Serial.println("GSM initialized");
}

void loop() {
  //提示并获取输入的发送目标号码
  Serial.print("Enter a mobile number: ");
  char remoteNum[20];
  readSerial(remoteNum);
  Serial.println(remoteNum);

  //提示并获取输入的短信
  Serial.print("Now, enter SMS content: ");
  char txtMsg[200];
  readSerial(txtMsg);
  Serial.println("SENDING");
  Serial.println();
  Serial.println("Message:");
```

```
Serial.println(txtMsg);

//发送一条短信
sms.beginSMS(remoteNum);
sms.print(txtMsg);
sms.endSMS();
Serial.println("\nCOMPLETE!\n");
}

//读取串口输入
int readSerial(char result[]) {
  int i = 0;
  while (1) {
    while (Serial.available() > 0) {
      char inChar = Serial.read();
      //遇到回车符则读取结束
      if (inChar == '\n') {
        result[i] = '\0';
        Serial.flush();
        return 0;
      }
      //忽略换行符
      if (inChar != '\r') {
        result[i] = inChar;
        i++;
      }
    }
  }
}
```

将 SIM 卡安装到 GSM 扩展板，然后将 GSM 扩展板堆叠到 Arduino 上。下载程序后打开串口监视器，选择结束符为"回车"或"NL 和 CR"。如果初始化成功，按照提示输入目标号码和短信内容即可发送一条短信。发送成功后对方手机能收到短信，如图 9-65 所示为对方手机收到的短信内容为"hello."。

图 9-65　收到短信

9.3.8　GPS 定位

GPS（Global Positioning System，全球卫星定位系统）是使用广泛的全球范围定位系统之一，该系统免费接入，只要 GPS 客户端能搜索到 4 颗以上卫星即能达到高精确度的定位。图 9-66 所示为 U-BLOX NEO-M6 GPS 模块及其有源天线。其中有源天线内置放大器，用于提高灵敏度，降低信噪比。

该模块通信接口为 UART 串口，支持波特率：4800、9600、38400、57600，具有特定的数据交换格式。可以通过模块上的电阻设置工作的波特率和通信格式。默认使用 9600 波特率输出 NMEA-0183 格式数据。

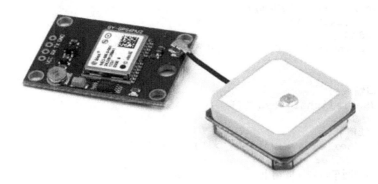

图 9-66　U-BLOX NEO-M6 模块及有源天线

NMEA-0183 格式每帧输出数据以符号"$"开头，换行符结束，帧数据以逗号分隔，帧头代表了该帧数据的信息。NMEA-0183 格式帧头意义如表 9-5 所示。

表 9-5　NMEA-0183 帧头与帧信息对应

帧　头	帧　信　息
$GPGGA	GPS定位信息
$GPGSA	当前卫星信息
$GPGSV	可见卫星信息
$GPRMC	推荐定位信息
$GPVTG	地面速度信息
$GPGLL	大地坐标信息
$GPZDA	当前时间（UTC）信息

通过处理帧信息，即可取出当前地理位置数据、运动速度、时间等数据。

需要准备的实验材料如下：

- Arduino 开发板（任意型号）×1；
- U-BLOX NEO-M6 模块×1；
- GPS 有源天线×1；
- 杜邦线若干。

将模块 TX 引脚与 Arduino 的 RX（Pin 0）引脚连接，效果如图 9-67 所示。此处 Arduino 无须给 GPS 模块发送命令，接收处理来自模块的 NMEA-0183 格式数据即可获得地理信息。

安装本章资源目录下提供的类库 NeoGPS.zip。使用代码 9-31 即可实现通过 GPS 模块实时获得地理位置数据并通过串口输出的功能。

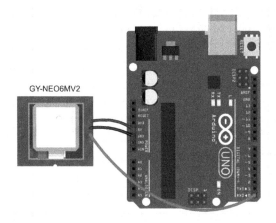

图 9-67　U-BLOX NEO-M6 模块连接

代码9-31　获得地理位置数据 NMEAsimple.ino

```
//引用 NMEAGPS 类库
#include <NMEAGPS.h>
//用于处理 GPS 数据
NMEAGPS  gps;
//该对象用于保留最新的值
gps_fix  fix;
//设置获得 GPS 数据的串口
#define gpsPort Serial

void setup()
{
  Serial.begin(9600);
  while (!Serial);
  Serial.print( F("NMEAsimple.INO: started\n") );

  gpsPort.begin(9600);
}

void loop()
{
  //当有 GPS 数据时
  while (gps.available(gpsPort)) {
    //读取数据到 fix 对象
    fix = gps.read();

    //输出本地经纬度坐标
    Serial.print( F("Location: ") );
    if (fix.valid.location) {
      Serial.print( fix.latitude(), 6 );
      Serial.print( ',' );
      Serial.print( fix.longitude(), 6 );
    }
```

```
//输出本地海拔
Serial.print( F(", Altitude: ") );
if (fix.valid.altitude)
  Serial.print( fix.altitude() );

Serial.println();
  }
}
```

程序运行后，打开串口监视器即可看到如图 9-68 所示效果。注意，不要通过串口监视器发送数据，否则会影响 GPS 数据的采集。

图 9-68　得到的地理位置

💧注意：GPS 搜星定位需要一定的时间，刚上电后串口输出信息为空是正常现象，请耐心等待搜星定位的完成。

9.4　数据读写

在数据处理中，除了数据的传输之外，数据的读写也很重要。在程序中对变量读写，是使用 RAM（内存）实现的，RAM 里面的数据在断电后会丢失。有时候需要让数据断电后还能保留，此时可以使用 EEPROM、Flash 等存储器来实现。

9.4.1　内置 EEPROM 使用

Arduino 大多数型号使用的单片机都内置 EEPROM。EEPROM（Electrically Erasable Programmable Read-Only Memory）全称为电可擦写只读存储器，特点是以字节为单元进行读写，修改数据效率高，断电不丢失。

在了解 EEPROM 使用之前，读者有必要先了解一下 Arduino 的单片机型号。

Arduino Uno R3 使用的是 ATmega328p 单片机，Arduino Mini、Nano 等型号也使用

该单片机。该单片机是 AVR 系列 8 位字长的高性能单片机，内置 1KB 大小 EEPROM。

Arduino Leonardo 和 Micro 的单片机型号为 ATmega32u4，EEPROM 大小为 1KB；而 Arduino Mega 2560 单片机型号为 ATmega2560，EEPROM 大小为 4KB。

单片机内置的 EEPROM 是可以重复读写的，AVR 系列单片机 EEPROM 读写寿命约为 10 万次。

Arduino 已经提供了操作 EEPROM 的类库（"示例"菜单 EEPROM 子菜单内具有读写例程），使用该类库可以很方便地对需要断电保留的数据进行存取操作。代码 9-32 实现了简单的闪灯次数断电计数功能。

代码9-32　闪灯计数 BlinkCount.ino

```
//引用 EEPROM 库
#include <EEPROM.h>
//创建变量并读取 EEPROM 中地址 0 位置的字节到变量中
byte i = EEPROM.read(0);

void setup() {
  Serial.begin(9600);
  pinMode(LED_BUILTIN, OUTPUT);
}

void loop() {
  digitalWrite(LED_BUILTIN, HIGH);
  //每一次亮灯后对 i 值加 1 并保存到 EEPROM 中
  i++;
  EEPROM.write(0, i);
  Serial.println(i);
  delay(1000);
  digitalWrite(LED_BUILTIN, LOW);
  delay(1000);
}
```

该程序能将亮灯的次数累加写到 EEPROM 中的地址 0 位置，并在串口输出亮灯次数（注意累加到 256 次时字节会溢出归零）。断电后重新上电还能继续计数，尝试重新上电后串口输出效果如图 9-69 所示。

图 9-69　计数值输出

9.4.2　外置 Flash 芯片使用

除了 EEPROM，Arduino 还可以读写 Flash 芯片的数据。Flash 芯片的特点是容量大，成本相对 EEPROM 较低。Arduino 单片机内存储程序的空间也是 Flash 介质，但是只允许烧录程序，不允许在程序运行中对 Flash 进行擦除、写操作。当然，Arduino 可以操作外接的 Flash。如图 9-70 所示为 SPI NorFlash 芯片，该芯片为 DIP8 封装，SPI 通信接口。

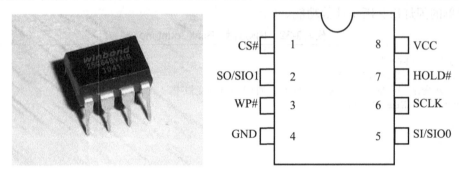

图 9-70　SPI NorFlash DIP8 芯片

在读写外置 Flash 前，需要先了解一下 SPI 总线。

SPI（Serial Peripheral Interface），意为串行外围接口，是摩托罗拉（Motorola）公司推出的一种高速、全双工的同步串行通信总线，SPI 从设备有 4 条信号线，分别如下：

- MOSI：主器件数据输出，从器件数据输入；
- MISO：主器件数据输入，从器件数据输出；
- SCLK：时钟信号，由主器件产生；
- CS：从器件使能信号，由主器件控制。

Arduino 通过拉低 CS 引脚电平即可选定需要通信的 SPI 设备，选定后即可进行数据传输。总线上可以连接多个从设备，主设备选中不同设备的片选引脚即可开始与该设备通信，即总线上每增加一个从设备占用 I/O 加 1。

需要准备的实验材料如下：

- Arduino 开发板（任意型号）×1；
- SPINorFlash（DIP8 封装）×1；
- 杜邦线若干。

将 Flash 芯片按图 9-71 所示与 Arduino 连接。

安装本章资源目录下类库 Flash.zip。Arduino 自带了 SPI 类库，可以简单操作 SPI 总线，而这个 Flash 类库封装了对 Flash 寄存器的操作，可以更方便实现读写操作。

需要注意的是，Flash 芯片与 EEPROM 最大的读写不同之处在于，Flash 芯片支持单字节写入，但是需要在写入前先擦除该字节位置的内容，并且 Flash 不支持单字节擦除，至少按页、扇、块或整片为单位进行擦除。如果写入数据前未擦除则会导致读取出的内容与写入内容不符。

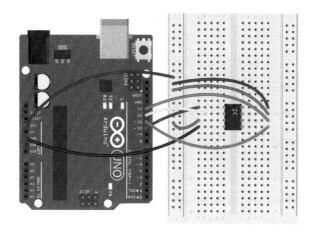

图 9-71　连接 SPI NorFlash

代码 9-33 实现了操作 SPI NorFlash 芯片进行简单读写操作的功能。

代码9-33　Flash简单读写 FlashSimple.ino

```
#include "Flash.h"

Flash my_flash = Flash(10);

void setup() {
  Serial.begin(9600);
  //输出 Flash ID、容量
  Serial.print("Flash Manufacture ID:");
  Serial.println(my_flash.get_manufacture_id(), HEX);
  Serial.print("Flash Capacity:");
  Serial.println(my_flash.get_flash_capacity(), HEX);
  //擦除
  my_flash.chip_erase();
  Serial.println("Erase done.");
  //写入
  writeStr("I am String.");
  Serial.println("Write done.");
  //读取
  Serial.println(readStr(0));
  Serial.println("Read done.");
}

void writeStr(const char *str)
{
  static long addr = 0;
  //遍历所有字符
  do
```

```
  {
    //写入字节
    my_flash.write_byte(addr, *str);
    //地址变量、字符串指针位置递增
    addr++;
  }
  while (*str++);
}

String readStr(long addr)
{
  String str = "";
  char ch;
  //一直读取到空字符出现
  do
  {
    //读取字节
    ch = my_flash.read_data(addr);
    str += ch;
    //地址变量递增
    addr++;
  }
  while (ch);
  return str;
}

void loop() {
}
```

程序实现了字符串读写，运行效果如图 9-72 所示。

图 9-72　读写效果

除了 SPI 类库，Arduino 还提供了实现软 SPI 单向传输的高级 I/O 函数 shiftOut()、shiftIn()。通过这两个函数能驱动一些特殊的 IC，或者用于 Arduino 之间的通信。

注意：串口所输出的芯片 ID 和容量为十六进制值，详情可参考相应厂商资料。除了外置 Flash 芯片，外置的 EEPROM 芯片也能在一定场合被用到。虽然 Flash 器件价格相对较低，但是读写速度较慢，擦写寿命远比不上 EEPROM。

9.4.3　SD 卡读写

当需要处理的数据到达一定量时，就需要用到文件系统以便管理数据。这时 Flash 芯片也许不能满足大容量数据的存储需求，SD 卡成了简便高效的优选。

SD 卡本质上也采用 Flash 介质，但其提供了更复杂的高级接口，提供大容量高速数据传输，支持读写 SD 的设备很多，移动数据文件非常方便。如图 9-73 左图所示为常用 SD 卡，右图为 MicroSD 卡（又称 TF 卡），图 9-74 所示为两者引脚列表。

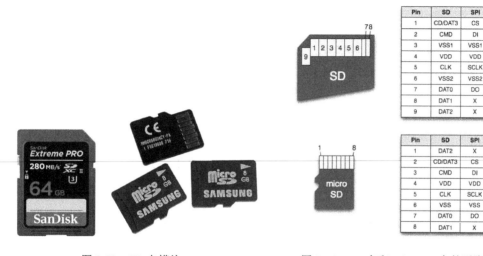

Pin	SD	SPI
1	CD/DAT3	CS
2	CMD	DI
3	VSS1	VSS1
4	VDD	VDD
5	CLK	SCLK
6	VSS2	VSS2
7	DAT0	DO
8	DAT1	X
9	DAT2	X

Pin	SD	SPI
1	DAT2	X
2	CD/DAT3	CS
3	CMD	DI
4	VDD	VDD
5	CLK	SCLK
6	VSS	VSS
7	DAT0	DO
8	DAT1	X

图 9-73　SD 卡模块　　　　　　图 9-74　SD 卡和 MicroSD 卡的引脚

从图 9-74 所示的引脚可以看出，SD 卡和 MicroSD 卡是兼容的，主要区别为 MicroSD 卡不带写保护开关。MicroSD 卡通过卡套转换后可以当作 SD 卡使用。SD 卡可以工作在 SD 模式（PC 等设备使用）和 SPI 模式下，两种模式都能读写 SD 卡内的数据，后者速度较慢。

SD 卡工作电压为 3.3V，Arduino 的 I/O 输出 5V 高电平有可能会烧毁 SD 卡。因此 SD 卡需要通过电平转换芯片或串接电阻后方可连接 Arduino。为了保证电路连接质量，可以使用 SD 模块（或 MicroSD 模块、以太网扩展板等带 SD 卡插槽的模块）来使用 SD 卡。

需要准备的实验材料如下：

- Arduino 开发板（任意型号）×1；
- SD（或 MicroSD）卡读写模块×1；
- 杜邦线若干。

参考图 9-75 连接 SD 卡模块。

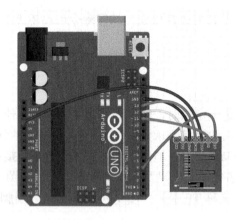

图 9-75　连接 SD 卡模块

通过 Arduino 自带的 SD 类库，该类库支持 FAT16/32 文件系统，可以将 SD 卡内文件读写流操作化。代码 9-34 实现了获取 SD 卡基本信息的功能。

代码9-34　SD卡信息 CardInfo.ino

```
/*
  SD card test

这个例程展示了如何使用 SD 类库获取所连接 SD 卡的信息。
如果你不确定 SD 卡是否正常，可以使用该例程检测。

SD 卡模块引脚电路连接：
** MOSI - pin 11 on Arduino Uno/Duemilanove/Diecimila
** MISO - pin 12 on Arduino Uno/Duemilanove/Diecimila
** CLK - pin 13 on Arduino Uno/Duemilanove/Diecimila
** CS - depends on your SD card shield or module.

  created  28 Mar 2011
  by Limor Fried
  modified 9 Apr 2012
  by Tom Igoe
*/
//引用类库
#include <SPI.h>
#include <SD.h>

//实例化必要的对象
Sd2Card card;
SdVolume volume;
SdFile root;

//chipSelect 用于选择不同 SD 模块的 CS 引脚（片选信号）：
// Arduino Ethernet 扩展板: pin 4
```

```
// Adafruit SD 扩展板或模块: pin 10
// Sparkfun SD 扩展板: pin 8
const int chipSelect = 4;

void setup() {
  //初始化串口并等待串口监视器被打开
  Serial.begin(9600);
  while (!Serial) {
    ;
  }

  Serial.print("\nInitializing SD card...");

  //初始化 SD 卡并判断连接是否正常
  if (!card.init(SPI_HALF_SPEED, chipSelect)) {
    Serial.println("initialization failed. Things to check:");
    Serial.println("* is a card inserted?");
    Serial.println("* is your wiring correct?");
    Serial.println("* did you change the chipSelect pin to match your shield
or module?");
    return;
  } else {
    Serial.println("Wiring is correct and a card is present.");
  }

  //输出 SD 卡的类型
  Serial.print("\nCard type: ");
  switch (card.type()) {
    case SD_CARD_TYPE_SD1:
      Serial.println("SD1");
      break;
    case SD_CARD_TYPE_SD2:
      Serial.println("SD2");
      break;
    case SD_CARD_TYPE_SDHC:
      Serial.println("SDHC");
      break;
    default:
      Serial.println("Unknown");
  }

  //初始化 SD 卡的卷标, 能识别 FAT16/32 类型的卷标
  if (!volume.init(card)) {
    Serial.println("Could not find FAT16/FAT32 partition.\nMake sure you've
formatted the card");
    return;
  }

  //输出 SD 卡中第一个 FAT 类型卷标
  uint32_t volumesize;
```

```
Serial.print("\nVolume type is FAT");
Serial.println(volume.fatType(), DEC);
Serial.println();

volumesize = volume.blocksPerCluster();      //每个集群块数量
volumesize *= volume.clusterCount();         //集群数量
volumesize *= 512;                           //每个块为 512 字节
Serial.print("Volume size (bytes): ");
Serial.println(volumesize);
Serial.print("Volume size (Kbytes): ");
volumesize /= 1024;
Serial.println(volumesize);
Serial.print("Volume size (Mbytes): ");
volumesize /= 1024;
Serial.println(volumesize);

Serial.println("\nFiles found on the card (name, date and size in bytes): ");
root.openRoot(volume);

//列出 SD 卡中所有文件的日期和大小
root.ls(LS_R | LS_DATE | LS_SIZE);
}


void loop(void) {

}
```

如果连接正常，SD 卡没有问题，串口将输出如图 9-76 所示的 SD 卡信息。

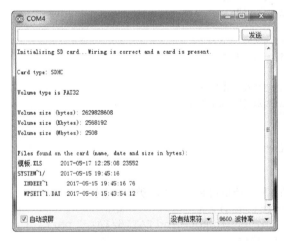

图 9-76　获取 SD 卡信息

如果能正常输出 SD 卡信息，那么可以进行 SD 卡读写操作实验。代码 9-35 实现了在 SD 卡写入文件、读取文件的功能。

代码9-35　SD卡文件读写 ReadWrite.ino

```
/*
  SD card read/write

  这个例程展示了如何使用 SD 类库读写文件。

  SD 卡模块引脚电路连接：
 ** MOSI - pin 11 on Arduino Uno/Duemilanove/Diecimila
 ** MISO - pin 12 on Arduino Uno/Duemilanove/Diecimila
 ** CLK - pin 13 on Arduino Uno/Duemilanove/Diecimila
 ** CS - depends on your SD card shield or module.

  created   Nov 2010
  by David A. Mellis
  modified 9 Apr 2012
  by Tom Igoe

  This example code is in the public domain.
*/

#include <SPI.h>
#include <SD.h>

File myFile;

void setup() {
  //初始化串口和等待串口监视器打开
  Serial.begin(9600);
  while (!Serial) {
    ;
  }

  Serial.print("Initializing SD card...");

  if (!SD.begin(4)) {
    Serial.println("initialization failed!");
    return;
  }
  Serial.println("initialization done.");

  //打开一个文件，注意不能同时打开多个文件，以 FILE_WRITE 方式打开会在文件不存在时创
    建一个文件
  myFile = SD.open("test.txt", FILE_WRITE);

  //如果打开成功，进行写数据
  if (myFile) {
    Serial.print("Writing to test.txt...");
    myFile.println("testing 1, 2, 3.");
    //关闭文件
```

```
      myFile.close();
      Serial.println("done.");
    } else {
      //如果无法打开，提示错误
      Serial.println("error opening test.txt");
    }

    //重新以读取方式打开该文件
    myFile = SD.open("test.txt");
    if (myFile) {
      Serial.println("test.txt:");

      //循环读取出文件中所有字节并在串口输出
      while (myFile.available()) {
        Serial.write(myFile.read());
      }
      //关闭文件
      myFile.close();
    } else {
      //如果无法打开，提示错误
      Serial.println("error opening test.txt");
    }
}

void loop() {
    //此处不做任何操作
}
```

串口将输出如图 9-77 左图所示的 SD 卡操作信息。这时将 SD 卡通过 PC 用读卡器进行浏览，可以发现 SD 卡根目录有一个 test.txt 文件（见图 9-77 右图所示）。

图 9-77 SD 卡文件读写

如果程序运行后不能正常向 SD 卡（非 MicroSD 卡）中写入文件，请检查 SD 卡上的写保护开关，再观察程序运行的效果。

9.4.4　RFID 读写

RFID（射频识别）技术，又称电子标签技术，是一种无线通信技术，可用于识别特定目标并读写相关数据，常应用于小区门禁、商场、地铁、公交等刷卡系统。RFID 技术采用微波射频，频率在 1～100GHz，适用于短距离识别通信。

RFID 系统由如下 3 部分组成。

- 应答器：由天线、耦合元件及芯片组成，一般来说都是用标签作为应答器，每个标签具有唯一的电子编码，附着在物体上标识目标对象。
- 阅读器：由天线、耦合元件及芯片组成，读取（有时还可以写入）标签信息的设备，可设计为手持式 RFID 读写器或固定式读写器。
- 应用软件：主要将收集的数据进一步处理，并为人们所使用。

RFID 技术衍生产品有 3 类：无源 RFID 产品、有源 RFID 产品和半有源 RFID 产品。其中无源 RFID 产品应用最广。

无源 RFID 产品发展最久，在生活中随处可见，如身份证、公交卡等均为无源 RFID 标签，而有源 RFID 产品常用于远距离识别。半有源 RFID 则用于近距离定位。

图 9-78 中左边是一种无源 RFID RC522 读写模块（RFID 阅读器），右边为普通标签卡和异型标签卡（属于无源 RFID 产品中的应答器），也就是常见的 IC 卡。

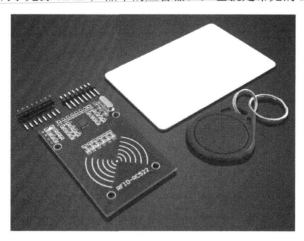

图 9-78　RC522 模块和配套标签

其中，RC522 为高频 RFID 读写器，天线工作在 13.56MHz 频率。支持 SPI 接口、I2C 接口、UART 接口通信，支持读写采用 Mifare 标准的标签（ISO 14443A 标准）。

需要准备的实验材料如下：

- Arduino 开发板（任意型号）×1；
- RC522 模块及标签卡×1；

- 杜邦线若干。

参考图 9-79 连接 RC522 模块。

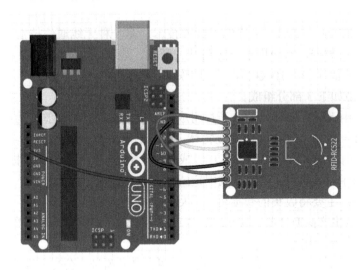

图 9-79　连接 RC522 模块

以 Mifare S50 标签卡为例，读写标签卡实际上是读写卡内的 EEPROM。标签卡内的 EEPROM 存储结构如图 9-80 所示。

扇区	块	块内字节																存储对象
		0	1	2	3	4	5	6	7	8	9	10	11	12	13	14	15	
15	3	Key A						Access bit				Key B						控制块
	2																	数据
	1																	数据
	0																	数据
14	3	Key A						Access bit				Key B						控制块
	2																	数据
	1																	数据
	0																	数据
:	:																	:
1	3	Key A						Access bit				Key B						控制块
	2																	数据
	1																	数据
	0																	数据
0	3	Key A						Access bit				Key B						控制块
	2																	数据
	1																	数据
	0																	厂商段

图 9-80　Mifare S50 存储结构

由图 9-80 可以看出，标签卡内部的 EEPROM 被划分为 16 个扇区，每个扇区有 4 个数据块，每个数据块有 16 个字节。每个扇区中最后一个数据块为控制块，控制块由 6 字节密钥 A、4 字节访问控制位、6 字节密钥 B 组成。读写某个块数据需要验证该块所属扇区的密钥，读取密钥字节数据将得到数据 0。0 扇区 0 块存储不可修改的标签 ID 和厂商数据。

在本章资源目录下找到 RFID.zip 并安装。通过该类库可以简单地使用该模块读取标签卡的 ID。代码 9-36 实现了读取标签卡 ID 的功能。

代码9-36　标签卡ID获取 pruebaLibreriaRFID.ino

```
#include <SPI.h>
#include <RFID.h>

RFID rfid(10, 9);          //D10——读卡器 MOSI 引脚，D9——读卡器 RST 引脚

void setup()
{
  //初始化串口、SPI 总线、RFID 对象
  Serial.begin(9600);
  SPI.begin();
  rfid.init();
}

void loop()
{
  //判断范围内是否有标签卡
  if (rfid.isCard()) {
    Serial.println("Find the card!");
    //读取标签卡的序列号
    if (rfid.readCardSerial()) {
      Serial.print("The card's number is  : ");
      Serial.print(rfid.serNum[0], HEX);
      Serial.print(rfid.serNum[1], HEX);
      Serial.print(rfid.serNum[2], HEX);
      Serial.print(rfid.serNum[3], HEX);
      Serial.print(rfid.serNum[4], HEX);
      Serial.println(" ");
    }
    //选卡，可返回标签卡容量（锁定卡片防止多次读取），去掉本行将连续读卡
    rfid.selectTag(rfid.serNum);
  }

  //使标签卡休眠
  rfid.halt();
}
```

将标签卡放入 RC522 模块识别范围内，串口将输出如图 9-81 所示标签卡 ID 信息。Mifare S50 标签卡出厂密钥 A 为 6 个字节 0xFF，密钥 A 验证通过即可对该扇区完全

控制。代码 9-37 实现了向标签卡写入和读取字符串的功能。

图 9-81　标签 ID 获取

代码9-37　标签卡数据读写 ReadAndWriteRFID.ino

```
#include <SPI.h>
#include <RFID.h>

RFID rfid(10, 9);                 //D10——读卡器 MOSI 引脚，D9——读卡器 RST 引脚

//原扇区 A 密码，16 个扇区，每个扇区密码 6B
unsigned char sectorKeyA[6] = {0xFF, 0xFF, 0xFF, 0xFF, 0xFF, 0xFF};
unsigned char blockAddr = 4;                 //选择操作的块地址 0～63
char str[MAX_LEN];

void setup()
{
  Serial.begin(9600);
  SPI.begin();
  rfid.init();
}

void loop()
{
  if (rfid.isCard())
  {
    Serial.println("Find the card!");

    //读取标签卡的序列号
    if (rfid.readCardSerial()) {
      Serial.print("The card's number is  : ");
      Serial.print(rfid.serNum[0], HEX);
      Serial.print(rfid.serNum[1], HEX);
      Serial.print(rfid.serNum[2], HEX);
      Serial.print(rfid.serNum[3], HEX);
      Serial.print(rfid.serNum[4], HEX);
      Serial.println(" ");

      //选卡，可返回卡容量（锁定卡片防止多次读取），去掉本行将连续读卡
```

```
    rfid.selectTag(rfid.serNum);
  }

  //写数据卡
  if (rfid.auth(PICC_AUTHENT1A, blockAddr , sectorKeyA, rfid.serNum) ==
MI_OK) //认证
  {
    //写数据
    if (rfid.write(blockAddr, "hello!") == MI_OK)
    {
      Serial.println("Write card OK!");
    }
  }
}

  //读卡
  if (rfid.auth(PICC_AUTHENT1A, blockAddr , sectorKeyA, rfid.serNum) ==
MI_OK)                  //认证
  {
    //读数据
    if ( rfid.read(blockAddr, str) == MI_OK)
    {
      Serial.print("Read from the card ,the data is : ");
      Serial.println(str);
    }
  }

  rfid.halt();
}
```

如果读写成功，串口将输出如图 9-82 所示信息。

图 9-82　标签卡读写

9.4.5　实时时钟

实时时钟（Real-Time Clock），简称 RTC，一般由能够输出精确实时时间的低功耗集成电路、较高精度晶振作为时间源和独立电源组成，常用于为电子设备提供断电后保持计时，因此，通常使用纽扣电池供电。RTC 电路的设计是超低功耗的，一般一粒纽扣电池供电能使其工作 3～5 年。图 9-83 所示为 DS3231 RTC 模块。

DS3231 提供闰年补偿、日历闹钟、晶振老化修正、内部温度传感器、可编程方波输出等功能，采用 I2C 接口。DS3231 除了提供时间信息，每个月的天数还能自动调整，并且有闰年补偿功能。AM/PM 标志位可用于设置时钟工作于 24/12 小时模式。

需要准备的实验材料如下：

- Arduino 开发板（任意型号）×1；
- DS3231 模块×1；
- 杜邦线若干。

参考图 9-84 所示连接 DS3231 模块。

图 9-83　DS3231 模块

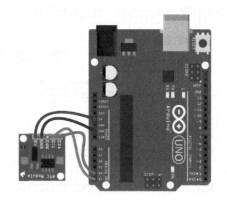

图 9-84　连接 DS3231 模块

在本章资源目录下找到 DS3231.zip 并安装。通过 DS3231 类库，即可操作 DS3231 模块设置时间、读取时间，代码 9-38 实现了 DS3231 的时间设置读取操作。

代码9-38　DS3231时间读写 DS3231Simaple.ino

```
//引用 I2C 总线、DS3231 库
#include <DS3231.h>
#include <Wire.h>

DS3231 Clock;
char str[100];
int second, minute, hour, date, month, year, temperature;
//以下 3 个布尔值用于从 DS3231 获取世纪、12 小时制、上午、下午等布尔状态
bool Century;
bool h12;
bool PM;

void setup() {
  //初始化 I2C 总线
  Wire.begin();
```

```
    Clock.setSecond(50);              //设置秒
    Clock.setMinute(59);              //设置分钟
    Clock.setHour(23);                //设置时间
    Clock.setDate(30);                //设置日期
    Clock.setMonth(6);                //设置月份
    Clock.setYear(17);                //设置年份的后两位
    //打开串口
    Serial.begin(115200);
}

void loop() {
    second = Clock.getSecond();
    minute = Clock.getMinute();
    hour = Clock.getHour(h12, PM);
    date = Clock.getDate();
    month = Clock.getMonth(Century);
    year = Clock.getYear();

    //读取 DS3231 内置温度传感器
    temperature = Clock.getTemperature();

    //将时间参数处理为字符串，一位数字补 0 后为两位数字，然后输出
    sprintf(str, "20%02d-%02d-%02d %02d:%02d:%02d\nTemperature=%d\n", year,
    month, date, hour, minute, second, temperature);
    Serial.print(str);

    delay(1000);
}
```

程序中用到了 sprintf()函数，该函数的功能是向带预格式化符号（如其中的 "%02d"）的字符串填充变量值，并放置到所指定的字符数组内。在程序中该函数实现了将时间补全为两位数字并放到字符数组变量 str 中。

程序运行效果如图 9-85 所示。

图 9-85　输出时间和温度

另外，DS3231 还能提供中断信号功能（闹钟功能），感兴趣的读者可以参考芯片数据手册使用该功能。

9.5　积木扩展板

Arduino 的特色除了调用各种类库进行编程，还可以进行可用扩展板堆叠的设计。因此，市场上有了各种各样的 Arduino 原型扩展板。

9.5.1　扩展板的功能

大多数扩展板是按 Arduino Uno 系列的形状设计的，可以直接堆叠在合适的 Arduino 型号开发板上而不用额外连接线，通过这些扩展板可以实现积木式功能扩展。前面的实验中用到以太网扩展板和 GSM 扩展板。第三方厂家推出了很多 Arduino 扩展板，如图 9-86 所示分别为传感器扩展板、LCD 与按键扩展板、继电器扩展板。

图 9-86　各种 Arduino 扩展板

9.5.2　电机扩展板

在前面章节中介绍了使用 L293D 来驱动单个电机的例子，但是当需要控制多个电机时，面包板的电路可能搭建得很复杂，这时候可以使用电机驱动模块来代替手动搭建电路。

如图 9-87 所示为 L293D 电机扩展板。

L293D 扩展板通过两个 L293D 芯片提供 4 路 H 桥，能同时驱动多个电机，具有配套类库，操作简便，可以进行如下电机搭配：

- 驱动 4 路直流电机和 2 路舵机；
- 驱动 2 路直流电机、1 路步进电机和 2 路舵机；
- 驱动 2 路步进电机和 2 路舵机。

需要准备的实验材料如下：

- Arduino 开发板（同扩展板外形的型号）×1；
- L293D 电机扩展板×1；
- 小功率直流电机×1。

参考图 9-88 连接扩展板和直流电机，如果电机电流较大，建议连接合适的 DC 电源或者使扩展板连接 DC 电源并拔掉上面的跳线帽。

图 9-87　L293D 电机扩展板

图 9-88　连接电机扩展板和直流电机

在本章资源目录下找到 **AFMotor.zip** 并安装。通过 **AFMotor** 类库，即可操作扩展板所连接的电机。代码 9-39 实现了控制 1 号电机变速和正反转的功能。

代码9-39　电机测试 MotorTest.ino

```
// Adafruit Motor shield library
#include <AFMotor.h>

//创建 1 号直流电机对象
AF_DCMotor motor(1);

void setup() {
  Serial.begin(9600);
  Serial.println("Motor test!");

  //设置电机速度 200
  motor.setSpeed(200);

  //关闭电机
  motor.run(RELEASE);
}

void loop() {
  uint8_t i;

  Serial.print("tick");
```

```
//正向运转
motor.run(FORWARD);
//10ms 间隔循环加速
for (i = 0; i < 255; i++) {
  motor.setSpeed(i);
  delay(10);
}

//10ms 间隔循环减速
for (i = 255; i != 0; i--) {
  motor.setSpeed(i);
  delay(10);
}

Serial.print("tock");

//反向运转
motor.run(BACKWARD);
for (i = 0; i < 255; i++) {
  motor.setSpeed(i);
  delay(10);
}

for (i = 255; i != 0; i--) {
  motor.setSpeed(i);
  delay(10);
}

Serial.print("tech");
motor.run(RELEASE);
delay(1000);
}
```

程序运行后，可以看到 1 号电机循环改变转速和反向运转。

⌂注意：通过扩展板的类库使用扩展板时，只需要知道外接设备的编号即可面向对象控
　　　制相应设备。这是使用扩展板开发的优点。

9.6　图形显示

前面介绍了使用 LED 矩阵、LED 数码管等实现简单的图形、字符显示。对于更复杂
的图形界面实现，就要用到 LCD（液晶）显示屏或 OLED 显示屏了。

9.6.1　LCD1602 液晶显示屏

1602 液晶屏是经典的工业字符型液晶屏，图 9-89 左图所示为采用 HD44780 控制器的 LCD1602 模块，1602 具有 2 行 16 列，最多能够同时显示 32 个字符。引脚如图 9-89 右图所示。

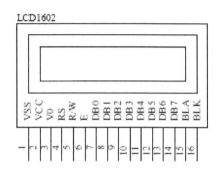

图 9-89　LCD1602 模块及引脚分布

屏幕上每个字符位由 5×7 点阵构成，字符间有间隔，该屏幕能够显示字母、数字或其他图形，但是不足以显示汉字，也不适用于绘制图像。

1602 引脚具体定义如图 9-90 所示。

引脚号	引脚名	电平	输入/输出	作用
1	Vss			电源地
2	Vcc			电源(+5V)
3	Vee			对比调整电压
4	RS	0/1	输入	0=输入指令 1=输入数据
5	R/W	0/1	输入	0=向LCD写入指令或数据 1=从LCD读取信息
6	E	1,1→0	输入	使能信号，1时读取信息， 1→0(下降沿)执行指令
7	DB0	0/1	输入/输出	数据总线line0(最低位)
8	DB1	0/1	输入/输出	数据总线line1
9	DB2	0/1	输入/输出	数据总线line2
10	DB3	0/1	输入/输出	数据总线line3
11	DB4	0/1	输入/输出	数据总线line4
12	DB5	0/1	输入/输出	数据总线line5
13	DB6	0/1	输入/输出	数据总线line6
14	DB7	0/1	输入/输出	数据总线line7(最高位)
15	A	+Vcc		LCD背光电源正极
16	K	接地		LCD背光电源负极

图 9-90　LCD1602 引脚定义

1602 模块上固化了字符存储器 CGROM（只读）和 CGRAM（可读写），CGRAM 具有 8 个自定义字符容量，CGROM 中具有 192 个常用字符的字模，具体字模和地址关系如图 9-91 所示。

CGROM中字符码与字字符字模关系对照

	0000	0001	0010	0011	0100	0101	0110	0111	1000	1001	1010	1011	1100	1101	1110	1111
xxxx0000	CGRAM(1)			0	@	P	`	p				―	タ	ミ	∝	p
xxxx0001	(2)		!	1	A	Q	a	q			。	ア	チ	ム	ä	q
xxxx0010	(3)		"	2	B	R	b	r			「	イ	ツ	メ	β	θ
xxxx0011	(4)		#	3	C	S	c	s			」	ウ	テ	モ	ε	∞
xxxx0100	(5)		$	4	D	T	d	t			、	エ	ト	ヤ	μ	Ω
xxxx0101	(6)		%	5	E	U	e	u			・	オ	ナ	ユ	σ	Ü
xxxx0110	(7)		&	6	F	V	f	v			ヲ	カ	ニ	ヨ	ρ	Σ
xxxx0111	(8)		'	7	G	W	g	w			ア	キ	ヌ	ラ	g	π
xxxx1000	(1)		(	8	H	X	h	x			イ	ク	ネ	リ	√	
xxxx1001	(2)		)	9	I	Y	i	y			ゥ	ケ	ノ	ル	┐	y
xxxx1010	(3)		*	:	J	Z	j	z			エ	コ	ハ	レ	j	千
xxxx1011	(4)		+	;	K	[	k	{			オ	サ	ヒ	ロ	×	万
xxxx1100	(5)		,	<	L	¥	l	|			ヤ	シ	フ	ワ	¢	円
xxxx1101	(6)		―	=	M	]	m	}			ユ	ス	ヘ	ン	ƚ	÷
xxxx1110	(7)		.	>	N	^	n	→			ヨ	セ	ホ	゛	ñ	
xxxx1111	(8)		/	?	O	_	o	←			ッ	ソ	マ	゜	ö	█

图 9-91　LCD1602 的地址分配

模块具有 80B 的 DDRAM，如图 9-92 所示。其中可显示的区域为两行的前 16 个字节，即地址 0x00～0x0f 和 0x40～0x4f。不可显示区域可用于缓存。

	显示位置	1	2	3	4	5	6	7	……	40
DDRAM	第一行	00H	01H	02H	03H	04H	05H	06H	……	27H
地　址	第二行	40H	41H	42H	43H	44H	45H	46H	……	67H

图 9-92　LCD1602 的 DDRAM

向 DDRAM 写入 CGROM 或 CGRAM 地址编码后，即可在屏幕上显示编码对应的字模。
需要准备的实验材料如下：

- Arduino 开发板（任意型号）×1；
- LCD1602 模块×1；
- 10kΩ 电位器×1；
- 330Ω 电阻×1；
- 杜邦线若干。

参考图 9-93 所示连接 LCD1602 模块（模块支持 8 线、4 线接法，此处使用 4 线接法），
其中电位器的作用为调节 LCD 屏幕的对比度。

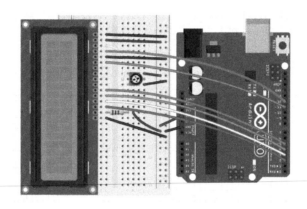

图 9-93　连接 LCD1602 模块

Arduino 自带了通用 LCD 的驱动类库 LiquidCrystal，该库封装了对 HD44780 控制器
的操作，只要定义引脚即可使用 LCD1602。代码 9-40 实现了在 1602 上显示欢迎信息。

代码 9-40　LCD 显示 HelloWorld HelloWorld.ino

```
/*
LiquidCrystal Library - Hello World

演示使用 16×2 LCD 显示屏。
该库兼容使用 HD44780 驱动的 LCD 显示屏，这些屏通常为 16 针引脚。
该例程实现显示字符和时间。

Library originally added 18 Apr 2008
by David A. Mellis
library modified 5 Jul 2009
by Limor Fried (http://www.ladyada.net)
example added 9 Jul 2009
by Tom Igoe
modified 22 Nov 2010
by Tom Igoe
*/
```

```
//引用 LCD 库
#include <LiquidCrystal.h>

//用引脚初始化对象
LiquidCrystal lcd(12, 11, 5, 4, 3, 2);

void setup() {
  //设置 LCD 的列数和行数
  lcd.begin(16, 2);
  //显示一条信息
  lcd.print("hello, world!");
}

void loop() {
  //设置光标到 0 列 1 行（注意 LCD 第一个字符为 0 列 0 行）
  lcd.setCursor(0, 1);
  //输出程序启动后的秒数
  lcd.print(millis() / 1000);
}
```

程序运行后，调节电位器到合适的对比度，LCD 显示效果如图 9-94 所示。

代码 9-41 实现了上位机与 LCD 的交互——LCD 打印串口内容。

图 9-94　LCD1602 显示效果

代码9-41　LCD打印串口内容 SerialDisplay.ino

```
/*
LiquidCrystal Library - Serial Input

该例程演示通过 LCD 显示串口发送的字符。

Library originally added 18 Apr 2008
by David A. Mellis
library modified 5 Jul 2009
by Limor Fried (http://www.ladyada.net)
example added 9 Jul 2009
by Tom Igoe
modified 22 Nov 2010
by Tom Igoe
*/

#include <LiquidCrystal.h>

LiquidCrystal lcd(12, 11, 5, 4, 3, 2);

void setup() {
  lcd.begin(16, 2);
  Serial.begin(9600);
}
```

```
void loop() {
  //当串口收到数据时
  if (Serial.available()) {
    //等待接收完整
    delay(100);
    //清空 LCD 显示内容
    lcd.clear();
    //循环读取字节并显示
    while (Serial.available() > 0) {
      //在 LCD 上打印字符
      lcd.write(Serial.read());
    }
  }
}
```

程序运行后，通过串口监视器发送 LCD1602 具有对应字模的字符，即可通过 LCD 显示。

在本次实验接线中使用了 4 线接法连接 LCD1602。虽然对比 8 线接法省了一些 I/O，但还有更省 I/O 的方式——使用 I2C 扩展 I/O。如图 9-95 所示为采用 PCF8574T，I2C 扩展 I/O 芯片的 LCD 专用 I2C 转接板。

图 9-95　LCD 通用 I2C 转接板

转接板上还带了电位器，用于调节 LCD 对比度，并且有第三方 LCD 库支持，使用该转接板也可以很方便地操作 LCD1602。

9.6.2　OLED12864 有机发光二极管显示屏

与液晶屏不同，OLED（有机发光二极管，一种 LED）显示屏是较新一代技术的屏幕。OLED 屏幕每个像素点都能够发光，除此之外还具有高对比度、超轻薄、耐低温、响应速度快、功耗低、视角广、抗震能力强等特点。

OLED12864 显示屏是 128×64 像素的单色屏。如图 9-96 左图所示为 OLED12864 显示屏，仅有 0.96 寸（3.2cm）大小。OLED12864 内部采用 SSD1306 控制芯片，该控制器支持 I2C 和 SPI 接口。如图 9-96 右图所示为 OLED12864 I2C 接口模块。

图 9-96　OLED12864 及模块

需要准备的实验材料如下：

- Arduino 开发板（任意型号）×1；
- OLED12864 模块（I2C 接口）×1；
- 杜邦线若干。

按图 9-97 所示连接 OLED 模块到 Arduino。

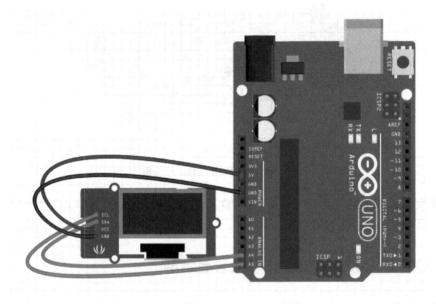

图 9-97　连接 OLED12864 模块

U8glib 类库是一个支持多个单片机平台、多种显示屏控制芯片、多种接口通信的图形库，使用 U8glib 类库可以很轻松地使用该屏幕。

安装本章资源目录下提供的 U8glib 类库安装包 U8glib.zip。

安装完成后运行 IDE，在例程中如图 9-98 所示位置找到该库提供的例程 HelloWorld 并打开。

类似于 U8glib 这种对多种设备兼容的类库，往往需要一些配置步骤才可以使用。打开例程后如果尝试编译就会发现，程序中缺少对 u8g 对象的定义，如图 9-99 所示。

这时候可以前后翻阅程序代码查找 u8g 对象的定义位置。必要时可以用 IDE 的查找功能搜索关键字。

通过翻阅可以看到，代码中有大量被注释的 u8g 对象创建语句。这些语句分别创建了不同控制芯片使用不用接口时的对象。本实验中驱动的是 128×64 像素的 SSD1306 控制芯片 I2C 接口模块，所以需要去除 90 行所示的对象创建语句，如图 9-100 所示。

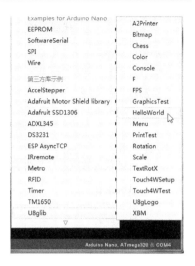

图 9-98　打开 Hell world 例程

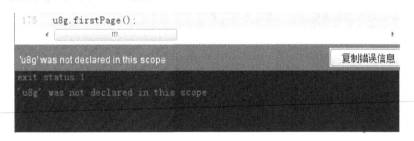

图 9-99　编译错误

```
85  //U8GLIB_ILI9325D_320x240 u8g(18,17,19,U8G_PIN_NONE,16 );        // 8Bit Com: D0..D7: 0,1,2,3,4,5,6,7 en=v
86  //U8GLIB_SBN1661_122X32 u8g(8,9,10,11,4,5,6,7,14,15, 17, U8G_PIN_NONE, 16);   // 8Bit Com: D0..D7: 8,9,10
87  //U8GLIB_SSD1306_128X64 u8g(13, 11, 10, 9); // SW SPI Com: SCK = 13, MOSI = 11, CS = 10, A0 = 9
88  //U8GLIB_SSD1306_128X64 u8g(4, 5, 6, 7);  // SW SPI Com: SCK = 4, MOSI = 5, CS = 6, A0 = 7 (new white Hal
89  //U8GLIB_SSD1306_128X64 u8g(10, 9);    // HW SPI Com: CS = 10, A0 = 9 (Hardware Pins are  SCK = 13 and MOS
90  U8GLIB_SSD1306_128X64 u8g(U8G_I2C_OPI_NONE|U8G_I2C_OPI_DEV_0); // I2C / IWI
91  //U8GLIB_SSD1306_128X64 u8g(U8G_I2C_OPI_DEV_0|U8G_I2C_OPI_NO_ACK|U8G_I2C_OPI_FAST); // Fast I2C / IWI
92  //U8GLIB_SSD1306_128X64 u8g(U8G_I2C_OPI_NO_ACK); // Display which does not send AC
93  //U8GLIB_SSD1306_ADAFRUII_128X64 u8g(13, 11, 10, 9);  // SW SPI Com: SCK = 13, MOSI = 11, CS = 10, A0 = 9
94  //U8GLIB_SSD1306_ADAFRUII_128X64 u8g(10, 9);    // HW SPI Com: CS = 10, A0 = 9 (Hardware Pins are  SCK =
95  //U8GLIB_SSD1306_128X32 u8g(13, 11, 10, 9);  // SW SPI Com: SCK = 13, MOSI = 11, CS = 10, A0 = 9
96  //U8GLIB_SSD1306_128X32 u8g(10, 9);            // HW SPI Com: CS = 10, A0 = 9 (Hardware Pins are  SCK =
97  //U8GLIB_SSD1306_128X32 u8g(U8G_I2C_OPI_NONE); // I2C / IWI
98  //U8GLIB_SSD1306_64X48 u8g(13, 11, 10, 9);  // SW SPI Com: SCK = 13, MOSI = 11, CS = 10, A0 = 9
99  //U8GLIB_SSD1306_64X48 u8g(10, 9);          // HW SPI Com: CS = 10, A0 = 9 (Hardware Pins are  SCK = 1
100 //U8GLIB_SSD1306_64X48 u8g(U8G_I2C_OPI_NONE); // I2C / IWI
101 //U8GLIB_SH1106_128X64 u8g(13, 11, 10, 9);  // SW SPI Com: SCK = 13, MOSI = 11, CS = 10, A0 = 9
```

图 9-100　去除合适的注释

去除注释后便可以顺利编译。这时候该例程的等效程序如代码 9-42 所示。

```
//引用类库
#include "U8glib.h"

//创建 u8g 对象
U8GLIB_SSD1306_128X64 u8g(U8G_I2C_OPT_NONE | U8G_I2C_OPT_DEV_0);
                                          //I2C 接口

void draw(void) {
  //此函数放置刷新屏幕内容的操作

  //设置字体
  u8g.setFont(u8g_font_unifont);
  //显示内容
  u8g.drawStr( 0, 22, "Hello World!");
}

void setup(void) {
  //设置屏幕颜色模式
  if ( u8g.getMode() == U8G_MODE_R3G3B2 ) {
    u8g.setColorIndex(255);         // white
  }
  else if ( u8g.getMode() == U8G_MODE_GRAY2BIT ) {
    u8g.setColorIndex(3);           // max intensity
  }
  else if ( u8g.getMode() == U8G_MODE_BW ) {
    u8g.setColorIndex(1);           // pixel on
  }
  else if ( u8g.getMode() == U8G_MODE_HICOLOR ) {
    u8g.setHiColorByRGB(255, 255, 255);
  }
}

void loop(void) {
  //页面循环刷新
  u8g.firstPage();
  do {
    draw();
  } while ( u8g.nextPage() );

  //等待后重新刷新
  delay(50);
}
```

程序运行后，显示效果如图 9-101 所示。

图 9-101　OLED 显示效果

注意：因为 U8glib 具有很强的兼容特性，如果读者手上有其他 U8glib 支持的 OLED 屏幕，也可以参照上述方法完成实验。完整的控制芯片支持列表详见：http://github.com/olikraus/u8glib/wiki/device。

9.7　蜂鸣器

蜂鸣器是一种一体化结构的电子讯响器，广泛应用于计算机、打印机、复印机、报警器、电子玩具、汽车电子设备、电话机、定时器等电子产品中作为发声器件。蜂鸣器主要分为压电式和电磁式两种。如图 9-102 所示为一款阻抗为 16 欧姆的电磁式无源蜂鸣器。

电磁式蜂鸣器由振荡器、电磁线圈、磁铁、振动膜片及外壳等组成，根据驱动方式不同又分为有源蜂鸣器和无源蜂鸣器。无源蜂鸣器一般使用 1.5～24V 直流电驱动，有源蜂鸣器最低驱动电压要求较高，工作电流一般在几十到上百毫安。有源蜂鸣器内置震荡源，通电即可发声，发声频率固定。无源蜂鸣器需要使用一定频率信号才能驱动，发生频率为信号频率。在 Arduino 上，可以使用高级 I/O 函数，通过数字引脚输出不同频率方波信号实现通过无源蜂鸣器播放音乐。

需要准备的实验材料如下：

- Arduino 开发板（任意型号）×1；
- 4.7kΩ 电阻×1；
- 9012 三极管（或 8550）×1；
- 电磁式无源蜂鸣器×1；
- 杜邦线若干。

如图 9-103 所示为搭建无源蜂鸣器驱动电路图，其中三极管的作用为放大电流，使蜂鸣器发出足够大的声音。如果直接用 Arduino 的引脚连接蜂鸣器，不同型号的 Arduino 引脚电流输出能力不同，不一定能使蜂鸣器发出足够大的声音。

图 9-102　电磁式蜂鸣器

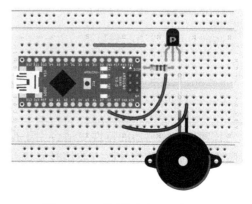

图 9-103　无源蜂鸣器驱动电路图

代码 9-43 实现了通过数字引脚输出频率信号，演奏出《两只老虎》的音乐片段。

代码9-43　蜂鸣器音乐 DhcpAddressPrinter.ino

```
#define BEEP_PIN 3                          //信号输出引脚

void setup() {
  pinMode(BEEP_PIN, OUTPUT);
}

void loop() {
  tone(BEEP_PIN, 294);                      //输出指定频率
  delay(250);                               //延时保持频率输出
  tone(BEEP_PIN, 330);
  delay(250);
  tone(BEEP_PIN, 350);
  delay(250);
  tone(BEEP_PIN, 294);
  delay(250);

  tone(BEEP_PIN, 294);
  delay(250);
  tone(BEEP_PIN, 330);
  delay(250);
  tone(BEEP_PIN, 350);
  delay(250);
  tone(BEEP_PIN, 294);
  delay(250);

  tone(BEEP_PIN, 350);
  delay(250);
  tone(BEEP_PIN, 393);
  delay(250);
  tone(BEEP_PIN, 441);
  delay(500);

  tone(BEEP_PIN, 350);
  delay(250);
  tone(BEEP_PIN, 393);
  delay(250);
  tone(BEEP_PIN, 441);
  delay(500);

  noTone(BEEP_PIN);                         //演奏一遍后结束输出
  delay(2000);                              //暂停一段时间后演奏下一遍
}
```

对比喇叭，蜂鸣器的特性更适合用于报警发音器件。当然，上述程序也能用于驱动喇叭（喇叭使用正弦波信号比方波信号发声效果更好），如果用于驱动喇叭，那么硬件电路需要调整到适合喇叭的电压和功率。

9.8 使用彩色显示屏

前面介绍的工业 LCD 和 OLED 均为单色显示屏。虽然两者均为用途较广的屏幕，但在图像显示上依然存在不足之处。LCD、OLED 显示屏也具有彩色屏的产品。目前 TFT LCD 屏幕是应用最多的彩色显示屏。

TFT（Thin Film Transistor，薄膜晶体管）LCD 显示屏每一个像素点都是由集成在其后的薄膜晶体管来驱动的。TFT LCD 屏幕（以下简称 TFT 显示屏）属于有源矩阵液晶显示器，在技术上采用了"主动式矩阵"的方式来驱动，通过薄膜技术所制作的电晶体电极，以扫描的方式"主动拉"控制任意一个显示点的开与关，光源照射时先通过下偏光板向上透出，借助液晶分子传导光线，通过遮光和透光来达到显示的目的。

TFT 显示屏能应用到各种有显示需求的民用数码设备上。因此需求量大，市场上不同规格参数的 TFT 显示屏很多。小尺寸的 TFT 屏幕中，常用尺寸（以英寸为单位）有 1.44、1.6、1.8、2.0、2.2、2.4、2.6、2.8、3.0、3.2、3.4 等。屏幕比例上有 16：9、4：3、1：1 等。

如图 9-104 所示为一款 TFT 显示屏模块，该屏幕为 QVGA 规格（VGA 的 1/4 像素量，VGA 为 640×480 像素，QVGA 为 240×320 像素），显示区域 2.2 英寸，采用 SPI 接口。模块上还带一个 SD 卡槽，SD 卡读写在前面章节已经介绍过，方法通用，此处不再对 SD 读写作解释。

图 9-104　QVGA 2.2 英寸 TFT 显示屏 SPI 模块

通过使用手册得知，该屏幕控制器为 ILI9341，工作电压为 3.3V，模块上 VCC 供电支持 3.3～5V。

Arduino 自带的 TFT 库仅支持 ST7735 控制器的 TFT 显示屏。那么这时就要通过网络搜寻合适的类库或根据控制器手册自己编写驱动。

GitHub 是当前 Arduino 类库最多的编程社区网站，可以通过该网站尝试搜寻合适的库。以关键字"ILI9341"进行搜索，如图 9-105 所示。

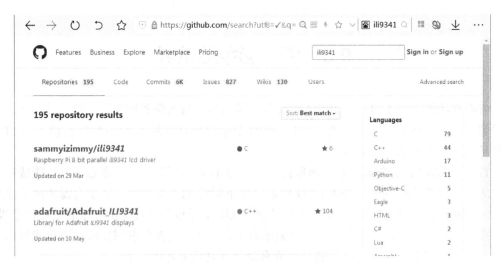

图 9-105　项目搜索结果

搜索结果中包含 ILI9341 TFT 显示屏各个单片机平台、多种语言的驱动程序。这里需要的是 Arduino 库，所以进一步进行筛选，最终发现项目 ili9341-arduino（链接 https://github.com/gmtii/ili9341-arduino）提供的库是最符合这个显示屏模块的。下载并安装该库，通过项目中 README.md 说明文件提供的信息可知道其接线方式，如图 9-106 所示。

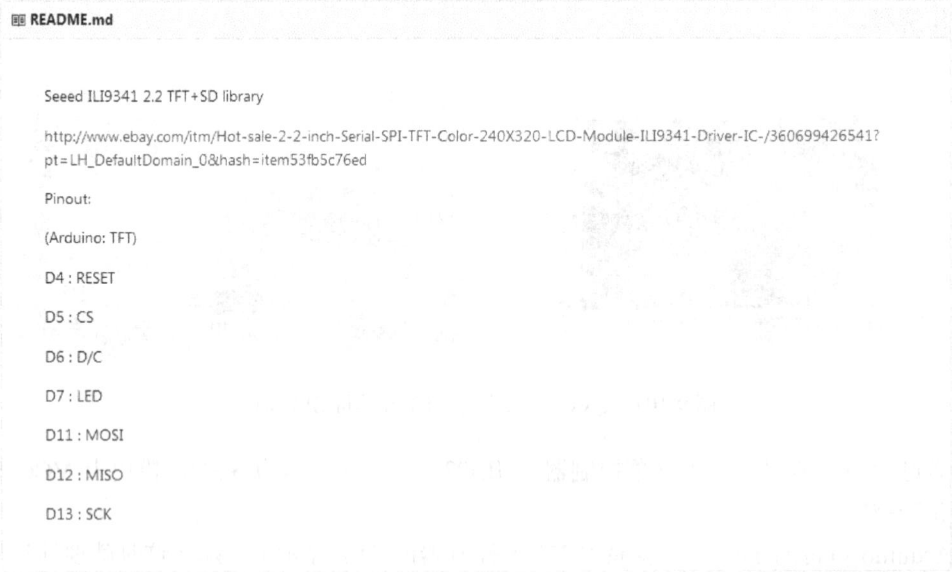

README.md

Seeed ILI9341 2.2 TFT+SD library

http://www.ebay.com/itm/Hot-sale-2-2-inch-Serial-SPI-TFT-Color-240X320-LCD-Module-ILI9341-Driver-IC-/360699426541?
pt=LH_DefaultDomain_0&hash=item53fb5c76ed

Pinout:

(Arduino: TFT)

D4 : RESET

D5 : CS

D6 : D/C

D7 : LED

D11 : MOSI

D12 : MISO

D13 : SCK

图 9-106　接线方式说明

因为 ILI9341 控制器的 I/O 工作在 3.3V 电压，所以这里采用 3.3V 工作电压的 Arduino Mini 开发板连接显示屏模块。下载库中的例程后，TFT 屏幕被成功点亮，效果如图 9-107

所示。

图 9-107　TFT 显示屏被点亮

9.9　小结

本章从 LED 驱动、驱动编写、类库使用、编程技巧等方面介绍了 Arduino 的进阶玩法。

在硬件方面，介绍对比了多种 LED 应用、通信方式、通信协议、数据存储方式、显示屏等。了解过这些硬件模块的特点后，读者应该对电子制作的设备选材有了进一步了解。

通过本章的学习，相信读者可以利用这些模块创造出更多的新玩意。

本章最重要的是让读者能够学会举一反三用 Arduino 带动更多不同的电子模块。在本章的最后，笔者还分享了一个驱动彩色显示屏的案例。

第 10 章　Arduino 高级实验

到目前为止，已经介绍完如何进行 Arduino 下位机开发，也介绍了多种通信方式。Arduino 之间可以互相联动，但是缺少与其他上位机设备的联动。

另外一方面，Arduino 的数据处理能力是很有限的，而 PC、智能手机等设备具有较强的数据处理能力。如果能和这些上位机设备进行连接，就能够扩展 Arduino 的应用范围。此外，也能把实现用户交互方面的硬件进行软件化到上位机里，在适当的场合节省不少硬件开发成本，并能够提升作品的用户体验。

本章对用户量最多的桌面操作系统 Windows 和移动操作系统 Android 进行上位机开发解析。

10.1　Arduino 与 Microsoft WPF

WPF（Windows Presentation Foundation）是微软（Microsoft）推出的 Windows 平台用户界面框架，WPF 一般配合.NET Framework（以下简称.NET）进行桌面应用程序开发。WPF 应用编写可以使用 C#和 VB 语言。Microsoft 的集成开发环境 Microsoft Visual Studio（以下简称 VS）可以进行多种 Windows 应用开发，其中就包括 WPF 开发。通过 VS，可以很轻松地实现 Arduino 上位机应用开发。

⚠注意：Visual Studio 属于商业软件，在此不提供安装包，读者如有需要，可以到微软官方网站了解。本节以 Visual Studio 2012 环境为例进行开发实验。新建项目时框架建议选择.NET Framework 3.5 以上以支持较新的语法。

在开发上位机软件前，读者需要了解一下 WPF 的开发，先以实现一个 WPF 的 HelloWorld 程序为例。

10.1.1　WPF 实现 Hello World

在 Windows 上安装好 Visual Studio 2012 后，在开始菜单中找到该软件并单击运行，如图 10-1 所示。

图 10-1　打开 Visual Studio 2012

　　主界面加载完成后就可以创建项目了。在菜单栏单击"文件"|"新建"|"项目"菜单，弹出如图 10-2 所示的"新建项目"对话框，在该对话框内选择"模板"下 Visual C# 语言，并选择"WPF 应用程序"模板，输入合适的项目名称即可创建一个项目。默认情况下项目会自动生成同名解决方案，解决方案内允许有多个项目（在本节中生成、不生成解决方案均可）。

图 10-2　新建项目

　　单击"确定"按钮后即可创建项目并切换到项目的工作界面，如图 10-3 所示。
工作界面上，上方为菜单栏、工具栏，左边有侧边工具栏和工具箱，中间为已打开的项目文件（其中 xaml 文件为界面设计文件，所以有界面设计区，中间下方为布局代码编辑区），右边为解决方案文件、资源管理器，右下方为控件属性编辑区，界面下方为状态栏。

图 10-3　工作界面

界面已打开的文件均为项目自动生成的模板文件，MainWindow.xaml 为一个空白窗口的界面布局文件，仅仅是一个窗口框架。在设计区以可视化可拖动的形式呈现预览，布局代码编辑区为该文件的源码，语言为 XML。MainWindow.xaml.cs 文件是该空白界面对应的程序代码，该部分代码使用 C#语言编写，可以在代码中处理窗体的加载、关闭、控件动作、数据处理等程序功能。

界面中，工具箱为设计窗口提供各种控件，可以单击拖动到界面设计区中进行界面设计。选中设计区中不同的控件，右下方的属性编辑区即可编辑该控件属性，如果属性编辑区中不方便修改属性，可以直接在布局代码编辑区内修改。

接下来实现一个窗口，单击上面的按钮后，会弹出一个显示 Hello World 的提示框。

（1）需要向界面中拖入一个 Button（按钮）控件，并放置到合适位置，如图 10-4 所示。

（2）修改 Button 控件上面显示的文字和控件名称可以方便控件的管理。在图 10-5 左图所示，布局代码区位置 Content 属性中可以修改 Button 上显示的文本。在图 10-5 右图所示位置的属性编辑区名称属性条目里可以设置控件名称。

图 10-4　添加控件

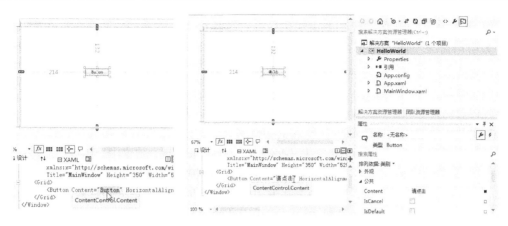

图 10-5　控件设置

（3）建议控件命名为控件字母缩写（2～3 个字母）加功能简称，如图 10-6 所示将该控件命名为 btMsg。

（4）控件属性修改完成后，即可对控件事件程序进行编写，首先是生成控件的事件方法。有两种方式：第一种方式是在属性编辑区单击闪电图标，在事件列表中双击生成；另一种方式是直接双击 Button 控件生成事件方法。双击后生成事件并跳转到窗口的程序代码文件 MainWindow.xaml.cs 中新生成的该事件方法内，如图 10-7 所示。

图 10-6　控件命名

图 10-7　双击控件生成事件方法

图 10-7 中为 C#代码，代码的语法风格有点类似 C 语言。程序中开头多行 using 语句作用为引用命令空间，每个命名空间下都可以有多个类。这个程序代码也定义了名为 HelloWorld 的命名空间（namespace），这个命名空间是由项目自动生成的同名命名空间。HelloWorld 命名空间内有一个公共类 MainWindow，该类继承自 Window 类，与窗体同名。类中有构造函数 MainWindow，并且方法内有初始化窗口的调用。程序中只有 btMsg_Click() 方法是手动生成的，该方法有两个参数 sender 和 e，分别是控件对象和触发事件。

（5）实现弹出消息框，可以使用 MessageBox 类来实现。在如图 10-8 上图所示的 btMsg_Click 方法中输入该类，能够触发 VS 的提示代码功能。调用静态类 MessageBox 下 Show()方法可以弹出消息框，Show()方法调用时需要提供弹出消息框的参数，调用一个不明白定义的方法，可以使用快捷键 Ctrl+J 弹出方法的原型定义和调用说明，也可以直接在参数小括号内输入逗号，或者对该方法进行右键跳转到定义，如图 10-8 下图所示为 VS 提示该方法两个参数的原型定义和调用说明。

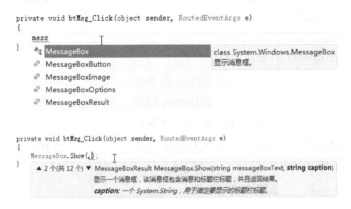

图 10-8　代码提示功能

可以明显看出图 10-8 下图中提示了 Show()方法有两个参数：第一个参数为消息内容，第二个参数为消息框标题。输入对应自定义内容后即可进行调用，如图 10-9 所示。

图 10-9　进行调用

（6）此时单击图 10-9 所示工具栏启动按钮即可运行该程序。程序运行效果如图 10-10
所示。

图 10-10　运行程序

此时单击界面上的"请点击"按钮，可以弹出如图 10-11 所示消息框。

图 10-11　显示"Hello World"

10.1.2　建立串口通信

.NET 中包含了对串口操作的功能，通过 System.IO.Ports 命名空间下 SerialPort 类即可操作串口。建立串口通信后，可以像串口监视器一样获取串口数据。C#可以通过程序进一步处理串口数据，从而实现开发 Arduino 交互应用。那么第一步就是建立串口通信。

首先创建一个项目，项目名称任意，这里命名为 SerialTool。在设计界面拖入需要的控件（和多个必要的 Label 提示标签）并设置控件名称，如表 10-1 所示。

表 10-1 控件表

控 件	作 用	名 称
ComboBox	串口选择下拉列表框	lsCom
ComboBox	波特率选择下拉列表框	lsBoud
Button	打开按钮	btOpen
Button	发送按钮	btSend
TextBox	接收文本框	txtRec
TextBox	发送文本框	txtSend
Label	标签	（忽略，但显示文字需要按需设置）

下拉列表框作用为选择串口号、波特率，按钮作用为打开和关闭串口、发送数据，文本框用于接收、发送数据。其中接收文本框需要调节合适的高度，界面需要调节长宽，如图 10-12 左图所示，界面效果如图 10-12 右图所示。

界面完成后，需要实现运行后界面上的下拉列表框能够填充好需要的波特率和 PC 上所有的端口号。这部分代码可以放在界面构造函数内 InitializeComponent()方法调用后。可以编写如下函数对端口列表进行获取并将端口列表和波特率列表加到界面的下拉列表控件上。

```
private void init()
{
    //清空下拉列表框
    lsCom.Items.Clear();
    //遍历所有的端口号
    foreach (string item in SerialPort.GetPortNames())
    {
        //端口号放到下拉列表框中
        lsCom.Items.Add(item);
    }
    //设置下拉列表框默认选中第一个端口
    lsCom.SelectedIndex = 0;

    //定义可选波特率数组
    int[] boud = new int[] { 9600, 38400, 115200 };
    lsBoud.Items.Clear();
    foreach (int item in boud)
    {
        lsBoud.Items.Add(item);
    }
    //设置下拉列表框默认选中 9600 波特率
    lsBoud.SelectedIndex = 0;
}
```

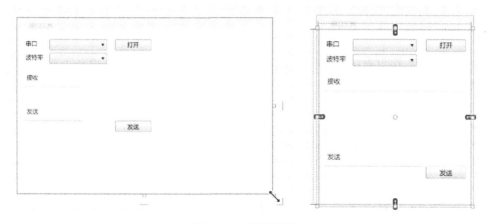

图 10-12　设计界面

然后在构造函数内调用该方法。

创建一个串口对象，因为该对象需要被多个方法调用，所以需要定义为类属性：

```
SerialPort com = new SerialPort();
```

生成打开按钮的事件方法，需要在该方法内完成串口打开和设置监听事件（其中监听事件方法需要按提示生成或右键生成方法存根。

```
//以指定波特率打开指定串口
com = new SerialPort(lsCom.SelectedItem.ToString(), int.Parse(lsBoud.
SelectedItem.ToString()));
com.Open();
//绑定接收事件
com.DataReceived += com_DataReceived;
```

为了使"打开"按钮具有关闭功能，可以循环修改按钮所显示的内容，定义按钮显示内容数组。

```
string[] btStatus = new string[] { "打开", "关闭" };
```

通过如下代码可以实现该按钮内容切换。

```
if (btOpen.Content.ToString() == btStatus[0])
{
    //切换按钮内容
    btOpen.Content = btStatus[1];
    //以指定波特率打开指定串口
    com = new SerialPort(lsCom.SelectedItem.ToString(), int.Parse(lsBoud.
    SelectedItem.ToString()));
    com.Open();
    //绑定接收事件
    com.DataReceived += com_DataReceived;
}
else
{
    btOpen.Content = btStatus[0];
    //解除事件绑定
```

```
com.DataReceived += com_DataReceived;
com.Close();
}
```

串口打开后，即可对串口进行数据发送，需要生成"发送"按钮的事件方法，并且获取发送文本框内容进行发送。

```
if (com.IsOpen)
{
    //将字符串使用 UTF8 编码转换为字节数组
    byte[] data = Encoding.UTF8.GetBytes(txtSend.Text);
    //发送数据
    com.Write(data, 0, data.Length);
    //清空输入框
    txtSend.Text = "";
}
```

串口数据接收需要在监听事件方法内完成，在该方法对串口缓冲区进行读取并通过委托（因为串口监听线程属于窗口的子线程，不能够操作窗口内控件，只能通过委托操作，此处委托写法用到了匿名函数编程技巧 lambda 语法）方式将消息显示在消息框中。

```
//创建缓存数组
byte[] DataTemp = new byte[com.BytesToRead];
//从串口缓冲区读取数据到数组中
for (int i = 0; i < DataTemp.Length; i++)
{
    DataTemp[i] = (byte)com.ReadByte();
}
//将数组使用 UTF8 编码转换为字符串，从而能够正确接收中文字符
string word = Encoding.UTF8.GetString(DataTemp, 0, DataTemp.Length);
//通过委托将字符串放到界面接收文本框中
this.Dispatcher.Invoke(new Action(() =>
{
    txtRec.Text += word;
}));
```

最后，单击窗口设计界面窗口的标题栏，然后在事件列表中找到窗口关闭的事件 Window_Closing，并生成该事件，在事件中实现关闭窗口时关闭串口对象。

```
if (com.IsOpen)
{
    //关闭串口
    com.Close();
}
```

最后程序如代码 10-1 所示。

代码10-1　串口工具MainWindow.xaml.cs

```
using System;
using System.Collections.Generic;
using System.IO.Ports;
using System.Text;
using System.Windows;
using System.Windows.Controls;
```

```csharp
using System.Windows.Data;
using System.Windows.Documents;
using System.Windows.Input;
using System.Windows.Media;
using System.Windows.Media.Imaging;
using System.Windows.Navigation;
using System.Windows.Shapes;

namespace SerialTool
{
    /// <summary>
    /// MainWindow.xaml 的交互逻辑
    /// </summary>
    public partial class MainWindow : Window
    {

        SerialPort com = new SerialPort();
        string[] btStatus = new string[] { "打开", "关闭" };

        public MainWindow()
        {
            InitializeComponent();
            //初始化
            init();
        }

        private void init()
        {
            //清空下拉列表框
            lsCom.Items.Clear();
            //遍历所有的端口号
            foreach (string item in SerialPort.GetPortNames())
            {
                //端口号放到下拉列表框中
                lsCom.Items.Add(item);
            }
            //设置下拉列表框默认选中第一个端口
            lsCom.SelectedIndex = 0;

            //定义可选波特率数组
            int[] boud = new int[] { 9600, 38400, 115200 };
            lsBoud.Items.Clear();
            foreach (int item in boud)
            {
                lsBoud.Items.Add(item);
            }
            //设置下拉列表框默认选中 9600 波特率
            lsBoud.SelectedIndex = 0;
        }

        private void btOpen_Click(object sender, RoutedEventArgs e)
        {
            if (btOpen.Content.ToString() == btStatus[0])
            {
                //切换按钮内容
```

```
        btOpen.Content = btStatus[1];
        //以指定波特率打开指定串口
        com = new SerialPort(lsCom.SelectedItem.ToString(), int.
        Parse(lsBoud.SelectedItem.ToString()));
        com.Open();
        //绑定接收事件
        com.DataReceived += com_DataReceived;
    }
    else
    {
        btOpen.Content = btStatus[0];
        //解除事件绑定
        com.DataReceived -= com_DataReceived;
        com.Close();
    }
}

private void com_DataReceived(object sender, SerialDataReceived
EventArgs e)
{
    //创建缓存数组
    byte[] DataTemp = new byte[com.BytesToRead];
    //从串口缓冲区读取数据到数组中
    for (int i = 0; i < DataTemp.Length; i++)
    {
        DataTemp[i] = (byte)com.ReadByte();
    }
    //将数组使用 UTF8 编码转换为字符串，从而能够正确接收中文字符
    string word = Encoding.UTF8.GetString(DataTemp, 0, DataTemp.
    Length);
    //通过委托将字符串放到界面接收文本框中
    this.Dispatcher.Invoke(new Action(() =>
    {
        txtRec.Text += word;
    }));

}

private void btSend_Click(object sender, RoutedEventArgs e)
{
    if (com.IsOpen)
    {
        //将字符串使用 UTF8 编码转换为字节数组
        byte[] data = Encoding.UTF8.GetBytes(txtSend.Text);
        //发送数据
        com.Write(data, 0, data.Length);
        //清空输入文本框
        txtSend.Text = "";
    }
}

private void Window_Closing_1(object sender, System.ComponentModel.
CancelEventArgs e)
{
    if (com.IsOpen)
```

```
    {
        //关闭串口
        com.Close();
    }
  }
}
```

有了上位机程序，还需要一个 Arduino 小程序来配合测试。代码 10-2 实现的功能是接收串口收到的内容并发送出去，回发中带中文提示。

代码10-2   串口工具测试SerialToolTest

```
void setup() {
  Serial.begin(9600);
}

void loop() {
  //获取串口收到的数据
  String msg = comData();
  if (msg != "") {
    Serial.println("收到: " + msg);
  }
}

//串口数据抓取
String comData()
{
  String inputString = "";
  while (Serial.available())
  {
    inputString += (char)Serial.read();
    //延时使数据连续接收
    delay(2);
  }
  return inputString;
}
```

程序运行后，即可对串口进行操作，连接 Arduino 并发送字符进行测试，串口工具运行效果如图 10-13 所示。

🔖注意：Windows 平台下，因为 Arduino IDE 中程序文件编码为 UTF8，而串口监视器编码为 ANSI，所以会出现输出中文乱码情况。该串口工具采用 UTF8 编码，所以可以支持 Arduino 通过串口收发中文。

10.1.3 颜色测试小工具

9.2.4 节介绍了颜色传感器，并在实验中提供了"颜色测试小工具"PC 桌面应用程序，这个小工具就是用 WPF

图 10-13 串口工具运行效果

开发的桌面应用。

　　该小工具的设计思路是：能够打开串口，设置接收处理事件，在接收处理事件中将数据转换为 RGB 颜色对象，并将颜色对象设置为界面中画布的背景色。串口不断接收，界面上的颜色就不断刷新，从而实现颜色测试。

　　新建项目，命名为"颜色测试小工具"。在设计界面拖入需要的控件并设置控件名称、显示文字等，如表 10-2 所示。

表 10-2　控件表

控　件	作　用	名　称	显示文字
ComboBox	选择端口号	lsCom	（忽略）
Button	打开关闭串口	btCom	打开
Canvas	显示颜色	cvColor	（忽略）
Label	显示白平衡因数	lbFirst	（空）
Label	显示RGB值	lbRGB	（空）
Label	提示作用	（忽略）	（按需设置）

　　调整控件到合适位置，界面效果如图 10-14 所示。

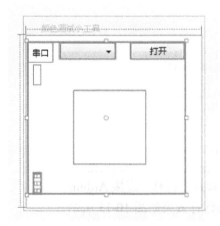

图 10-14　界面设计

　　完成界面后即可进行程序编写，最后程序如代码 10-3 所示。

代码10-3　颜色测试小工具MainWindow.xaml.cs

```
using System;
using System.Collections.Generic;
using System.Linq;
using System.Text;
using System.Threading.Tasks;
using System.Windows;
using System.Windows.Controls;
```

```csharp
using System.Windows.Data;
using System.Windows.Documents;
using System.Windows.Input;
using System.Windows.Media;
using System.Windows.Media.Imaging;
using System.Windows.Navigation;
using System.Windows.Shapes;
using System.IO.Ports;
using System.Threading;

namespace WpfApplication1
{
    /// <summary>
    /// MainWindow.xaml 的交互逻辑
    /// </summary>
    public partial class MainWindow : Window
    {
        SerialPort com;
        string[] btStatus = new string[] { "打开", "关闭" };

        public MainWindow()
        {
            InitializeComponent();
            //遍历端口号到下拉列表框
            foreach (string item in SerialPort.GetPortNames())
            {
                lsCom.Items.Add(item);
            }
        }

        void com_DataReceived(object sender, SerialDataReceivedEventArgs e)
        {
            //取一行数据
            string value = com.ReadLine();
            //是否为第一行
            if (value.Contains('.'))
            {
                //将白平衡因数显示到界面上
                Dispatcher.Invoke(new Action(() =>
                {
                    lbFirst.Content = "白平衡因数: "+value;
                }));
            }
            else
            {
                //以逗号为分隔符，将字符串分割成数组
                string[] values = value.Split(',');
                //将 RGB 三色的数值转换为字节，然后创建 Color 对象
                Color myColor = Color.FromRgb(byte.Parse(values[0]), byte.
                Parse(values[1]), byte.Parse(values[2]));
                //将 RGB 值显示到界面上并将 Color 对象设置为画布的背景色
                Dispatcher.Invoke(new Action(() =>
                {
```

```
                lbRGB.Content = "RGB 值：" + value;
                cvColor.Background = new SolidColorBrush(myColor);
            }));
        }
    }

    private void btCom_Click(object sender, RoutedEventArgs e)
    {
        if (btCom.Content.ToString() == btStatus[0])
        {
            btCom.Content = btStatus[1];
            //打开串口
            com = new SerialPort(lsCom.SelectedValue.ToString(), 115200);
            com.Open();
            //启用 DTR 信号，实现每次打开串口 Arduino 复位一次，不会丢失白平衡因数
            com.DtrEnable = true;
            com.DataReceived += com_DataReceived;
        }
        else
        {
            btCom.Content = btStatus[0];
            com.DataReceived -= com_DataReceived;
            com.Close();
        }
    }

    private void Window_Closing_1(object sender, System.ComponentModel.
    CancelEventArgs e)
    {
        //强制结束应用
        Environment.Exit(0);
    }
    }
}
```

　　运行程序后，配合 9.2.4 节进行实验，可以看到如图 10-15 所示效果。

10.1.4　温度曲线图

　　上位机开发中，曲线图是很经典的一个案例。在较新的 Arduino IDE 版本里，已经集成了串口绘图仪工具，可以用曲线的方式呈现连续的数值数据变化情况。串口绘图仪虽然通用性强，但对特定的应用需求还是用 WPF 开发更为合适。

图 10-15　运行效果

　　做温湿度曲线图，首先要搭建一个检测温度的电路，需要准备的实验材料如下：

- Arduino 开发板（任意型号）×1；
- 面包板×1；
- 杜邦线×3；

- LM35D×1。

LM35D 是采用内部补偿的模拟量线性温度传感器，不需要额外校准处理可达到 0.25℃温度精度，工作电压为 4~30V，芯片吸收电流约 50μA。可检测温度范围为 0~100℃，输出电压为+10mV/℃。公式为：

$$Vout=10mV/℃*T℃$$

参考图 10-16 所示搭建温度传感器电路。

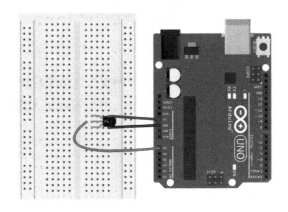

图 10-16　LM35D 获取温度电路

Arduino 需要实现获取 LM35D 的模量电压通过串口输出，程序如代码 10-4 所示。

代码10-4　LM35模拟量获取LM35Analog.ino

```
//模拟量输入引脚
const int analogInPin = A0;
int sensorValue = 0;

void setup() {
  //初始化串口
  Serial.begin(9600);
}

void loop() {
  //读取模拟量
  sensorValue = analogRead(analogInPin);
  //输出模拟量
  Serial.println(sensorValue);
  delay(1000);
}
```

完成 Arduino 程序后，新建 WPF 项目，命名为"温度曲线图"。

WPF 中可以实现绘图但是过程较复杂，可以使用第三方的绘图动态链接库 DynamicDataDisplay.dll 来实现曲线图呈现。

首先需要将动态链接库 DynamicDataDisplay.dll 复制到项目目录下面。可以直接拖动复制，如图 10-17 左图所示，复制完成后效果如图 10-17 右图所示。

复制完成后，右击项目下"引用"项，选择"添加引用"命令，如图 10-18 所示。

图 10-17　复制动态链接库　　　　　　　　　　图 10-18　添加引用

打开后弹出"引用管理器"对话框，单击"浏览"选项卡后再单击"浏览"按钮，在项目目录下找到动态链接库文件并添加到列表中，然后勾选该文件，单击"确定"按钮即可添加该动态链接库，如图 10-19 所示。

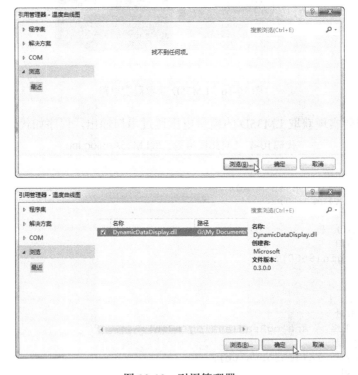

图 10-19　引用管理器

添加动态链接库引用后，在窗口设计界面代码编辑区内，加入控件命名空间并定义命名空间前缀为 d3：

```
xmlns:d3="http://research.microsoft.com/DynamicDataDisplay/1.0"
```

然后在代码中找到 Grid 标签<Grid/>，修改为：

```
<Grid>
    <d3:ChartPlotter></d3:ChartPlotter>
</Grid>
```

该部分代码实现了在 Grid 标签内加入 d3 前缀命名空间内控件 ChartPlotter，如图 10-20 上图所示。加入控件后的界面效果如图 10-20 下图所示。

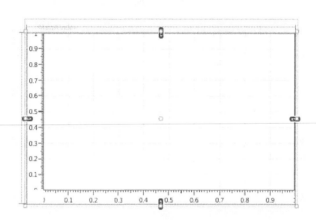

图 10-20　使用动态链接库的控件

此时可以调整曲线图控件 ChartPlotter 到合适的大小。参考表 10-3 在界面中加入其他必要的控件，然后修改控件属性。

表 10-3　控件表

控　　件	作　　用	名　　称	显示文字
ComboBox	选择端口号	lsCom	（忽略）
Button	打开关闭串口	btCom	打开
ChartPlotter	呈现曲线图	cpTemp	（忽略）
Label	提示作用	（忽略）	（按需设置）

设置好控件后，参考图 10-21 所示调整好界面。

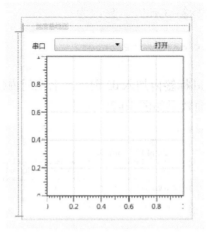

图 10-21　界面效果

完成界面后，实现串口接收事件对串口数据进行接收，然后将接收的数据放到控件对象中即可呈现曲线图。代码 10-5 实现的功能是呈现 10s 内的温度数据曲线图。

代码10-5　温度曲线图MainWindow.xaml.cs

```csharp
using System;
using System.Collections.Generic;
using System.Linq;
using System.Text;
using System.Windows;
using System.Windows.Controls;
using System.Windows.Data;
using System.Windows.Documents;
using System.Windows.Input;
using System.Windows.Media;
using System.Windows.Media.Imaging;
using System.Windows.Navigation;
using System.Windows.Shapes;
//添加命名空间
using System.IO.Ports;
using Microsoft.Research.DynamicDataDisplay;
using Microsoft.Research.DynamicDataDisplay.DataSources;

namespace 温度曲线图
{
    /// <summary>
    /// MainWindow.xaml 的交互逻辑
    /// </summary>
    public partial class MainWindow : Window
    {
        SerialPort com;
        string[] btStatus = new string[] { "打开", "关闭" };
        //定义曲线图数据源
        ObservableDataSource<Point> dataSoure = new ObservableDataSource
```

```
<Point>();
int pos = 0;

public MainWindow()
{
    InitializeComponent();
    //遍历端口号到下拉列表框
    foreach (string item in SerialPort.GetPortNames())
    {
        lsCom.Items.Add(item);
    }
    //使用数据源绘制线宽为 2 的红色曲线
    cpTemp.AddLineGraph(dataSoure, Colors.Red, 2, "温度曲线");
}

private void btCom_Click(object sender, RoutedEventArgs e)
{
    if (btCom.Content.ToString() == btStatus[0])
    {
        //打开串口
        btCom.Content = btStatus[1];
        com = new SerialPort(lsCom.SelectedValue.ToString(), 9600);
        com.Open();
        com.DataReceived += com_DataReceived; ;
    }
    else
    {
        //关闭串口
        btCom.Content = btStatus[0];
        com.DataReceived -= com_DataReceived;
        com.Close();
    }
}

void com_DataReceived(object sender, SerialDataReceivedEventArgs e)
{
    //取一行数据
    string value = com.ReadLine();
    //计算温度值（参考 LM35D 线性公式和 Arduino 的 ADC 采样精度）
    double temp = double.Parse(value) / 1023 * 5000 / 10;
    //将温度值放到数据源中
    dataSoure.AppendAsync(this.Dispatcher, new Point(pos, temp));
    //刷新曲线图显示区域
    this.Dispatcher.Invoke(new Action(() =>
    {
        cpTemp.Viewport.Visible = new Rect(pos - 10, 0, 10, 50);
    }));
    pos++;
}

private void Window_Closing_1(object sender, System.ComponentModel.
CancelEventArgs e)
{
    //强制结束应用
```

```
            Environment.Exit(0);
        }
    }
}
```

在 Arduino 上安装下载程序,连接 PC,运行 WPF 程序,即可呈现温度曲线图,效果如图 10-22 所示。

🔔 注意:本节例子中温度计算是在 WPF 程序中实现的,在大多数情况下,推荐将数据处理交给上位机完成的模式,这样能更好地节省 Arduino 资源及保证数据运算的精度。

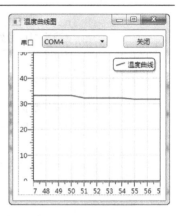

图 10-22　运行效果

10.1.5　通过网络控制 LED

WPF 除了可以通过串口与 Arduino 建立通信以外,还可以通过网络建立通信。那么如何实现上位机通过网络控制 Arduino 点亮一个 LED 呢?

需要准备的实验材料如下:
- Arduino 开发板（同扩展板外形的型号）×1;
- 以太网扩展板×1;
- 能接入外网的网线×1;
- LED×1;
- 330Ω 电阻×1;
- 杜邦线若干。

按图 10-23 所示连接以太网扩展板并搭建电路。

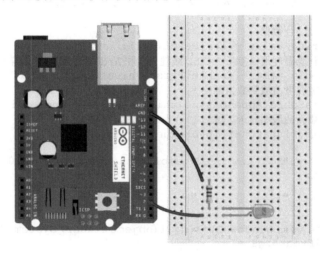

图 10-23　搭建电路

Arduino 通过 Ethernet 类库操作扩展板可以建立 TCP 服务，然后 WPF 实现 TCP 客户端即可连接上 Arduino 进行 TCP 通信。代码 10-6 实现了建立 TCP 服务的功能。

代码10-6　TCP服务TcpServerDemo.ino

```
#include <SPI.h>
#include <Ethernet.h>

byte mac[] = {
  0xDE, 0xAD, 0xBE, 0xEF, 0xFE, 0xED
};

//实例化服务器对象并绑定端口号 5000
EthernetServer server(5000);
//是否有客户端
boolean alreadyConnected = false;

#define LED 2

void setup() {
  pinMode(LED, OUTPUT);

  //初始化以太网
  Ethernet.begin(mac);
  //开启 TCP 服务
  server.begin();
  Serial.begin(9600);
  //未打开串口监视器时不运行服务
  while (!Serial) {
    ;
  }

  //输出 IP 地址
  Serial.print("Chat server address:");
  Serial.println(Ethernet.localIP());
}

void loop() {
  //获取客户端连接对象
  EthernetClient client = server.available();
  if (client) {
    //当收到第一条客户端数据时
    if (!alreadyConnected) {
      //清空输入缓冲区
      client.flush();
      alreadyConnected = true;
    }

    //当该客户端有消息过来时
    if (client.available() > 0) {
      //从缓冲区读取字节
      char thisChar = client.read();
      //在串口输出
```

```
      Serial.write(thisChar);
      if (thisChar == '1')
      {
        digitalWrite(LED, HIGH);
      }
      else if (thisChar == '0')
      {
        digitalWrite(LED, LOW);
      }
      //回复客户端操作完成
      server.write("完成");
    }
  }
}
```

　　WPF 可以使用.NET 框架的 Socket 类创建 TCP 客户端，为了减少代码量，这里使用一个异步 TCP 客户端动态链接库 AsyncTcpSocket.dll 来实现 TCP 客户端。

　　创建 WPF 项目，命名为"TCP 控制 LED"。

　　在本章资源目录下找到动态链接库文件 AsyncTcpSocket.dll，复制到项目中并添加引用。参考表 10-4 在界面中加入必要的控件，并修改控件属性。

表 10-4　控件表

控　件	作　用	名　称	显示文字	是否启用
TextBox	输入IP地址	txtIP	（空）	是
TextBox	输入端口号	txtPort	5000	是
Button	连接服务端	btConn	连接	是
Button	发送开灯指令	btOpenLed	开灯	否
Button	发送关灯指令	btCloseLed	关灯	否
Label	提示	（忽略）	（按需设置）	是

　　其中开关灯按钮控件设置为不启用，目的是使连接服务器前不能发送指令。设置好控件后，参考图 10-24 调整好界面。

　　代码 10-7 通过连接 TCP 服务端后改变控件状态，单击"开灯""关灯"按钮发送相应指令到 TCP 服务端。

图 10-24　界面效果

代码10-7　TCP控制LED　MainWindow.xaml.cs

```
using System;
using System.Collections.Generic;
using System.Linq;
using System.Text;
using System.Windows;
using System.Windows.Controls;
```

```csharp
using System.Windows.Data;
using System.Windows.Documents;
using System.Windows.Input;
using System.Windows.Media;
using System.Windows.Media.Imaging;
using System.Windows.Navigation;
using System.Windows.Shapes;
//添加引用
using AsyncTcpSocket;

namespace TCP 控制 LED
{
    /// <summary>
    /// MainWindow.xaml 的交互逻辑
    /// </summary>
    public partial class MainWindow : Window
    {

        AsyncTcpClient client;

        public MainWindow()
        {
            InitializeComponent();
        }

        private void btConn_Click(object sender, RoutedEventArgs e)
        {
            //初始化 TCP 客户端对象
            client = new AsyncTcpClient(txtIP.Text, int.Parse(txtPort.Text));
            //设置通信编码
            client.Encoding = Encoding.UTF8;
            //设置接收事件
            client.PlaintextReceived += new EventHandler<TcpDatagramReceived
            EventArgs<string>>(client_PlaintextReceived);
            //连接服务端
            client.Connect();
            //控件状态改变
            txtIP.IsEnabled = false;
            txtPort.IsEnabled = false;
            btConn.IsEnabled = false;
            btOpenLed.IsEnabled = true;
            btCloseLed.IsEnabled = true;
        }

        private void client_PlaintextReceived(objectsender,
        TcpDatagramReceivedEventArgs<string> e)
        {
            //接收事件
            MessageBox.Show(e.Datagram);
        }

        private void btOpenLed_Click(object sender, RoutedEventArgs e)
```

```
{
    //发送指令
    client.Send("1");
}

private void btCloseLed_Click(object sender, RoutedEventArgs e)
{
    //发送指令
    client.Send("0");
}

private void Window_Closing_1(object sender,
System.ComponentModel.CancelEventArgs e)
{
    //强制退出
    Environment.Exit(0);
}
    }
}
```

最后，将 Arduino 连接上网线并上电，然后打开串口监视器，即可使 Arduino 建立 TCP 服务端。此时运行 WPF 应用程序，输入串口监视器所提示的 Arduino 的 IP 地址，并单击"连接"按钮即可建立通信，如图 10-25 左图所示。单击"开灯""关灯"按钮后，Arduino 如果能收到，则会改变 LED 指示灯状态，接着回发完成提示。程序效果如图 10-25 右图所示。

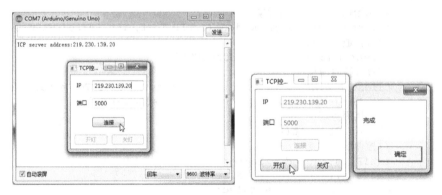

图 10-25　运行效果

10.2　Arduino 与 Android

Android 是目前大多数移动设备所使用的操作系统，Android 操作系统的特点是开源，运行跨平台的 Java 语言开发的应用程序。移动设备本身具有便携性，因此 Arduino+Android 的应用可以适用一些特殊场合。

10.2.1　Android 实现 Hello World

谷歌（Google）公司推出了两套 Android 开发环境：

- ADT Bundle（Eclipse+Android SDK+ADT）；
- Android Studio。

两套开发环境均需要安装甲骨文公司的 Java SDK（简称 JDK）环境后才能进行开发使用。

ADT Bundle 是由 Eclipse（一种支持多种语言、插件扩展的集成开发环境）和谷歌公司的 Android SDK、ADT（Eclipse 插件，连接 Android SDK）组成的开发环境。开发者可以分别下载这几个软件进行开发环境搭建，也可以直接下载某一 Android 版本的 ADT Bundle 安装包。

ADT Bundle 环境推出较早，使用者较多，教学资源丰富，因此这里采用 ADT Bundle 进行 Android 应用程序开发与 Arduino 联动。

本章资源目录下提供了 ADT Bundle 开发环境搭建需要的安装包。下面以 Windows 7 32 位平台下 Android 4.2.2 版本的 ADT Bundle 开发环境部署为例进行讲解。

（1）首先找到并运行 JDK 1.8 安装包 jdk-8u5-windows-i586.exe，如图 10-26 左图所示，按默认选项安装 JDK 即可。安装完成后打开命令提示符界面输入 java 并回车，如果能够出现图 10-26 右图所示命令用法提示，说明安装成功。

图 10-26　安装 JDK

（2）此时，可以进行 ADT Bundle 的安装，找到本章资源目录下 adt-bundle-windows-x86-20130219.zip 文件，解压即可完成安装。这里将 ADT Bundle 安装到 C 盘上，如图 10-27 所示。

（3）ADT Bundle 是基于 Eclipse 集成开发环境的，所以启动 Eclipse 即启动 ADT Bundle，在如图 10-27 所示位置可以找到 Eclipse 启动程序，运行即可。ADT Bundle 启动界面如图 10-28 左图所示。Eclipse 未配置默认工作空间时，会在启动时弹出如图 10-28

右图所示工作空间路径设置询问界面，这里使用默认位置，然后单击 OK 按钮即可，当然也可以指定到自定义的目录下。

图 10-27　找到 Eclipse 启动程序

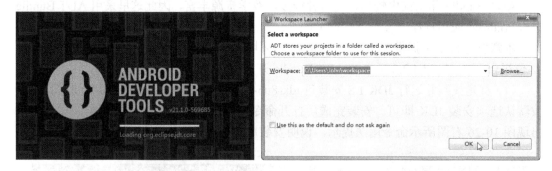

图 10-28　启动 ADT Bundle

（4）此时，可以进行 Android 项目创建。在菜单栏下的 File|New 菜单中选择 Android Application Project（Android 应用程序项目）命令，如图 10-29 所示。

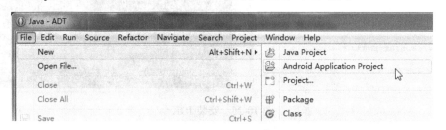

图 10-29　新建项目

（5）单击后弹出新建应用程序各参数的设置界面，如图 10-30 所示，在 Application Name 参数文本框内输入应用程序名 HelloWorld，将自动生成应用程序包名（每个包名代表一个不同的应用）等参数。其他参数使用默认配置即可。单击 Next 按钮直到项目创建完成。

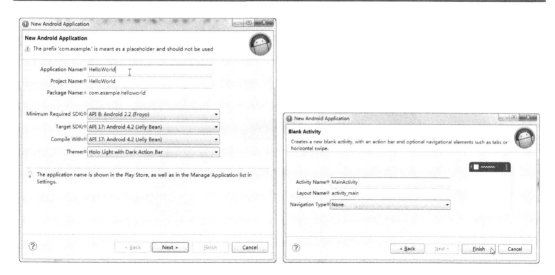

图 10-30 设置参数

（6）项目创建后 Eclipse 会打开该项目界面的布局设计界面，如图 10-31 所示。

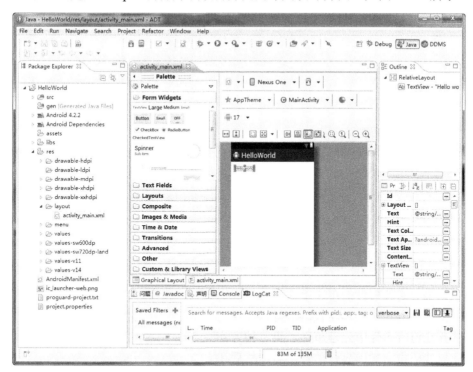

图 10-31 应用程序布局设计界面

界面中已经打开了默认的布局文件 activity_main.xml 的 Graphical Layout（图形设计）界面，与 WPF 的界面设计类似，可以通过拖动左边 Palette 栏下的控件进行界面布局，也可以跳转到 activity_main.xml 文件的代码界面进行布局调整。

（7）如图 10-32 所示找到按钮控件 Button 并拖到界面中的合适位置。

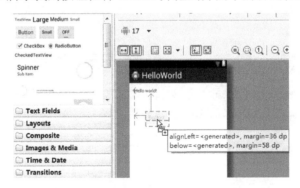

图 10-32　添加控件

（8）双击该控件可以跳转到该控件的布局代码界面（注意此处不同于 WPF 设计时生成的按钮事件）。控件布局代码界面如图 10-33 所示。

图 10-33　控件布局代码界面

（9）如果要实现控件的单击事件，有两种实现方式。第一种方式是在程序代码中写该控件的监听事件并在监听事件中处理事件。第二种方式是通过布局代码指定实现事件的方法名，然后在程序中添加该方法。这里使用第二种实现方式，添加一行属性，指定单击事件方法名为 btMsg，如图 10-34 所示。

```
<Button
    android:id="@+id/button1"
    android:layout_width="wrap_content"
    android:layout_height="wrap_content"
    android:layout_alignLeft="@+id/textView1"
    android:layout_below="@+id/textView1"
    android:layout_marginLeft="40dp"
    android:layout_marginTop="34dp"
    android:text="Button"
    android:onClick="btMsg"
    />
```

图 10-34　指定单击事件方法名

（10）Android 主程序代码使用 Java 语言编写，新建项目时已经默认生成了一个 Java

文件 MainActivity.java。可以通过左侧 Package Explorer 工程文件中如图 10-35 左图所示位置找到该文件。打开后该文件的程序代码如图 10-35 右图所示。程序中已经引入了必要的包名,定义了一个名为 MainActivity 的类,该类为集成 Activity 类,实现了加载 activity_main.xml 布局文件和界面设置菜单。

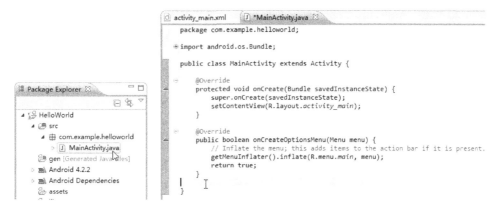

图 10-35　打开主程序文件

在图 10-35 右图中的光标所示位置创建 btMsg()方法即可对按钮单击进行响应。btMsg 方法程序代码如图 10-36 所示。

图 10-36　添加 btMsg()方法

btMsg()方法有一个 View 类型形参,是控件事件必须有的参数。该方法内调用 Toast

类以实现弹出提示内容 Hello World!。

如果出现图 10-36 中 Toast 类名下所示的波浪线，表示该类不存在，单击类名后 Eclipse 会提示调用该类需要引入的包名。单击提示中第一条引入后警告将会消除，效果如图 10-36 下图所示。

到此处为止，Android 的程序编写已经完成。接下来需要连接 Android 手机运行该程序，当然也可以启动 ADT Bundle 内置的 Android 虚拟机来运行程序。建议先掌握实体 Android 设备运行的操作流程，所以接下来以实体设备为例进行说明。

（11）在 Android 设备中打开"开发者模式"功能，然后在设置中找到"开发者模式"菜单，并打开菜单下的 USB 调试功能。

使用 USB 连接 Android 设备，这里的 Android 设备型号为 Che2-UL00，使用 USB 数据线连接 PC 后，可以在 PC 的设备管理器中看到该设备，如图 10-37 所示。

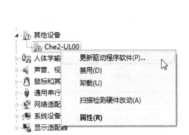

图 10-37　安装驱动

通过 PC 给 Android 设备安装应用程序、进行程序调试等操作需要给 Android 设备安装上 ADB 驱动。本章资源目录下 AndroidCompositeADBInterface.zip 文件为 ADB 驱动，解压到任意目录即可。然后按如图 10-37 所示打开"更新驱动程序软件"选项，找到驱动目录并安装驱动（可以参考 Arduino 开发板驱动安装流程）。

（12）驱动安装成功后，设备管理器会出现 Android Composite ADB Interface 设备，如图 10-38 所示。如果无法安装通用的 ADB 驱动或驱动无效，需要从设备厂商处获取厂商提供的定制驱动并安装。

（13）最后，右击项目，在弹出的项目菜单中找到 Run As 子菜单，并在子菜单内选择 Android Application 命令，如

图 10-38　安装 Ardroid Composite ADB Interface

图 10-39 所示 Eclipse 会对程序进行编译，如果编译成功，应用程序会安装到 ADB 设备上并启动。

图 10-39　运行程序

程序运行后，界面如图 10-40 左图所示。单击界面上的按钮，即可弹出提示内容 Hello World!，效果如图 10-40 右图所示。

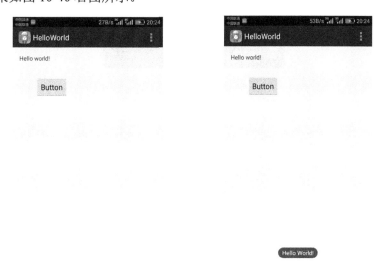

图 10-40　运行效果

注意：如果程序不能安装，请检查 Android 设备对 USB 调试的授权。

10.2.2　建立 USB 串口通信

目前大部分 Android 设备都支持 USB OTG 功能，该功能除了可以支持外接存储设备、键（盘）鼠（标）外，还可以用于连接 USB 转串口模块，如 WCH CH34x 系列 USB 转 TTL 模块。

9.3.1 节中使用了 WCH CH340G USB 转 TTL 模块，使用支持 USB OTG 功能的 Android 设备连接该模块，即可开发 Android 应用实现与 Arduino 交互。

接下来通过实验，实现一个简单的"Android 版串口监视器"。

（1）新建项目，命名为 UartTool。在设计界面拖入需要的控件并设置控件名称、显示文字等，如表 10-5 所示。

表 10-5　控件表

控　　件	作　　用	ID	显示文字
TextView	提示作用	（无要求）	接收
TextView	提示作用	（无要求）	发送
EditText	接收区	etxtRec	（空）
EditText	输入区	etxtSend	（空）
Button	清空文本框	（无要求）	清空
Button	发送数据	（无要求）	发送

调整控件到合适位置，界面效果如图 10-41 所示。

图 10-41　界面设计

（2）接着还需要设置两个按钮的单击事件，事件名分别设置为 btClear 和 btSend。完成界面布局后，布局代码如代码 10-8 所示。

代码10-8　主界面布局　activity_main.xml

```xml
<RelativeLayout
xmlns:android="http://schemas.android.com/apk/res/android"
    xmlns:tools="http://schemas.android.com/tools"
    android:layout_width="match_parent"
    android:layout_height="match_parent"
    android:paddingBottom="@dimen/activity_vertical_margin"
    android:paddingLeft="@dimen/activity_horizontal_margin"
    android:paddingRight="@dimen/activity_horizontal_margin"
    android:paddingTop="@dimen/activity_vertical_margin"
    tools:context=".MainActivity" >

    <TextView
        android:id="@+id/textView1"
        android:layout_width="wrap_content"
        android:layout_height="wrap_content"
        android:text="接收" />

    <Button
        android:id="@+id/btClear"
        style="?android:attr/buttonStyleSmall"
        android:layout_width="wrap_content"
        android:layout_height="wrap_content"
        android:layout_alignLeft="@+id/etxtSend"
        android:layout_below="@+id/etxtSend"
        android:layout_marginTop="17dp"
        android:onClick="btClear"
        android:text="清空" />

    <Button
        android:id="@+id/button1"
        style="?android:attr/buttonStyleSmall"
        android:layout_width="wrap_content"
        android:layout_height="wrap_content"
        android:layout_alignBaseline="@+id/btClear"
        android:layout_alignBottom="@+id/btClear"
        android:layout_marginLeft="26dp"
        android:layout_toRightOf="@+id/btClear"
        android:onClick="btSend"
        android:text="发送" />

    <TextView
        android:id="@+id/textView2"
        android:layout_width="wrap_content"
        android:layout_height="wrap_content"
        android:layout_alignLeft="@+id/etxtRec"
        android:layout_below="@+id/etxtRec"
        android:layout_marginTop="40dp"
```

```
          android:text="发送" />

  <EditText
      android:id="@+id/etxtRec"
      android:layout_width="wrap_content"
      android:layout_height="wrap_content"
      android:layout_alignLeft="@+id/textView1"
      android:layout_below="@+id/textView1"
      android:layout_marginTop="26dp"
      android:ems="10"
      android:inputType="textMultiLine" />

  <EditText
      android:id="@+id/etxtSend"
      android:layout_width="wrap_content"
      android:layout_height="wrap_content"
      android:layout_alignLeft="@+id/textView2"
      android:layout_below="@+id/textView2"
      android:layout_marginTop="22dp"
      android:ems="10"
      android:inputType="textMultiLine" >

      <requestFocus />
  </EditText>

</RelativeLayout>
```

　　布局完成后即可进行主程序编写，但在编写前还需要导入必要的驱动包和设置应用需要的 Android 系统权限。

　　（3）WCH 提供了 CH34x 系列驱动底包，包文件是 CH34xUARTDriver.jar，可在本章资源目录下找到并将其复制到工程内 libs 目录下，效果如图 10-42 所示。

图 10-42　引入驱动包文件

　　驱动包引入后即可进行 Android 系统权限设置。

　　该应用适用于对 WCH CH34x 系列 USB 转 TTL 模块，支持的 USB 设备有限，对于该类特定设备连接 Android 设备时，需要通知用户是否打开应用。所以需要通过描述文件将 WCH CH340x 系列设备的 USB 设备产品 ID、经销商 ID 写入其中。如图 10-43 所示为在项目内 res 目录下新建文件夹 xml。

图 10-43　新建目录

（4）在该目录下即可建立自定义的 XML 描述文件。按图 10-44 上图所示建立一个文件 device_filter.xml。在图 10-44 下图中将 USB 设备产品 ID 等描述信息写入该文件中。

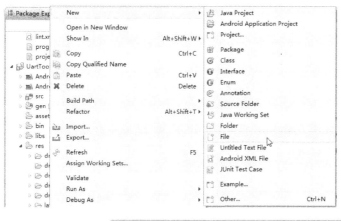

```xml
<?xml version="1.0" encoding="UTF-8"?>
<resource>
    <usb-device product-id="29987" vendor-id="6790" />
    <usb-device product-id="21795" vendor-id="6790" />
</resource>
```

图 10-44　新建 xml 文件

（5）接着还需要打开项目根目录下的 AndroidManifest.xml 文件以添加必要的权限等内容。

在该文件 Manifest 标签的 Manifest Extras 项下单击 Add 按钮以添加条目，在弹出的对话框中选择 Uses Feature 项，如图 10-45 所示。

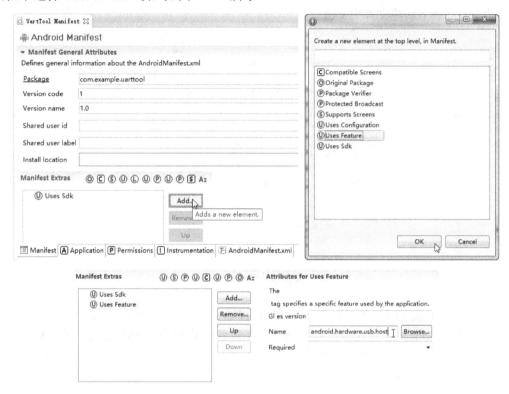

图 10-45　设置权限

添加后点选条目会出现如图 10-46 所示属性设置栏，在 Name 属性中填入 android.hardware.usb.host 即可添加 USB 操作权限。

由于 USB OTG 在 Android 系统（Android 3.1 版）SDK 第 12 版本开始支持，所以需要修改 Uses Sdk 条目的 Min Sdk Version 属性为 12 或更高（如图 10-46 所示）。

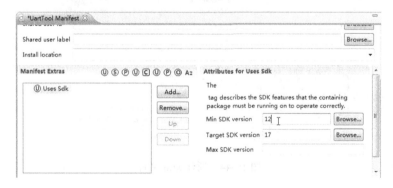

图 10-46　设置应用 SDK 版本

（6）接下来切换到 Application 标签（如图 10-47 所示），在 Application Nodes 项下添加 Meta Data 条目，并设置条目的 Name 属性为 android.hardware.usb.action.USB_DEVICE_ATTACHED，Resource 属性为 device_filter.xml 文件（可以单击 Browse 按钮后选择），即可完成 USB 设备过滤配置。

图 10-47　设置应用 SDK 版本

在 Application Nodes 项下继续添加 Intent Filter 条目，条目下添加 Action 子条目，并设置条目的 Name 属性为 android.hardware.usb.action.USB_DEVICE_ATTACHED，即可连接 USB 后触发打开应用。

代码 10-9 为应用的主程序。

代码10-9　UartTool　MainActivity.java

```
package com.example.uarttool;

import cn.wch.ch34xuartdriver.CH34xUARTDriver;
import android.os.Bundle;
import android.os.Handler;
import android.os.Message;
import android.app.Activity;
import android.app.AlertDialog;
import android.app.Dialog;
import android.content.Context;
import android.content.DialogInterface;
import android.hardware.usb.UsbManager;
import android.view.Menu;
import android.view.View;
import android.view.WindowManager;
```

```java
import android.widget.EditText;
import android.widget.Toast;

public class MainActivity extends Activity {

 private EditText txtRec;
 private EditText txtSend;
 private boolean isOpen = false;
 private int retval;
 private Handler handler;
 private Dialog dialog;
 private CH34xUARTDriver driver;

 @Override
 protected void onCreate(Bundle savedInstanceState) {
  super.onCreate(savedInstanceState);
  setContentView(R.layout.activity_main);

  // 设置控件变量
  txtRec = (EditText) findViewById(R.id.etxtRec);
  txtSend = (EditText) findViewById(R.id.etxtSend);

  // 实例化对象
  driver = new CH34xUARTDriver(
    (UsbManager) getSystemService(Context.USB_SERVICE), this,
    "cn.wch.wchusbdriver.USB_PERMISSION");

  // 判断设备是否支持 USB HOST
  if (!driver.UsbFeatureSupported()) {
   // 弹出功能不支持提示框
   dialog = new AlertDialog.Builder(MainActivity.this)
     .setTitle("提示")
     .setMessage("您的设备不支持 USB HOST，请更换其他设备再试！")
     .setPositiveButton("确认",
      new DialogInterface.OnClickListener() {        //设置单击事件
       @Override
       public void onClick(DialogInterface arg0,
         int arg1) {
        // 结束应用
        System.exit(0);
       }
      }).create();
   dialog.setCanceledOnTouchOutside(false);
   dialog.show();
  }

  // 保持常亮的屏幕状态
  getWindow().addFlags(WindowManager.LayoutParams.FLAG_KEEP_SCREEN_ON);

  // 设置接收到 Handler 消息时将数据放到接收框
  handler = new Handler() {
   public void handleMessage(Message msg) {
```

```java
   txtRec.append(msg.obj.toString());
  }
};

if (isOpen == false) {
 // ResumeUsbList()方法用于枚举 CH34X 设备及打开相关设备
 retval = driver.ResumeUsbList();
 if (retval == -1) {
  Toast.makeText(MainActivity.this, "打开设备失败!", Toast.LENGTH_SHORT)
    .show();
  driver.CloseDevice();
 } else if (retval == 0) {
  if (!driver.UartInit()) {                    // 对串口设备进行初始化操作
   Toast.makeText(MainActivity.this, "设备初始化失败!",
     Toast.LENGTH_SHORT).show();
   Toast.makeText(MainActivity.this, "打开设备失败!",
     Toast.LENGTH_SHORT).show();
   return;
  }

  Toast.makeText(MainActivity.this, "打开设备成功!", Toast.LENGTH_SHORT)
    .show();
  isOpen = true;

  //配置串口波特率等参数
  if (driver.SetConfig(9600, (byte)8, (byte)1, (byte)0, (byte)0)) {
   Toast.makeText(MainActivity.this, "串口设置成功!",
     Toast.LENGTH_SHORT).show();
  } else {
   Toast.makeText(MainActivity.this, "串口设置失败!",
     Toast.LENGTH_SHORT).show();
  }

  new readThread().start();                    // 开启读线程读取串口接收的数据
 } else {
  // 弹出未授权提示框
  dialog = new AlertDialog.Builder(MainActivity.this)
    .setTitle("未授权限")
    .setMessage("确认退出吗? ")
    .setPositiveButton("确定",
     new DialogInterface.OnClickListener() {
      @Override
      public void onClick(DialogInterface dialog,
        int which) {
       // TODO Auto-generated method stub
       System.exit(0);
      }
    }).create();
  dialog.setCanceledOnTouchOutside(false);
  dialog.show();
 }
```

```
  } else {
   driver.CloseDevice();
   isOpen = false;
  }
 }

 // 数据接收线程
 private class readThread extends Thread {
  public void run() {
   // 设置读取缓存
   byte[] buffer = new byte[64];
   while (isOpen) {                    // 串口关闭后不进行读取
    // 创建 Handler 消息
    Message msg = Message.obtain();
    // 接收串口数据
    int length = driver.ReadData(buffer, 64);
    // 如果有数据则发出消息
    if (length > 0) {
     msg.obj = new String(buffer, 0, length);
     handler.sendMessage(msg);
    }
   }
  }
 }

 @Override
 public boolean onCreateOptionsMenu(Menu menu) {
  // Inflate the menu; this adds items to the action bar if it is present.
  getMenuInflater().inflate(R.menu.main, menu);
  return true;
 }

 // 发送数据
 public void btSend(View v) {
  // 取得文本框字符并转换为字节数组
  byte[] data = txtSend.getText().toString().getBytes();
  // 发出数据
  driver.WriteData(data, data.length);
 }

 public void btClear(View v) {
  // 清空接收、发送框
  txtRec.setText("");
  txtSend.setText("");
 }


}
```

程序中使用了固定波特率 9600。

如图 10-48 所示为笔者准备的 Android 设备、USB 转 TTL 模块和 USB OTG 转接器。

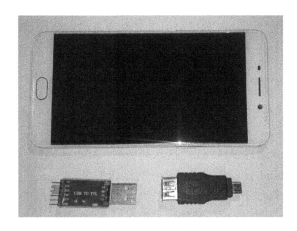

图 10-48　实验材料

将程序安装到 Android 设备上。使用 USB OTG 转接器连接 CH340G USB 转 TTL 模块，然后连接到 Android 设备上。

如果连接正常，桌面会弹出如图 10-49 左图所示运行应用提示框，单击"确定"按钮即可运行应用程序（单击"取消"按钮后应用程序将不能获得 USB 设备操作权限，需要重新插拔设备）。启动应用后即可将 Android 设备用作简单的串口监视器（见图 10-49 右图）。

如果运行后不弹出设备不支持 OTG、无权限等相关提示即正常运行，此时可以进行 USB 转 TTL 模块自检，用杜邦线或跳线帽短接 USB 转 TTL 模块的 TX、RX 引脚，输入任意内容并单击"发送"按钮，如果发送后接收到相同数据即表示自检成功，如图 10-50 所示。

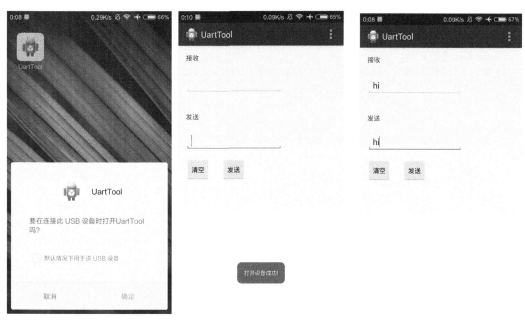

图 10-49　启动应用程序　　　　　　　　　　　　　　图 10-50　自检测试

自检成功后即可连接 Arduino 测试前面章节中涉及串口监视器的实验。

10.2.3　安防联动

Android 设备有便携性的特点，对于安防通知类系统来说，Android 设备作为消息接收端有较好的普及优势。

本节介绍用 Arduino 通过 RJ45 线缆接入局域网，Android 设备通过无线网络接入局域网，在该局域网中 Android 设备接收 Arduino 的推送消息。

需要准备的实验材料如下：

- Arduino 开发板（同扩展板外形的型号）×1；
- 以太网扩展板×1；
- 能接入外网的网线×1；
- 火焰传感器模块×1；
- 杜邦线若干。

火焰传感器此处使用模块的数字信号输出引脚，关于模块的使用可参考 8.5.2 节。火焰传感器的输出信号连接到 Arduino 引脚 2。电路搭建参考 8.5.2 节和 10.1.5 节。

此处 Arduino 通过 Ethernet 类库实现 TCP 服务器（使用端口 5000），当有设备接入该服务器后，循坏获取传感器的状态，并实时将状态变化通过 TCP 连接发到 Android 端应用程序上。代码 10-10 实现了建立 TCP 服务的过程。

代码10-10　通知服务端　AlertServer.ino

```
#include <SPI.h>
#include <Ethernet.h>
//定义传感器引脚
#define SERPIN 2
//警报电平
#define WARNINGSTATUS LOW

byte mac[] = {
  0xDE, 0xAD, 0xBE, 0xEF, 0xFE, 0xED
};

//实例化服务器对象并绑定端口号 5000
EthernetServer server(5000);
//记录传感器状态
boolean serStatus = !WARNINGSTATUS;

void setup() {
  pinMode(SERPIN, INPUT);
  //初始化以太网
  Ethernet.begin(mac);
  //开启 TCP 服务
  server.begin();
```

```
    Serial.begin(9600);
    //未打开串口监视器时不运行聊天服务功能
    while (!Serial);

    //输出 IP 地址
    Serial.print("Server address:");
    Serial.println(Ethernet.localIP());

    //等待客户端
    while (!server.available());
    Serial.println("Server runing...");

}

void loop() {
    //检测传感器状态是否改变
    if (digitalRead(SERPIN) != serStatus)
    {
        //更新传感器状态
        serStatus = digitalRead(SERPIN);
        //判断执行警报通知或解除通知
        if (serStatus == WARNINGSTATUS)
        {
            //将读取到的内容发给每个已连接的客户端
            server.write("检测到火情");
            Serial.println("Warning!");
        }
        else
        {
            //将读取到的内容发给每个已连接的客户端
            server.write("解除");
            Serial.println("Remove.");
        }
    }
    delay(100);
}
```

新建 Android 应用程序，命名为 AlertClient。该应用需要实现在界面输入 TCP 服务器 IP 和端口，然后单击按钮能控制开启通知接收的功能。在 Android 设备上按下返回键，应用仍然能在后台接收通知消息，菜单提供退出应用选项。

（1）在设计界面拖入需要的控件并设置控件名称、显示文字等，如表 10-6 所示。

表 10-6　控件表

控　　件	作　　用	ID	显示文字
TextView	提示作用	（无要求）	IP
TextView	提示作用	（无要求）	端口
EditText	输入IP	txtIP	（空）
EditText	输入端口	txtPort	（空）
ToggleButton	客户端开启开关	（无要求）	（空）

（2）调整控件到合适位置，界面效果如图 10-51 所示。

图 10-51　界面设计

（3）接着需要设置界面上开关按钮的单击事件，事件名为 btRun。

完成界面布局后，其布局代码见代码 10-11 所示。

代码10-11　主界面布局　activity_main.xml

```
<RelativeLayout
xmlns:android="http://schemas.android.com/apk/res/android"
    xmlns:tools="http://schemas.android.com/tools"
    android:layout_width="match_parent"
    android:layout_height="match_parent"
    android:paddingBottom="@dimen/activity_vertical_margin"
    android:paddingLeft="@dimen/activity_horizontal_margin"
    android:paddingRight="@dimen/activity_horizontal_margin"
    android:paddingTop="@dimen/activity_vertical_margin"
    tools:context=".MainActivity" >

    <TextView
        android:id="@+id/textView2"
        android:layout_width="wrap_content"
        android:layout_height="wrap_content"
        android:layout_alignLeft="@+id/txtIP"
        android:layout_below="@+id/txtIP"
        android:layout_marginTop="32dp"
        android:text="端口" />

    <EditText
        android:id="@+id/txtIP"
        android:layout_width="wrap_content"
        android:layout_height="wrap_content"
        android:layout_alignLeft="@+id/textView1"
        android:layout_below="@+id/textView1"
        android:layout_marginTop="22dp"
```

```
            android:ems="10" >

            <requestFocus />
        </EditText>

        <EditText
            android:id="@+id/txtPort"
            android:layout_width="wrap_content"
            android:layout_height="wrap_content"
            android:layout_alignLeft="@+id/textView2"
            android:layout_below="@+id/textView2"
            android:layout_marginTop="28dp"
            android:ems="10" />

        <TextView
            android:id="@+id/textView1"
            android:layout_width="wrap_content"
            android:layout_height="wrap_content"
            android:layout_alignParentLeft="true"
            android:layout_alignParentTop="true"
            android:layout_marginLeft="43dp"
            android:layout_marginTop="53dp"
            android:text="IP" />

        <ToggleButton
            android:id="@+id/tbtRun"
            android:layout_width="wrap_content"
            android:layout_height="wrap_content"
            android:layout_below="@+id/txtPort"
            android:layout_centerHorizontal="true"
            android:layout_marginTop="44dp"
            android:text="ToggleButton"
            android:onClick="btRun"
             />
```

</RelativeLayout>

　　本章资源目录下提供了 Android 的 Java 类文件 TCPClient.java，该类对 TCP 通信的建立、收发进行了封装。调用该类即可快速搭建 TCP 客户端应用。

　　（4）将该源文件复制到 MainActivity.java 同目录下，打开并修改所在包名为与MainActivity.java 文件中定义相同的包名，如图 10-52 所示。

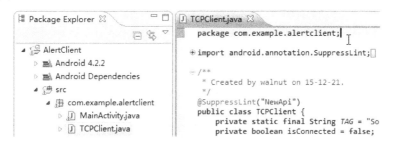

图 10-52　导入类源文件并修改所在的包名

（5）接着完成应用的主程序，代码 10-12 为该应用主程序。

代码10-12　通知客户端　MainActivity.java

```java
package com.example.alertclient;

import com.example.alertclient.R;

import android.os.Bundle;
import android.os.Handler;
import android.os.Message;
import android.annotation.SuppressLint;
import android.app.Activity;
import android.app.Notification;
import android.app.NotificationManager;
import android.view.Menu;
import android.view.MenuItem;
import android.view.View;
import android.widget.EditText;
import android.widget.Toast;
import android.widget.ToggleButton;

public class MainActivity extends Activity {

  ToggleButton tbtRun;
  EditText txtIP;
  EditText txtPort;
  NotificationManager manager;
  private TCPClient tcp_client = null;
  // 定义 Handler，对 TCP 通信状态变化进行异步响应
  private Handler mHandler = new Handler() {
    @SuppressLint("NewApi")
    @Override
    public void handleMessage(Message msg) {
      if (msg.what == 0x01) {
        //创建一条通知
        Notification notification = new Notification.Builder(
          MainActivity.this)
          // 设置通知在状态栏显示的图标
          .setSmallIcon(R.drawable.ic_launcher)
          // 通知时在状态栏显示的内容
          .setTicker("新提醒")
          // 下拉状态栏时显示的消息标题
          .setContentTitle("状态变化")
          // 下拉状态栏时显示的消息内容
          // .setContentText("检测到火情")
          .setContentText(msg.obj.toString())
          // 设置通知提示声和震动
          .setDefaults(
            Notification.DEFAULT_SOUND
              | Notification.DEFAULT_VIBRATE).build();
```

```
    //撤销已有通知
    manager.cancel(0);
    // 发出新状态栏通知
    manager.notify(0, notification);
   } else if (msg.what == 0x02) {
    //提示连接成功
    Toast.makeText(getApplicationContext(), "已连接",
      Toast.LENGTH_SHORT).show();
    tcp_client.sendCmd("Listing.".getBytes());
   } else if (msg.what == 0x03) {
    //提示连接断开
    Toast.makeText(getApplicationContext(), "连接关闭",
      Toast.LENGTH_SHORT).show();
   } else if (msg.what == 0x04) {
    //提示其他状况，如超时
    Toast.makeText(getApplicationContext(), msg.obj.toString(),
      Toast.LENGTH_SHORT).show();
   }
  }
 };

@Override
protected void onCreate(Bundle savedInstanceState) {
 super.onCreate(savedInstanceState);
 setContentView(R.layout.activity_main);

 //定义通知管理对象
 manager = (NotificationManager) getSystemService(NOTIFICATION_SERVICE);
 tbtRun = (ToggleButton) findViewById(R.id.tbtRun);
 txtIP = (EditText) findViewById(R.id.txtIP);
 txtPort = (EditText) findViewById(R.id.txtPort);
 //创建客户端对象并绑定 Handler 对象
 tcp_client = new TCPClient(mHandler);
}

@Override
public boolean onCreateOptionsMenu(Menu menu) {
 // Inflate the menu; this adds items to the action bar if it is present.
 getMenuInflater().inflate(R.menu.main, menu);
 return true;
}

public void btRun(View v) {
 //实现打开关闭 TCP 连接，打开 TCP 连接后 IP 和端口不可修改
 if (tbtRun.isChecked()) {
  txtIP.setEnabled(false);
  txtPort.setEnabled(false);

  if (tcp_client == null)
   return;

  if (tcp_client.isConnected()) {
```

```
     tcp_client.stop();
    } else {
     //开启连接
     tcp_client.start(txtIP.getText().toString(),
       Integer.parseInt(txtPort.getText().toString()));
    }
   } else {
    txtIP.setEnabled(true);
    txtPort.setEnabled(true);
    if (tcp_client.isConnected()) {
     tcp_client.stop();
    }
   }


  }


  //重写按下返回键触发方法
  @Override
  public void onBackPressed() {
   // 将此任务转向后台
   moveTaskToBack(false);
  }


  //菜单栏选项单击事件
  @Override
  public boolean onOptionsItemSelected(MenuItem item) {
   // TODO Auto-generated method stub
   switch (item.getItemId()) {
   case R.id.action_exit:
    // 退出应用
    android.os.Process.killProcess(android.os.Process.myPid());
    break;
   }
   return false;
  }


 }
```

（6）主程序中实现了退出按钮的单击事件，但是该按钮并不存在。新建项目后菜单中有默认的设置按钮，将该按钮修改为退出按钮即可。在项目文件中的 res 资源目录下找到 menu 目录，打开目录下的 main.xml 菜单布局文件，跳转到该文件的代码编辑界面，并修改其中的菜单项参数，效果如图 10-53 所示。

由于主程序使用了 TCP 通信和发出通知消息时震动提示，这两个功能需要声明权限。打开 AndroidManifest.xml 文件中的 Permission 标签，在 Permissions 条目下添加两条 Uses Permission 条目。属性 Name 分别设置为 android. permission.INTERNET 和 android.permission.VIBRATE。

图 10-53　修改菜单项 ID 和 title

到此处即完成应用程序编写，可以对应用进行编译运行。

（7）最后检测这个安防联动系统的效果。

给 Arduino 上电并打开串口监视器，将输出通知服务端的 IP 地址，效果如图 10-54
所示。

图 10-54　服务端运行

此时运行 Android 应用并输入 Arduino 获得的 IP 地址和端口 5000，即可开启接收通
知功能。应用运行效果如图 10-55 所示。

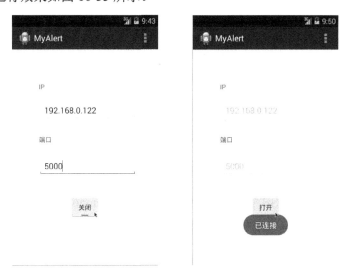

图 10-55　运行客户端

此时可以使用打火机给火焰传感器提供触发源，检测到火焰后客户端状态栏会弹出发
生火情通知，当火焰消失时会收到解除警报通知，效果如图 10-56 所示。Android 端应用
会在按下设备上的返回键后继续在后台运行并接收通知。如果需要完全退出应用可以按下

菜单键后选择"退出"选项，如图 10-57 所示。

图 10-56　状态栏通知　　　　　　　　　　　　图 10-57　退出应用

10.3　Arduino 典型应用

10.1 节和 10.2 节介绍了两个平台下 Arduino 与上位机应用程序交互的实现。除了与平台应用进行交互，Arduino 还可以实现一些典型的交互应用。

10.3.1　个性键（盘）鼠（标）外设

Arduino 的 Leonardo、Micro 和 Due 三个型号开发板有特殊的功能，可以通过程序实现 USB 人体学输入设备（简称 USB HID，如键盘、鼠标均为此类设备）功能。实现原理是，这三个型号的开发板所采用的单片机支持 USB 外设开发。如 Leonardo 接入 PC 后实现串口设备并不是采用了 USB 转串口芯片，而是通过 Arduino 底层实现的。

以 Micro 为例，可以通过 IDE 提供的例程实现 PC 桌面光标移动和按键输入演示。

需要准备的实验材料如下：

- Arduino Micro×1；
- 按键×5；
- 杜邦线若干。

参考图 10-58 所示使用面包板搭建一个多按键输入设备。

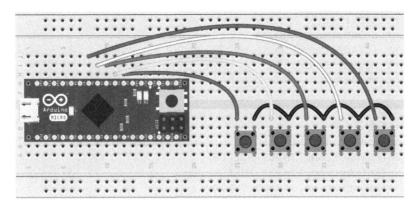

图 10-58　搭建电路

　　打开 IDE 示例菜单，找到 09.USB 子菜单，打开子菜单下的例程 KeyboardAnd MouseControl，该例程实现了通过串口控制鼠标，面包板按键作为键盘按键。程序如代码 10-13 所示。

代码10-13　键盘和鼠标控制　KeyboardAndMouseControl.ino

```
/*
KeyboardAndMouseControl

从 Arduino Leonardo、Micro 或 Due 控制鼠标、键盘

硬件：
    5 个按钮连接到 D2、D3、D4、D5、D6

鼠标移动总是相对的。此例程读取串口和 4 个按钮，并用于鼠标的移动和键盘输入。

警告：当使用 Mouse.move()命令时，Arduino 将占用你的鼠标！ 在使用鼠标命令之前，请
确保您具有控制权。

创建于 2012 年 3 月 15 日
2012 年 3 月 27 日修改
by Tom Igoe

2017 年 7 月 23 日修改
by Harrrry

 this code is in the public domain
*/

#include "Keyboard.h"
#include "Mouse.h"

// 设置 5 个按钮的引脚
```

```
const int upButton = 2;
const int downButton = 3;
const int leftButton = 4;
const int rightButton = 5;
const int mouseButton = 6;

void setup() {
  //初始化按钮的引脚
  pinMode(upButton, INPUT_PULLUP);//注意引脚状态为内部上拉
  pinMode(downButton, INPUT_PULLUP);
  pinMode(leftButton, INPUT_PULLUP);
  pinMode(rightButton, INPUT_PULLUP);
  pinMode(mouseButton, INPUT_PULLUP);

  Serial.begin(9600);
  //初始化鼠标、键盘控制
  Mouse.begin();
  Keyboard.begin();
}

void loop() {
  //使用串口输入来控制鼠标
  if (Serial.available() > 0) {
    char inChar = Serial.read();

    switch (inChar) {
      case 'u':
        //向上移动鼠标
        Mouse.move(0, -40);
        break;
      case 'd':
        //向下移动鼠标
        Mouse.move(0, 40);
        break;
      case 'l':
        //向左移动鼠标
        Mouse.move(-40, 0);
        break;
      case 'r':
        //向右移动鼠标
        Mouse.move(40, 0);
        break;
      case 'm':
        //执行鼠标左键单击
        Mouse.click(MOUSE_LEFT);
        break;
    }
  }
```

```
//使用按钮来实现键盘功能
if (digitalRead(upButton) == LOW) {
  //发出按键指令
  Keyboard.write('u');
}
if (digitalRead(downButton) == LOW) {
  Keyboard.write('d');
}
if (digitalRead(leftButton) == LOW) {
  Keyboard.write('l');
}
if (digitalRead(rightButton) == LOW) {
  Keyboard.write('r');
}
if (digitalRead(mouseButton) == LOW) {
  Keyboard.write('m');
}

}
```

程序下载后，PC 的设备管理器会出现新的 USB HID 设备。

在 PC 桌面新建并打开文本文件，即可打开串口监视器发送指令或按下按键测试 Arduino 实现的键盘、鼠标功能，效果如图 10-59 所示。

这个例程只是简单实现了鼠标和键盘功能，鼠标键盘类库可以支持所有的鼠标和键盘效果，如特殊按键、组合键等。详细实现示例可以参考 09.USB 子菜单内的其他例程。

通过 Arduino 鼠标键盘类库，可以开发各种各样的个性化鼠标键盘应用。

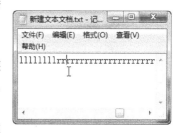

图 10-59　测试效果

10.3.2　上位机操作 I/O

Firmata 协议是广泛用于 PC 与下位机 MCU 通信的协议（基于串口通信），通过 Firmata 协议可以使 PC 对下位机 I/O 的控制透明化。

由于 Firmata 协议具有良好的移植性，所以多种上位机编程语言都可以对该协议进行支持，通过 Firmata 的 Wiki 可以获取各种支持语言的开发包。另外，Arduino IDE 还提供了 Firmata 协议的多种实现版本，除了使用串口通信实现的版本，还有以太网、蓝牙等多种版本。

需要准备的实验材料如下：

- Arduino 开发板（任意型号）×1；
- 电位器×1；

- 杜邦线若干。

按图 10-60 所示通过面包板连接电位器，开发板 L 指示灯可以观察到 I/O 输出状态，电位器用于输入模拟量。

打开 IDE 示例菜单，找到 Firmata 子菜单，打开子菜单下的例程 StandardFirmata，该例程为标准 Firmata 协议的 Arduino 实现，下载到 Arduino 开发板即可使 Arduino 成为 Firmata 设备。

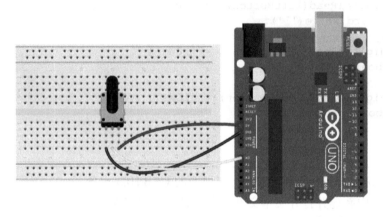

图 10-60　搭建电路

使用 Firmata Wiki（网址：http://firmata.org/wiki/Main_Page）提供的 Windows 平台下的 Firmata 设备测试应用程序（本章资源目录下文件 firmata_test.exe），可以对 Arduino 的 I/O 进行 PC 直接操作测试。

运行测试程序后，应用界面如图 10-61 左图所示。在如图 10-61 右图所示位置选择 Arduino 的串行端口号。

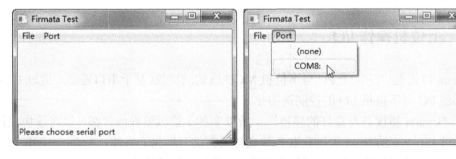

图 10-61　选择串口

如果目标设备的 Firmata 固件版本在兼容范围内，程序界面会获取到该 Firmata 设备的所有 I/O 和 I/O 支持的模式，并在界面上列出（见图 10-62 左图）。

此时调节电位器，界面上模拟信号输入引脚 0 的采样值会随电位器输出电压变化（见图 10-62 右图）。单击数字引脚 13 的按钮可以切换该引脚输出电平，可以通过开发板上的 L 指示灯观察到 I/O 电平切换效果。

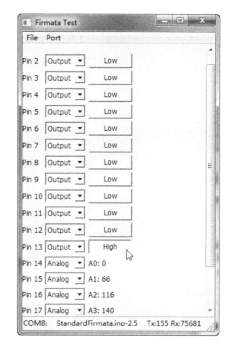

图 10-62　I/O 列表

通过 Firmata Wiki 获取各种支持语言的开发包，就可以在 PC 上通过软件直接操作 Arduino 的 I/O，这对软件工程师入手 Arduino 开发很有帮助。

10.3.3　接入云平台

YeeLink 是一个基于 HTTP 通信的物联网应用数据远程储存平台（以下简称云平台），该平台对个人物联网爱好者是免费开放的。使用该平台可以进行简单物联网应用搭建的学习。平台的 API（Application Programming Interface,应用编程接口）是开放的，Arduino 爱好者还将该平台 API 封装成 Arduino 的类库。使用该类库即可快速接入云平台。本节实验实现一个环境温度上传功能，演示如何接入云平台。

需要准备的实验材料如下：

- Arduino 开发板（同扩展板外形的型号）×1；
- 以太网扩展板×1；
- 能接入外网的网线×1；
- LM35D 温度传感器×1；
- 杜邦线若干。

按图 10-63 所示连接扩展板、温度传感器，该实验可实现温度采集及上传。

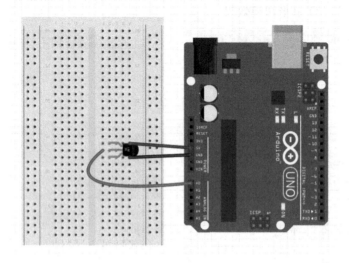

图 10-63　搭建电路

使用 YeeLink 平台（网址为 http://www.yeelink.net），需要在平台上注册并登录。然后进入网站的"用户中心"，创建一个新设备（见图 10-64 上图，设备名称等任意），并在设备里添加一个数据型传感器（单位℃）。设备名称和传感器名称可以随意设置。添加完成后效果如图 10-64 所示。

接着安装本章资源目录下所提供的类库，文件为 YeeLinkLib.zip。安装完成后即可开发 YeeLink 应用。

代码 10-14 是类库中 LM35 获取环境温度，并上传到 YeeLink 的示例（读者请根据实际情况修改其中的 API Key、设备 ID 和传感器 ID）。

图 10-64　添加设备和传感器

图 10-64　添加设备和传感器（续）

代码10-14　上传数据点　post_value_data_point.ino

```
#include <Ethernet.h>
#include <WiFi.h>
#include <SPI.h>
#include <yl_data_point.h>
#include <yl_device.h>
#include <yl_w5100_client.h>
#include <yl_wifi_client.h>
#include <yl_messenger.h>
#include <yl_sensor.h>
#include <yl_value_data_point.h>
#include <yl_sensor.h>

//这个例子读取一个 LM35DZ 传感器数据，转换为摄氏度值
//然后把数据上传到 yeelink.net

//需要替换 2633、3539 为实际的设备 ID 和传感器 ID
yl_device ardu(2633);
yl_sensor therm(3539, &ardu);
//替换 u-apikey 为实际的 apikey
yl_w5100_client client;
yl_messenger messenger(&client, "u-apikey", "api.yeelink.net");

const int THERM_PIN = 0;

float lm35_convertor(int analog_num)
{
  return analog_num * (5.0 / 1024.0 * 100);
}
```

```
void setup()
{
  Serial.begin(9600);                        //输出信息
  byte mac[] = {0xDE, 0xAD, 0xBE, 0xEF, 0xFE, 0xAA};
  Ethernet.begin(mac);
}

void loop()
{
  int v = analogRead(THERM_PIN);
  Serial.println(lm35_convertor(v));
  yl_value_data_point dp(lm35_convertor(v));
  therm.single_post(messenger, dp);
  delay(1000 * 30);
}
```

程序下载并上电运行后，如果一切正常，可以从平台提供的传感器网页实时查看温度数值和变化情况。传感器数据展示效果如图 10-65 所示。

此外，云平台还提供了移动客户端应用，用于在移动设备上观察数据变化、控制设备、设置传感器触发动作等。Android 端应用运行效果如图 10-66 所示。

图 10-65　查看传感器数据　　　　　　　　　图 10-66　移动应用

当然，国内还有不少类似的个人免费云平台，开发应用思路相似，在此不再一一列举。

10.3.4　下载引导程序

Arduino 开发板上单片机并不是出厂就具有串口下载程序的功能（个别特殊的开发板或第三方开发板除外）。

以 Arduin Uno 为例，ATmega328p 单片机支持 ICSP（在线串行编程，基于 SPI 总线）

进行单片机的程序更新、熔丝位配置、调试等功能。ICSP 更新单片机内用户程序的操作是比较烦琐的，该单片机具有使用 Flash 内常驻程序更新自身 Flash 的功能。于是 Arduino 提供了利用 Flash 内常驻通过串口通信实现 Flash 更新的功能。实现该功能的 Flash 内常驻程序又称为引导程序（或 Bootloader）。也就是说，引导程序的主要作用是更新单片机内的 Flash 用户程序。当然，引导程序是"常驻的"，也就是说不会因为下载用户程序而将自身覆盖。

　　Arduino 开发板的软硬件都是开源的，如果读者想 DIY 一个 Arduino 开发板，除了进行电路的组装，不可或缺的一步就是为开发板下载引导程序了。除此之外，用户程序的错误或者其他外部原因也有很小几率会导致单片机内的程序被破坏，这时就需要重新下载引导程序，才能让开发板继续正常使用通过串口更新程序的功能（单片机没有引导程序只有用户程序也能正常工作，但是无法通过串口更新程序）。

　　当一个开发板丢失引导程序时，准备一个 IDE 支持的下载器即可对开发板重新下载引导程序。或者找一个正常使用的 Arduino 开发板，下载 IDE 提供的例程使其作为一个引导程序下载编程器——Arduino as ISP，然后通过 ICSP 接口连接需要下载引导程序的开发板，即可进行引导程序下载。大致实现为，IDE 通过串口与编程器设备通信，编程器设备实现 ICSP 功能从而实现更新目标设备的 Flash。

　　以下实验实现了 Arduino 引导程序下载器，并展示了如何下载更新引导程序。需要准备的实验材料如下：

- Arduino Uno 开发板×2；
- 杜邦线若干。

　　如图 10-67 所示为将两个 Arduino 进行连接，其中，编程器设备使用数字引脚 10 连接到编程目标设备的复位引脚上，目的是提供复位信号。

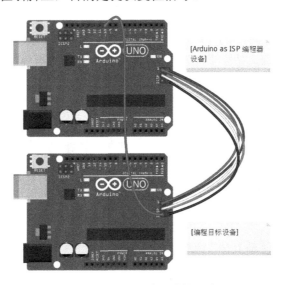

图 10-67　ICSP 编程连接方式

电路连接完成后，将编程器设备通过 USB 线缆连接至 PC，打开 IDE 内示例菜单下的例程 ArduinoISP，编译下载到编程器设备，此时该 Arduino Uno 开发板即成为一个正式的 Arduino as ISP 编程器设备。

然后在"工具"菜单下将开发板型号切换为需要下载引导程序的目标开发板型号（此处均为 Uno 不需要切换，当为其他型号开发板编程时请务必切换），并在"工具"|"编程器"子菜单中选择 Arduino as ISP 命令，如图 10-68 所示。

图 10-68　选择编程器

最后选择"工具"菜单下的"烧录引导程序"命令，即可开始针对目标设备下载引导程序。如果电路搭建正确、型号信息选择正确，且目标单片机可以被正常编程（正常供电、没有物理损坏或锁死 Flash），都可以成功下载引导程序并且 IDE 会提示下载成功信息。下载引导程序成功后目标设备会运行 LED 指示灯循环闪烁的程序。

Arduino 作为 Arduino as ISP 编程器后，除了可以给其他开发板下载引导程序，还可以为其他开发板下载用户程序。

以上传 Blink 例程为例。电路连接不变，首先打开 IDE 内示例菜单下的例程 Blink，然后选择好目标设备型号和烧录器。在 IDE 菜单栏中选择"项目"菜单下的"使用编程器上传"命令，如图 10-69 所示。

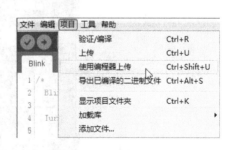

图 10-69　使用编程器上传

如果一切正常，下载完成后目标设备将会运行该程序。

为了直观显示，试验中是使用 ICSP 接口连接，如果目标型号是 Arduino Mini 等无 ICSP 专用接口的开发板，则需要连接到开发板对应的 ICSP 引脚上（详见 ArduinoISP 例程内不同开发板 ICSP 引脚说明）。

10.4 小结

本章从 PC 应用交互开发、移动应用交互开发、典型交互应用等，对 Arduino 的高级应用开发进行了较全面的展示。

通过这些实验，将 Arduino 快速搭建应用的开发优势展示得淋漓尽致。这些实验并不难，但包含的知识点很多。在 Arduino 应用开发中，读者只有源源不断地接触新的东西，才会有源源不断的新想法、新创意。

希望读者能感受到 Arduino 的神奇之处，然后扬帆起航开启一次奇妙之旅。

附录 A 运算符优先级和结合性参考表

表A.1 运算符优先级和结合性

优先级	运算符	描述	例子	结合性

1	()
	 []
	 ->
	
	 .
	 ::
	 ++
	 --
		调节优先级的括号操作符
		 数组下标访问操作符
		 通过指向对象的指针访问成员的操作符
		 通过对象本身访问成员的操作符
		 作用域操作符
		 后置自增操作符
		 后置自减操作符
			(a + b) / 4;
			 array[4] = 2;
			 ptr->age = 34;
			
			 obj.age = 34;
			 Class::age = 2;
			 for(i = 0; i < 10; i++) ...
			 for(i = 10; i > 0; i--) ...
				从左到右

2	!
	 ~
	 ++
	 --
	 -
	 +
	 *
	 &
	 (type)
	 sizeof
		逻辑取反操作符
		 按位取反(按位取补)
		 前置自增操作符
		 前置自减操作符
		 一元取负操作符
		 一元取正操作符
		 解引用操作符
		 取地址操作符
		 类型转换操作符
		 返回对象占用的字节数操作符
			if(!done) ...
			 flags = ~flags;
			 for(i = 0; i < 10; ++i) ...
			 for(i = 10; i > 0; --i) ...
			 int i = -1;
			 int i = +1;
			 data = *ptr;
			 address = &obj;
			 int i = (int) floatNum;
			 int size = sizeof(floatNum);
				从右到左

3	->* .*	在指针上通过指向成员的指针访问成员的操作符 在对象上通过指向成员的指针访问成员的操作符	ptr->*var = 24; obj.*var = 24;	从左到右

4	*
	 /
	 %
		乘法操作符
		 除法操作符
		 取余数操作符
			int i = 2 * 4;
			 float f = 10 / 3;
			 int rem = 4 % 3;
				从左到右

5	+ -	加法操作符 减法操作符	int i = 2 + 3; int i = 5 - 1;	从左到右
6	<< >>	按位左移操作符 按位右移操作符	int flags = 33 << 1; int flags = 33 >> 1;	从左到右

7	<
	 <=
	 >
	 >=
		小于比较操作符
		 小于或等于比较操作符
		 大于比较操作符
		 大于或等于比较操作符
			if(i < 42) ...
			 if(i <= 42) ...
			 if(i > 42) ...
			 if(i >= 42) ...
				从左到右

（续）

优先级	运算符	描述	例子	结合性
8	== !=	等于比较操作符 不等于比较操作符	if(i == 42) ... if(i != 42) ...	从左到右
9	&	按位与操作符	flags = flags & 42;	从左到右
10	^	按位异或操作符	flags = flags ^ 42;	从左到右
11	|	按位或操作符	flags = flags | 42;	从左到右
12	&&	逻辑与操作符	if(conditionA && conditionB)...	从左到右
13	||	逻辑或操作符	if(conditionA || conditionB)...	从左到右
14	? :	三元条件操作符	int i = (a > b) ? a : b;	从右到左

15	=
	+=
	-=
	*=
	/=
	%=
	&=
	^=
	|=
	<<=
	>>=
		赋值操作符
		复合赋值操作符(加法)
		复合赋值操作符(减法)
		复合赋值操作符(乘法)
		复合赋值操作符(除法)
		复合赋值操作符(取余)
		复合赋值操作符(按位与)
		复合赋值操作符(按位异或)
		复合赋值操作符(按位或)
		复合赋值操作符(按位左移)
		复合赋值操作符(按位右移)
			int a = b;
			a += 3;
			b -= 4;
			a *= 5;
			a /= 2;
			a %= 3;
			flags &= new_flags;
			flags ^= new_flags;
			flags |= new_flags;
			flags <<= 2;
			flags >>= 2;
				从右到左

16	,	逗号操作符	for(i = 0, j = 0; i < 10; i++,j++)...	从左到右

推荐阅读